U0165040

NEOCOGITO

阅读即行动

森林
如何
思考

超越人类的人类学

HOW FORESTS THINK

Toward an Anthropology Beyond the Human

Eduardo Kohn

[加拿大] 爱德华多·科恩 著　毛竹 译

上海文艺出版社
Shanghai Literature & Art Publishing House

图书在版编目（CIP）数据

森林如何思考：超越人类的人类学 ／（加）爱德华
多·科恩著；毛竹译. 一 上海：上海文艺出版社，
2023（2023.8 重印）
ISBN 978 - 7 - 5321 - 8667 - 9

Ⅰ. ①森… Ⅱ. ①爱… ②毛… Ⅲ. ①人类学—研究
Ⅳ. ①Q98

中国国家版本馆 CIP 数据核字（2023）第 014611 号

发 行 人：毕　胜
出版统筹：杨全强　杨芳州
责任编辑：肖海鸥
特约编辑：唐　珺
封面设计：彭振威

书　　名：森林如何思考：超越人类的人类学
作　　者：[加] 爱德华多·科恩
译　　者：毛　竹
出　　版：上海世纪出版集团　上海文艺出版社
地　　址：上海闵行区号景路 159 弄 A 座 2 楼　201101
发　　行：上海文艺出版社发行中心
　　　　　上海闵行区号景路 159 弄 A 座 2 楼 206 室　201101
印　　刷：苏州市越洋印刷有限公司
开　　本：1092×870　1/32
印　　张：13.125
插　　页：2
字　　数：400,000
版　　次：2023 年 4 月第 1 版　2023 年 8 月第 4 次印刷
Ｉ Ｓ Ｂ Ｎ：978 - 7 - 5321 - 8667 - 9/C.098
定　　价：86.00 元

告 读 者：如发现本书有质量问题请与印刷厂质量科联系　T:0512-68180628

纪念我的祖母康斯坦莎·迪·卡普阿（Costanza Di Capua），我的题记借用她可能会以加布里埃尔·邓南遮（Gabriele D'Annunzio）的名言对我说的话：

Io ho quell che ho donato

[我拥有所有赋予我之物]

也献给丽莎，她帮我学会了怎么呈现这种天赋

目录

致谢

　　《森林如何思考》这本书已经酝酿了一段时间，为它具有的生命，我要感谢很多人。首先我要感谢阿维拉（Ávila）的人们。我在阿维拉度过了最快乐、最激励我，也是我所知的最平静的时光。我希望我在这里学到的森林思维（sylvan thinking）能够通过这本书继续成长。感谢（Pagarachu）。

　　在我去阿维拉之前，我已故的祖父阿尔贝托和祖母康斯坦莎（Alberto Di Capua and Costanza Di Capua）已经为我此行做好了准备。他们是在基多（Quito）定居的意大利犹太难民，对周围一切都充满好奇。在 1940 年代和 1950 年代，我祖父曾是一名药物化学家，他参加了几次到亚马逊森林寻找植物疗法的科考。我祖母出生在罗马，从罗马的艺术史和文学专业毕业后，她在基多转向了考古学和人类学，为了更好地了解她被抛入其中并最终称之为"家"的那个世界。尽管如此，当我结束阿维拉的旅行回家后，她坚持要我在她喝完晚间汤之后给她读但丁的《神曲》。文学和人类学对她和我而言都从未远离。

　　在祖母的书房遇到弗兰克·所罗门（Frank Salomon）时，我 12 岁。所罗门是一位与众不同的学者，也是最终指导我在威斯康星州进行博士研究的人，他教会我用另一种方式将诗歌视为民族志，从而为写作诸如"思考的森林"和"做梦的狗"这样奇怪

而真实的事物开辟了空间。威斯康星大学麦迪逊分校是在文
化、历史和生态背景下思考亚马逊河上游区域的绝佳环境。我
也非常感谢卡门·褚奎因(Carmen Chuquín)、比尔·德尼梵
(Bill Denevan)、休格·伊提斯(Hugh Iltis)、乔伊·麦克坎(Joe
McCann)、斯蒂夫·斯坦恩(Steve Stern)和卡尔·齐默尔(Karl
Zimmerer)。

感谢魏特海常驻学者奖学金(Weatherhead Resident Schol-
ar Fellowship),让我有幸在圣塔菲高级研究学院(the School for
Advanced Research in Santa Fe)完成了我的论文——我在本书
中的尝试只是对我想做之事的第一次尝试。我要感谢圣塔菲高
级研究学院的詹姆士·布鲁克斯(James Brooks)、南希·欧
文·刘易斯(Nancy Owen Lewis)和道格·施瓦茨(Doug Schw-
artz)。我还要感谢跟我同期的其他常驻学者:布莱恩·克罗珀
泰克(Brian Klopotek)、大卫·努根特(David Nugent)、斯蒂
夫·珀罗格(Steve Plog)、芭芭拉·泰德罗克(Barbara Tedlock)
和丹尼斯·泰德罗克(Dennis Tedlock),尤其是凯蒂·斯蒂瓦特
(Katie Stewart),当我们徒步穿越圣塔菲山时,她总是乐于跟我
谈论一些想法。

在伯克利大学汤森人文中心(Townsend Center for the Hu-
manities, Berkeley)做伍德罗·威尔逊博士后研究员(Woodrow
Wilson Postdoctoral Fellow)时,我开始发展超越人类的人类学
思考的概念框架。我特别希望感谢康坦斯·司来特(Candace
Slater)以及汤姆·拉库尔(Tom Laqueur)和路易斯·福特曼
(Louise Fortmann)给我这个学术机会。我也非常感谢我在伯
克利大学的人类学导师们。比尔·汉克斯(Bill Hanks)引领我

进入人类学研究圈,他明智地引导我,劳伦斯·科恩(Lawrence Cohen)在即便我自己都不相信我自己的时候还相信着我,特里·迪肯(Terry Deacon)在很大程度上是通过他的"海盗"研讨会(参加者有泰·卡诗曼[Ty Cashman]、詹姆士·哈格[James Haag]、朱丽叶·惠[Julie Hui]、杰依·奥利维[Jay Ogilvy]和杰柔米·舍曼[Jeremy Sherman])帮助到了我,这是我在知性上所经历过的最受激励的环境,它永远改变了我的思维方式。来自伯克利时代的四位朋友和同事值得特别提及:丽兹·罗伯茨(Liz Roberts)教会了我很多关于人类学的知识(还向我介绍了所有应该阅读的人),此外还有克里斯蒂安娜·乔达诺(Cristiana Giordano)、皮特·斯卡菲什(Pete Skafish)和阿列克谢·尤尔查克(Alexei Yurchak)。人类学系的成员都非常友善和支持我。特别感谢斯坦利·布兰德斯(Stanley Brandes)、梅格·康基(Meg Conkey)、玛丽安·费尔墨(Mariane Ferme)、罗斯玛丽·乔伊斯(Rosemary Joyce)、纳尔逊·格拉本(Nelson Graburn)、克里斯汀·哈斯托夫(Christine Hastorf)、科里·海登(Cori Hayden)、查尔斯·赫希金德(Charles Hirschkind)、唐·摩尔(Don Moore)、斯蒂芬妮娅·潘多尔夫(Stefania Pandolfo)、保罗·拉比诺(Paul Rabinow)和南希·谢珀-休斯(Nancy Scheper-Hughes)。

在密歇根协会做研究员的阶段,我要感谢前任主任吉姆·怀特(Jim White)和各位研究员,特别是保罗·费因(Paul Fine)、斯特拉·奈尔(Stella Nair)、尼尔·萨菲尔(Neil Safier)和丹尼尔·斯托尔森堡(Daniel Stolzenberg),我与他们一起度过了美好的两年。在密歇根大学人类学系,我要感谢露丝·贝

哈尔(Ruth Behar)、已故的费尔南多·克罗尼尔(Fernando Co-
ronil)、韦伯·基恩(Webb Keane)、斯图亚特·基尔什(Stuart
Kirsch)、康拉德·科塔克(Conrad Kottak)、埃莱娜·列蒙(Alai-
na Lemon)、布鲁斯·曼海姆(Bruce Mannheim)、詹妮弗·罗伯
特森(Jennifer Robertson)、盖尔·鲁宾(Gayle Rubin)、朱丽叶·
斯库尔斯基(Julie Skurski)和卡特琳娜·菲尔德瑞(Katherine
Verdery)以及我写作小组的全部成员：瑞贝卡·哈尔丁(Rebec-
ca Hardin)、纳丁尔·那博尔(Nadine Naber)、茱莉亚·帕里
(Julia Paley)、达玛尼·帕特里奇(Damani Partridge)和玛丽
安·缇克汀(Miriam Ticktin)。

　　我还要感谢我以前在康奈尔大学的同事，特别是斯坦希·   x
朗格维奇（Stacey Langwick）、迈克尔·拉尔弗（Michael
Ralph）、纳瑞沙·鲁瑟尔(Nerissa Russell)、泰瑞·透纳(Terry
Turner)、玛丽娜·韦尔克(Marina Welker)、安德鲁·维尔福特
(Andrew Wilford)，最要感谢的是官崎广和(Hiro Miyazaki)①和
安娜丽瑟·瑞勒斯(Annelise Riles)，他们慷慨地组织了关于我
书籍手稿的研讨会（还有参与者蒂姆·乔伊[Tim Choy]、托
尼·克鲁克[Tony Crook]、亚当·里德[Adam Reed]和奥德
拉·辛普森[Audra Simpson]）。

　　在蒙特利尔，我找到了一个激发思考、教学和生活的地方。
我在麦吉尔大学的同事们以无数方式支持了我。我希望特别感

---

　　① 此处所指学者应为宫崎广和(Hirokazu Miyazaki,日文：宫崎広和)，现
任职美国西北大学人类学系，此前曾从教康奈尔大学长达 16 年，是当代金融人
类学和希望研究(hope studies)领域最值得关注的人类学家之一。他现在的研究
重心转向核灾难和与之相关的公民运动。——译者

谢以下人员阅读了部分手稿和/或讨论了部分写作计划:科林·查普曼(Colin Chapman)、奥利弗·库姆斯(Oliver Coomes)、尼可·库图尔(Nicole Couture)、约翰·戛拉提(John Galaty)、尼克·金(Nick King)、凯特琳娜·列蒙斯(Katherine Lemons)、玛格丽特·洛克(Margaret Lock)、容·尼叶森(Ron Niezen)、欧根·莱吉尔(Eugene Raikhel)、托比亚斯·里斯(Tobias Rees)、阿尔贝托·桑切斯(Alberto Sánchez)、科林·斯科特(Colin Scott)、乔治·温泽尔(George Wenzel)和艾伦·杨(Allan Young)。我要感谢我出色的本科生,尤其是那些选修了"人类学与动物"和"超越人类的人类学"课程的学生。我还要感谢那些阅读并批判性参与了我部分书稿的研究生:艾米·巴恩斯(Amy Barnes)、莫妮卡·库尔拉(Mónica Cuéllar)、达西·德·安杰罗(Darcie De Angelo)、埃尔文·弗莱明(Arwen Fleming)、玛高·克里斯提杨森(Margaux Kristjansson)、苏菲·卢埃林(Sophie Llewelyn)、布罗迪·诺嘉(Brodie Noga)、希林·拉贾维(Shirin Radjavi)和丹尼尔·瑞兹·赛尔那(Daniel Ruiz Serna)。最后,我要感谢我能干的研究助理希安·莫尔(Sheehan Moore)为我提供的帮助。

多年来,蒙特利尔和其他地方的许多朋友都支持和启发了我的工作。首先,我要感谢唐娜·哈拉维(Donna Haraway)。她不让我在思想上自满,对我来说这才是真正朋友的标志。我还要感谢比伯·阿尔梅达(Pepe Almeida)、安吉尔·阿尔瓦拉多(Angel Alvarado)、菲力西缇·奥力诺(Felicity Aulino)、格雷欣·巴克(Gretchen Bakke)、瓦妮莎·巴雷罗(Vanessa Barreiro)、朱欧·毕尤(João Biehl)、迈克尔·布朗(Michael Brown)、凯伦·布伦斯(Karen Bruhns)、马太·坎迪亚(Matei Candea)、曼努埃拉·卡内罗·达·坤哈(Manuela Carneiro da Cunha)、米歇尔·切培克(Michael Cepek)、克里斯·陈(Chris Chen)、约翰·克拉克(John Clark)、比埃拉·科尔曼(Biella Coleman)、安德烈·科斯托普洛斯(André Costopoulos)、迈克·考恩(Mike Cowan)、维娜·达斯(Veena Das)、奈斯·戴夫(Nais Dave)、玛丽索·德·拉·卡德纳(Marisol de la Cadena)、玛丽乔·德尔维奇奥·古德(MaryJo DelVecchio Good)、鲍勃·德贾莱斯(Bob Desjarlais)、尼克·杜(Nick Dew)、艾丽西亚·迪亚兹(Alicia Díaz)、阿卡迪奥·迪亚兹·奎尼奥内斯(Arcadio Díaz Quiñones)、迪迪埃·法辛(Didier Fassin)、卡洛斯·福斯托(Carlos Fausto)、史蒂夫·费尔德(Steve Feld)、艾伦·费尔德曼(Allen Feldman)、布伦达·费曼尼阿斯(Blenda Femenias)、恩里克·费尔南德斯(Enrique Fernández)、詹妮弗·菲什曼(Jennifer Fishman)、奥古斯丁·富恩特斯(Agustín Fuentes)、杜安娜·富尔威利(Duana Fullwiley)、克里斯·加西斯(Chris Garces)、费尔南多·加西亚(Fernando García)、已故的克利福德·吉尔茨(Clifford Geertz)、伊兰娜·格申(Ilana Gershon)、埃里克·格拉斯戈尔德(Eric Glassgold)、毛里齐奥·格内尔(Maurizio Gnerre)、伊恩·戈尔德(Ian Gold)、拜伦·古德(Byron Good)、马克·古德尔(Mark Goodale)、彼得·高斯(Peter Gose)、米歇尔·格里尼翁(Michel Grignon)、吉奥康达·格厄拉(Geoconda Guerra)、罗伯·哈姆里克(Rob Hamrick)、克拉拉·汉(Clara Han)、苏珊·哈尔丁(Susan Harding)、斯特凡·赫尔姆赖希(Stefan Helmreich)、迈克尔·赫兹菲尔德(Michael

Herzfeld)、克雷格·希瑟林顿(Kregg Hetherington)、弗兰克·
哈钦斯(Frank Hutchins)、桑德拉·海德(Sandra Hyde)、蒂姆·
英戈尔德(Tim Ingold)、弗雷德里克·凯克(Frédéric Keck)、克
里斯·凯尔蒂(Chris Kelty)、埃本·柯克西(Eben Kirksey)、汤
姆·拉马尔(Tom Lamarre)、汉娜·兰德克(Hannah Landeck-
er)、布鲁诺·拉图尔(Bruno Latour)、让·拉夫(Jean Lave)、泰
德·麦克唐纳(Ted Macdonald)、塞特拉格·马努基安(Setrag
Manoukian)、卡门·马丁内斯(Carmen Martínez)、肯·米尔斯
(Ken Mills)、乔什·摩西(Josh Moses)、布兰卡·穆拉托里奥
(Blanca Muratorio)、保罗·纳达斯迪(Paul Nadasdy)、克里斯
汀·诺盖特(Kristin Norget)、珍妮斯·纳克尔斯(Janis Nuck-
olls)、迈克·奥尔达尼(Mike Oldani)、本·奥尔洛夫(Ben Or-
love)、阿南德·潘迪安(Anand Pandian)、埃克托·帕里翁
(Héctor Parión)、莫滕·佩德森(Morten Pederson)、马里奥·
佩林(Mario Perín)、迈克尔·普埃特(Michael Puett)、迭戈·基
罗加(Diego Quiroga)、休·拉弗勒斯(Hugh Raffles)、露辛达·
兰伯格(Lucinda Ramberg)、查理·里夫斯(Charlie Reeves)、丽
莎·罗菲尔(Lisa Rofel)、马克·罗杰斯(Mark Rogers)、马歇
尔·萨林斯(Marshall Sahlins)、费尔南多·桑托斯-格拉内罗
(Fernando Santos-Granero)、帕特里奇·舒赫(Patrice Schuch)、
娜塔莎·舒尔(Natasha Schull)、吉姆·斯科特(Jim Scott)、格
伦·谢泼德(Glenn Shepard)、金布拉·史密斯(Kimbra
Smith)、巴布·斯穆茨(Barb Smuts)、玛丽莲·斯特拉森(Mari-
lyn Strathern)、托德·司万森(Tod Swanson)、安妮-克里斯
汀·泰勒(Anne-Christine Taylor)、卢锡安·泰勒(Lucien Tay-

lor)、麦克·乌森多斯基(Mike Uzendoski)、伊斯梅尔·瓦卡若(Ismael Vaccaro)、约玛·费德佐托(Yomar Verdezoto)、爱德华多·维维罗斯·德·卡斯特罗(Eduardo Viveiros de Castro)、诺姆·维腾(Norm Whitten)、艾琳·韦林汉姆(Eileen Willingham)、依夫·温特(Yves Winter)和格拉迪斯·杨伯尔拉(Gladys Yamberla)。

多年来,许多热带生物学家教导我他们领域的知识,并使我从他们那里获得灵感。大卫·本辛(David Benzing)和斯蒂夫·胡贝尔(Steve Hubbell)是我的早期导师。感谢塞勒涅·比茨(Selene Baez)、鲁拜因·布恩汉姆(Robyn Burnham)、保罗·费恩(Paul Fine)和尼格尔·皮特曼(Nigel Pitman)。我很高兴有机会参加哥斯达黎加热带研究组织(Organization for Tropical Studies, OTS)开设的热带生态学田野课程,它使我沉浸在了这一研究领域。基多有一个充满活力和热情的生物学家群体,我感谢天主教大学已故的费尔南多·奥尔提兹·克莱思波(Fernando Ortíz Crespo),还有乔万尼·奥诺尔(Giovanni Onore)和卢乔·柯罗马(Lucho Coloma),以及瓦尔特·帕拉西奥斯(Walter Palacios)、何麦若·巴尔加斯(Homero Vargas),特别是厄瓜多尔国家植物标本馆(Herbario Nacional del Ecuador)的大卫·尼尔(David Neill),他慷慨地接纳我过来做研究。这个写作计划涉及相当大的民族志生物学成分,我感谢所有帮助我识别我的标本的标本学专家。我要特别再次感谢大卫·尼尔一次又一次地修正我的植物收藏。我还要感谢埃弗拉因·弗莱雷(Efraín Freire)为这些收藏所做的工作。我要感谢以下人员所做的植物学鉴定(括号中是他们进行鉴定时所属的植物标本馆)：M. 阿桑萨(M. Asanza)(厄瓜多尔国家植物标本馆，QC-NE)、S. 比茨(S. Baez)(厄瓜多尔天主教大学植物标本馆，QCA)、J. 克拉克(J. Clark)(美国国家植物标本馆，US)、C. 道格森(C. Dodson)(美国密苏里植物园标本馆，MO)、E. 弗莱雷(E. Freire)(厄瓜多尔国家植物标本馆，QCNE)、J. P. 赫丁(J. P. Hedin)(美国密苏里植物园标本馆，MO)、W. 尼(W. Nee)(纽约植物园标本馆，NY)、D. 尼尔(D. Neill)(美国密苏里植物园标本馆，MO)、W. 帕拉西奥斯(W. Palacios)(厄瓜多尔国家植物标本馆，QCNE)和 T. D. 潘宁顿(T. D. Pennington)(英国邱园，K)。我要感谢 G. 奥诺尔(G. Onore)以及 M. 阿雅拉(M. Aya-la)、E. 鲍斯(E. Baus)、C. 卡皮奥(C. Carpio)，他们当时都在厄瓜多尔天主教大学动物学博物馆(QCAZ)；还有 D. 鲁比克(D. Roubick)(巴拿马史密森热带研究所，STRI)帮助我确定无脊椎动物的收藏。我要感谢当时在厄瓜多尔天主教大学动物学博物馆(QCAZ)的 L. 柯罗马(L. Coloma)以及 J. 瓜亚萨明(J. Guayasamín)和 S. 容(S. Ron)，他们确定了我对爬行动物群的收藏。感谢 P. 贾林(P. Jarrín)(厄瓜多尔天主教大学动物学博物馆，QCAZ)帮我确定了哺乳动物的收藏。最后，我要感谢厄瓜多尔国立理工学院(Escuela Politécnica Nacional)的拉米罗·巴里加(Ramiro Barriga)帮我确定我的鱼类收藏。

　　若没有许多机构的慷慨支持，这个写作计划不可能实现。我非常感谢富布赖特基金海外学习和研究资助(Fulbright Grant for Graduate Study and Research Abroad)、美国国家科学基金会研究生奖学金(National Science Foundation Graduate Fellowship)、富布赖特-海斯海外博士研究资助(Fulbright-Hays

Doctoral Research Abroad Grant)、威斯康星大学麦迪逊分校拉 ^xii
丁美洲和伊比利亚研究田野研究资助(University of Wisconsin-
Madison Latin American and Iberian Studies Field Research
Grant)、温纳-格伦基金会对人类学准博士的研究资助(Wenner-
Gren Foundation for Anthropological Research Pre-Doctoral
Grant),以及魁北克社会与文化研究基金会(Fonds québécois de
la recherche sur la société et la culture,FQRSC)的资助。

　　我很幸运有机会在美国欧柏林学院(Oberlin College)(为此
我感谢杰克·格拉泽[Jack Glazier])和巴黎社会科学高等研究
院 (L'École des hautes études en sciences sociales,EHESS)(受
菲利普·德斯科拉[Philippe Descola]的慷慨邀请)访学期间展
示了这本书的全部论点。我还在加拿大卡尔顿大学(Carleton
University)、芝加哥大学、厄瓜多尔社会科学学院拉丁美洲研究
所(Facultad Latinoamericana de Ciencias Sociales sede Ecuador,
FLACSO)、约翰·霍普金斯大学、加州大学洛杉矶分校、加州大
学圣克鲁兹分校、多伦多大学和耶鲁大学呈现了本书的部分观
点。本书第四章的早期版本曾发表于《美国民族学家》(*Ameri-
can Ethnologist*)期刊。

　　许多人都参与了整本书。我对奥尔加·冈萨雷斯(Olga
González)、乔希·雷诺(Josh Reno)、坎迪斯·斯莱特(Candace
Slater)、罗安清(Anna Tsing)和玛丽·维斯曼特尔(Mary Weis-
mantel)富有启发性、充满思辨和建设性的评论感激不尽。感谢
大卫·布兰特(David Brent)、普里亚·尼尔森(Priya Nelson)
和杰森·魏德曼(Jason Weidemann)对这项写作计划持续的兴
趣。我要特别感谢皮特·斯卡菲什(Pete Skafish)和阿列克

谢·尤尔查克(Alexei Yurchak),他们从忙碌的生活中抽出时间仔细阅读了本书的大部分内容(并通过 Skype 与我进行了详细讨论),我特别感谢丽萨·史蒂文森(Lisa Stevenson)对整部手稿的批判性阅读和精心编辑。最后,我要感谢我在加州大学出版社的编辑里德·马尔康姆(Reed Malcolm),他对这个看起来肯定像是一场冒险的写作计划非常兴奋。我还要感谢斯塔西·埃森斯塔克(Stacy Eisenstark);我耐心的文本编辑茜拉·伯格(Sheila Berg);还有我的项目经理凯特·霍夫曼(Kate Hoffman)。

我非常感谢我的家人给予我的一切。再没有比亚历杭德罗·迪·卡普阿(Alejandro Di Capua)更慷慨的叔叔了。我要感谢他和他的家人一直欢迎我住到他们在基多的家里。我的叔叔马可罗·迪·卡普阿(Marco Di Capua)和他的家人,与我一样热爱拉丁美洲的历史和科学,他一直有兴趣了解我的工作,对此我深表感谢。我还要向理查多·迪·卡普阿(Riccardo Di Capua)和我所有在厄瓜多尔的科恩表兄弟们(all my Ecuadorian Kohn cousins)表示感谢。我还要特别感谢已故的薇拉·科恩(Vera Kohn),她提醒了我如何整体地思考。

我很幸运能拥有来自我父母安娜·罗莎(Anna Rosa)和乔(Joe)以及我的姐妹爱玛(Emma)和艾丽西亚(Alicia)持久的爱与支持。我的母亲是第一位教导我注意森林之物的人;我的父亲教导我如何为自己考虑;我的姐妹们则教导我如何为他人考虑。

我要感谢我的岳母弗朗西斯·史蒂文森 (Frances Stevenson),在我写作期间,她暑期多次来安大略省魁北克的湖泊和阿迪朗达克山脉照看孩子。我还要感谢我的岳父罗梅因·史蒂文森(Romeyn Stevenson)和他的妻子克莉丝汀(Christine)，他们理解我总是带到农场的这另一种"工作"会让我远离许多更紧迫的家务。

　　最后，感谢本杰明(Benjamin)和米罗(Milo)，感谢你们忍受了所有这些"x 学"('versity，借用你们的话来说)之类的东西。你们每天都教我如何将我的大学工作视为你们的游戏。谢谢(*Gracias*)。还有丽莎(Lisa)，感谢你的一切；你激励我，帮助我成长并认识到自己的极限，感恩我们在彼此生活中成为如此美妙的伴侣。

鲁纳美洲豹人

> *Ahi quanto a dir qual era è cosa dura*
>
> *esta selva selvaggia e aspra e forte …*
>
> 啊，那黑林，真是描述维艰！
>
> 那黑林，野蛮、芜秽，而又浓密……①

——Dante Alighieri, *The Divine Comedy*, *Inferno*, Canto I

苏马科火山脚下，我们在狩猎营地的茅草屋里安营扎寨准备睡觉，胡安尼库(Juanicu)警告我，"要仰面朝上睡觉！如果美洲豹来了，看到你可以回头看他，他就不会打扰你。如果你面朝地下睡觉，他会认为你是'*aicha*'（猎物；字面义，基丘亚语[Quichua]"肉"的意思)，那他就会发动攻击。"胡安尼库的意思是，如果美洲豹认为你是一个能够回头看身后的存在者——一个像他自己一样的自我，一个你(you)——那么他就不会管你。但如果他反过来把你当成了猎物——一个它(it)——那么你就很可能会变成一坨死肉。[1]

其他种类的存在者如何看待我们，这一点非常重要。其他种类的存在者如何看待我们，会使事情产生变化。如果美洲豹

---

① 中译采用：但丁·阿利格耶里著，《神曲·地狱篇》，黄国彬译注，外语教学与研究出版社，2008年，第1页。按照本书上下文背景，我们在此将原黄国彬先生译为"荒凉"的"*selvaggia*"一词改动成"野蛮"。——译者

也——以对我们至关重要的方式——表征（represent）我们[1]，那么人类学就不能只是局限在探索来自不同社会的人如何表征他们自身上。与其他种类的存在者的这种遭遇，迫使我们认识到这样一个事实：看、表征，或许还有认识，甚至思考，这些都并不完全是只属于人类的事务。

接受这种认识，又将如何改变我们对社会、文化以及我们所寓居的世界的理解？它将如何改变人类学的方法、范围、实践和利害关系（stakes）？而且更重要的是，在那个超越人类之上的世界，我们有时会发现使我们觉得更舒服的事情只属于我们自己，这将如何改变我们对人类学之对象——"人"——的理解？

美洲豹表征世界，这并不意味着它们表征世界的方式必须跟我们表征世界的方式一样。这一点也改变了我们对人类的理解。在这个超越人类之上的领域里，我们曾经认为自己非常了解、曾经看起来很熟悉的过程（例如表征），突然开始变得陌生。

为了不变成"肉"，我们必须回应美洲豹的凝视。但在这种相遇中，我们并没有保持不变。我们成了某种新事物，或许是一种新的"我们"（we），以某种方式与捕食者一致，捕食者视我们为捕食者，万幸的是没有视我们为死肉。胡安尼库所在的森林位于厄瓜多尔亚马逊河上游地区，这里是一个说基丘亚语的鲁纳人的村庄，叫做阿维拉（从临时扎寨地出发，我们经过整整一

---

① "Representation"有两重意义，本书将其与意义功能相关的含义译为"再现"，将其与文化研究相关的含义译为"表征"，但在兼有两者之义难以取舍时（例如在本书第 40—42 页的讨论中）我们将其译为"再现/表征"（参考赵毅衡，《"表征"还是"再现"？一个不能再"姑且"下去的重要概念区分》，《国际新闻界》2017年第 08 期）。——译者

天的漫长徒步才到达这个村庄，那天晚上我们小心翼翼地仰面睡觉），这片森林常常遭遇这样的情况。[2]这座森林里充满了鲁纳美洲豹人（*runa puma*），会变形的人类-美洲豹，或者我将称之为美洲豹人（were-jaguars）。

Runa 在基丘亚语中的意思是"人"；*puma* 的意思是"捕食者"或"美洲豹"。这些鲁纳美洲豹人（runa puma）——既可以看到自己被美洲豹视为跟它们同样的捕食者，有时也会以美洲豹看人类的方式（也即作为猎物）看待其他人类——他们已知的范围一直延伸到了遥远的纳波河（Napo River）。我在 1980 年代后期曾在纳波上游河畔的鲁纳人定居点里奥布兰科（Río Blan-co）工作，那里的萨满们会在他们由死藤水（*aya huasca*）引致的幻象之中看到这些美洲豹人。[3]"这附近森林里穿行的鲁纳美洲豹人，"一位萨满告诉我，"他们来自阿维拉。"萨满们把这些数目众多的鲁纳美洲豹人描述成穿着白色兽皮的人。他们坚持认为，阿维拉的鲁纳人变成了美洲豹，白色的美洲豹人，*yura runa puma*。

阿维拉在纳波河上游的鲁纳人社区颇有名气。"去阿维拉时要小心，"有人提醒我。"要特别警惕他们的酒会。比方你出去撒尿，回来可能就会发现你参加的酒会的主人已经变成了美洲豹。"1990 年代初期在纳波省首府特纳，我和一位朋友在一家 *cantina*（小酒馆）里，与当地纳波土著组织联合会（FOIN）的一些领导人一起喝酒。他们吹嘘起自己的实力——谁能得到基层群体的最多支持？谁最能获得大型非政府组织的支票？——谈话更具体地转向了萨满的力量，以及这种力量的宝座，即 FOIN 的力量源泉究竟在哪。是在纳波河以南的阿拉胡诺（Arajuno）

呢(那晚有人主张是在这里),还是在鲁纳美洲豹人的家园阿维拉呢? 阿拉胡诺是一个鲁纳人定居区,其东部和南部与瓦奥拉尼人(Huaorani)的地盘接壤,许多鲁纳人带着混杂了恐惧、敬畏和蔑视的眼光,将瓦奥拉尼人群体视为"野蛮人"(基丘亚语为 auca,因此 Auca 就是他们的贬义词)。

那天晚上,围着小酒馆的桌子,阿维拉击败了阿拉胡诺,成了力量的中心。乍一看,阿维拉这个村庄似乎不太可能成为以美洲豹的形象象征萨满力量的首选之地。阿维拉的居民,正如他们会首先坚持的那样,绝不是"野人"(wild)。而且正如他们总是强调的那样,他们一直都是"Runa"——字面意思是"人"——这对他们来说就意味着,他们一直是基督徒和"文明人"。人们甚至可能会说,他们在某些重要但复杂的方面(在本书最后一章中探讨的方面)是"白人"。但他们中的一些人也同样是、并且真的是——美洲豹[4]。

阿维拉作为萨满力量之宝座的地位,不仅来源于它与某些原始森林之间的关系,同时也来源于它在漫长殖民主义历史之中的特殊地位(参见图 1)。阿维拉是亚马逊河上游地区最早的天主教传教和西班牙殖民的场所之一。它也是 16 世纪后期反抗西班牙人的起义的震中。

根据殖民文献,这场部分原因是在反对日益繁重的贡品负担的针对西班牙人的叛乱,是由两位萨满的灵视引发的。来自阿尔奇多纳(Archidona)地区的贝托(Beto)看到一头母牛"和他说话……并告诉他,基督徒的上帝对在那片土地上的西班牙人非常生气"。来自阿维拉地区的瓜米(Guami)"五天灵魂出窍,在此期间他看到了无与伦比的事物,基督徒的上帝派他杀死所有人，烧毁他们的房屋和庄稼"(de Ortiguera 1989 [1581－85]：361)[5]。根据这些文献，阿维拉附近的印第安人随后发生的起义确实杀死了所有西班牙人(除了一个，本书第三章中还有对他的介绍)，摧毁了他们的房屋，铲掉了橙子树、无花果树，还有这片土地上的所有其他外国作物。

这些冲突——鲁纳萨满从基督教诸神接收信息，游荡在阿维拉周围森林里的美洲豹是白色的——是吸引我来到阿维拉的部分原因。阿维拉鲁纳人与任何原始或野生亚马逊人的形象都相去甚远。他们的世界——他们的存在——完全通过漫长而多层次的殖民历史宣告出来。今天，他们的村庄与不断发展的、熙熙攘攘的殖民城镇洛雷托(Loreto)，以及不断扩大的、将这个城镇与厄瓜多尔其他地区越来越高效地连接起来的道路网仅相隔几公里。然而同时，他们也与在阿维拉周围的森林里漫步的各种真正的美洲豹亲密地生活在一起；这些美洲豹包括那些白色美洲豹，即那些鲁纳美洲豹人，还有那些确实被发现了的(decidedly spotted)美洲豹。

这种亲密性在很大程度上涉及了吃和真正被吃的风险。当我在阿维拉时，一只美洲豹杀死了一个孩子。(他是本章题图照片中抱着女儿合影的那个女人的儿子，这张照片是那位母亲让我拍的，这样就算她也被带走，她的女儿尚能留有一些回忆。)正如我在本书中接下来讨论的那样，我在阿维拉逗留期间，美洲豹还杀死了几条狗。美洲豹也和我们分享它们的食物。曾有好几次，我们找到美洲豹吃了一半的刺豚鼠和驼鼠(agoutis and pacas)的尸体，它们是美洲豹给我们留在森林中的礼物，随后成了我们的盘中餐。所有的猫科动物(包括这些慷慨的肉食性鲁纳

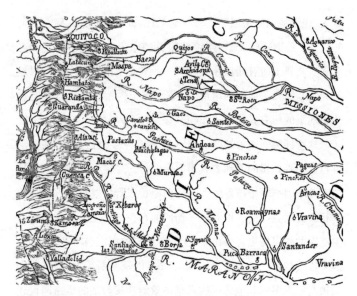

图 1. 在此我们从复制的 18 世纪地图的细节可见(大致对应于现代厄瓜多尔的安第斯山和亚马逊河地区),阿维拉(中上)被认为是一个传教中心(用十字架表示)。它通过步行道(虚线)与其他此类传教中心(例如阿尔奇多纳[Archidona],以及跟纳波河[亚马逊河的一条支流]和基多[左上角])相连。基多和阿维拉之间的直线距离约为 130 公里。该地图显示出了阿维拉置身的殖民网络的历史遗产;当然,这些路线沿途的风景并没有保持不变。主要的殖民城镇是洛雷托,它位于阿维拉以东约 25 公里处,虽然它在阿维拉鲁纳人的生活中和本书中都有突出地位,但它完全没有出现在这份地图上。地图来自 Requena 1779 [1903]。作者收藏。

美洲豹)有时也会被围猎。

5　　　　饮食还使人们与以森林为家的许多其他非人类的存在者产生了亲密关联。在阿维拉工作的四年里,村民们在洛雷托买了很多东西。他们购买了诸如霰弹枪、弹药、衣服、盐,还有很多几代人以前手工制作的家居用品,以及许多他们称之为 cachihua 的违禁甘蔗酒。他们不买的东西,就是食物。他们和我分享的几乎所有食物，都来自他们的花园、附近的河流、小溪，还有森林。通过狩猎、捕鱼、采集、园艺和管理各种生态组合获取食物，人们与世界上最复杂的生态系统之一——一个充满着令人震惊的不同种类的存在者相互作用和相互构成的生态系统——密切相关。这让他们与在那里生活的无数存在者（不仅仅是美洲豹）有着非常密切的接触。这种参与将人们吸引到森林的生活中。它还将那片森林的生活与我们可能认为"太人性的"（all too human）世界纠缠在一起，我所说的"太人性的"指的是我们人类创造的道德世界，它们渗透到了我们的生活之中，并深深地影响着他人的生活。

神通过牛的身体说话，印第安人寓居于美洲豹的身体里，白色皮毛的美洲豹——鲁纳美洲豹人涵盖了这些。我们精通人类创造的这个充满道德意义的世界（这个独特的世界让我们觉得我们是整个宇宙之中的例外）的独特民族志图表，但我们人类学家应该怎么处理这种奇怪的、与人不同（other-than-human）但却"太人性的"生物呢？

理解这种生物带来的挑战，与另一尊斯芬克斯带来的问题（俄狄浦斯在前往忒拜城的途中遇到的那尊斯芬克斯）并无不同。那尊斯芬克斯问俄狄浦斯："什么东西早上四条腿、中午两条腿、晚上三条腿？"为了在这次遭遇中幸存下来，俄狄浦斯和我们狩猎队的成员一样，必须弄清楚如何正确作答。他对斯芬克斯从它（稍微）超出人类的某种立场提出的谜语的答案是："人"。这是根据斯芬克斯的问题作出的回答，它恳求我们追问，我们是什么？

那个与人不同的斯芬克斯（尽管它不是人，但我们仍然尊重

6

它,我们必须回应它)要求我们追问的是,关于人,我们认为我们有什么了解。它的问题揭示了我们的答案。对于"什么东西早上四条腿、中午两条腿、晚上三条腿?"的追问同时唤醒了"我们四足的动物性"和"我们独特的双足行走的人性"这两者的共同遗产,我们塑造了各种拐杖,并以我们有限的生命把感受我们自身的方式融入拐杖之中——正如卡雅·西尔维曼(Kaja Silverman 2009)所观察到的那样,我们有限的生命之终结,最终将我们与所有其他跟我们同样享有有限性的存在者联系在一起。

作为蹒跚学步之人的腿脚、盲人的向导,拐杖是联结脆弱的凡人自我和超越的世界之间的中介。在充当中介之时,拐杖以某种方式向那个自我再现出了那个世界之中的某些事物。可以向某人再现世界的某些东西的存在物(entity)其实很多,它们都可以充当许多类型的自我的拐杖。不过并非所有这些存在物都是人工制品。也不是所有这些种类的自我都是人。事实上,除了有限性之外,我们与美洲豹和其他活生生的自我——无论是细菌、花卉、真菌还是动物——同样享有之事实就是,我们如何再现我们周遭的、以这种或那种方式构成我们之存在的世界。

拐杖也促使我们与格雷戈里·贝特森(Gregory Bateson)一道提问,沿着拐杖坚固的长边,"我究竟应该从哪头开始?"(Bateson 2000a:465)。由此,再现(representation)的矛盾的本性便更加凸显了出来——自我,还是世界?事物,还是思维?人,还是非人?——它表明思考斯芬克斯的问题能够如何帮助我们更全面地理解俄狄浦斯的答案。

这本书试图通过民族志地考察一系列亚马逊地区非人的周遭事物来思考斯芬克斯之谜。关注我们与那些其存在以某种方式超越人类之上的存在者之间的关系,迫使我们质疑我们关于"人"所固有的那些整洁答案。这里的目标既不是消灭"人",也不是重新刻画它,而是敞开它。在重新思考人类时,我们还必须重新思考适合这项任务的人类学种类。今天践行的各种形式的社会文化人类学,接受了人类特有的那些属性——语言、文化、社会和历史,并用它们来塑造理解人的工具。在此过程中,分析对象变得与分析同构。因此,我们无法看到人们与更广阔的生活世界相联系的无数种方式,以及这种基本联系对人而言可能意味着什么样的改变。这就是为什么将民族志扩展到超越人类之上的领域是如此重要的原因。民族志不是仅仅关注人或仅仅关注动物,也同样关注人与动物的关系如何能够打破封闭的循环,否则当我们试图通过人的独特之处来理解独特的人类时,这种封闭的循环会限制我们。

创建一个可以同时包括人类和非人类的分析框架,一直是科学和技术研究(尤其参见 Latour 1993,2005)、"多物种"(multispecies)或动物转向(animal turn)(尤其参见 Haraway 2008;Mullin and Cassidy 2007;Choy et al. 2009;也参见埃本·柯克西和斯特凡·赫尔姆赖希[Kirksey and Helmreich 2010]的评论),还有德勒兹(Deleuze and Guattari 1987)影响下的学术圈(例如 Bennett 2010)的中心问题。除了这些尝试之外,我还有一个基本的信念:社会科学的最大贡献——认识和界定一个建构现实的独立社会领域——同样也是它的最大诅咒。除此之外我还觉得,找到超越这个问题的方法,是当今批判思维面临的最重要挑战之一。唐娜·哈拉维(Donna Haraway)的信念是,我们与其他种类生物的日常接触中存在着某种东西,它可以敞开

7

关联和理解的全新可能性，这种信念尤其打动了我。

这些"后人文主义"（posthumanities）在关注超越人类之上的区域（这是批判和可能性的空间）方面取得了显著成功。然而，它们对这个领域的创造性概念的参与，却受到了某些关涉到再现/表征的本质（the nature of representation）的假设（这些假设与人类学理论和社会理论具有同样的广度）的阻碍。此外，在试图解决这些关于再现/表征的假设所造成的一些困难时，它们往往会得出简化的解决方案，敉平人与其他种类的存在者之间、以及自我与对象之间的重要区分。

在《森林如何思考》一书中，我试图通过发展出一种更为强大的分析，来理解人类与非人类的关系，从而对将人视为例外（并因此从根本上将人与世界中的其他存在者区分开来）的后人类批判方式做出贡献。我是通过反思"当我们说森林思考时我们可能意指什么"来实现这一点的。我的做法是，我通过研究表征过程（构成所有思维的基础）和生命过程（通过民族志的考察）之间的联系，转向超越于人类之上的事物。我运用由此获得的见解，重新思考我们对表征之本性的假设，然后我将考察这种重新思考将如何改变我们的人类学概念。我称这种路向为"超越人类的人类学"。[6]

在这一努力中，我借鉴了 19 世纪哲学家查尔斯·皮尔士（Charles Peirce，1931，1992a，1998a）的工作，尤其是他的符号学（研究符号如何表征在世界之中的事物）著作。我专门引用了具有芝加哥大学学术训练背景的语言学人类学家亚历杭德罗·帕兹（Alejandro Paz）称之为"古怪"皮尔士的部分，他指的是皮尔士著作中我们人类学家难以消化的那些方面——那些超越人类

的、将表征置于更广阔的非人类的宇宙（我们人类就是从这个宇 8
宙中诞生的）运作和逻辑之中的部分。我还大量借鉴了特伦
斯·迪肯（Terrence Deacon），他将皮尔士的符号学非常有创意
地应用于生物学和他所谓的"涌现"（emergence）①问题上（参见
Deacon 2006，2012）。

　　理解森林如何思考的第一步，就是要摒弃我们已经接受的
观念，也就是"表征某物"（represent something）意味着什么。与
我们的假设相反，表征实际上不仅仅是传统的、语言学的和象征
性的。这一点受到了弗兰克·所罗门（Frank Salomon，2004）研
究安第斯绳结的表征逻辑的开创性著作和珍妮斯·纳克尔斯
（Janis Nuckolls，1996）研究亚马逊地区的声音图像方面的著作
的启发和鼓舞，本书是一种探索超越语言之上的表征形式的民
族志。不过它是通过超越人类之上的方式来实现的。非人类的

---

　　①　在物理学、计算机科学等学科，系统及其"复杂性"早已被视为常规命
题，但对于生物学界，"涌现"（emergence）长期以来并不是一个众所周知的术语。
1949 年美籍奥地利生物学家路德维希·冯·贝塔朗菲（Ludwig Von Bertalan-
ffy，1901—1972）出版了《生命问题》（Das biologische Weltbild），系统论述了一般
系统论。这一新理论建立在他早年提出的有机论思想上，即生命是一个既有高
度自主性，又与外界交换物质和能量的开放系统，有其整体性、动态过程性、能动
性和组织等级性。1984 年，圣塔菲研究所（Santa Fe Institute）成立，继续深耕贝
塔朗菲的"emergence"概念，试图用复杂语去描述这个世界，理解时和空。生命
系统展示了一套独特而复杂的层级组织，在一定的组织层次上出现的新特性称
为"涌现"，这些特性称为"涌现特性"。这些特性来自于系统各组成部分之间的
相互作用。各个部分以不同的方式相互作用的自由，使得在生物层次的每一个
层次上都有可能出现大量的潜在涌现特性。这是隐含在本书关于"涌现"和"自
我-组织"问题讨论中的理论背景（参考知乎专栏，来源网址[2022 年 6 月 3 日]：
https://zhuanlan.zhihu.com/p/145207363）。与"涌现"（emergence）相应的"e-
mergent"和"emerge from"，本书译为"涌出"。——译者

生命形式同样也表征世界。这种更加宏大的对表征的理解，很难得到人们的喜爱，因为我们的社会理论（无论是人文主义的还是后人类主义的、结构主义的还是后结构主义的）都将表征与语言混为一谈。

我们将表征与语言混为一谈，是因为我们倾向于根据我们对人类语言如何工作的假设来思考表征如何工作。因为语言表征是基于约定俗成的、彼此系统相关的符号，并且与它们的指称对象"任意地"相关，所以我们倾向于假设所有表征过程都具有这些属性。但是作为那些约定俗成（例如英语单词"dog"）的符号种类，象征符号（symbols）是人类独特的表征形式，其属性使得人类语言成为可能，实际上象征符号是从其他表征模态之中涌出并与之相关的。按照皮尔士的术语，这些其他模态（广义上）要么是"相似式"（iconic）（涉及与它们所表征之事物相似的符号）的，要么是"标引式"（indexical）（涉及以某种方式受它们所表征之事物影响或与之相关的符号）的。[①] 除了作为象征式的生物之外，我们人类还与其他非人类的生物性生命共享这些其他的符号模态（Deacon 1997）。这些非象征式的表征模态充斥着生命世界（人类和非人类的生命世界），并且具有与使人类

----

　　① 符号的分类问题是皮尔士符号学说的一个非常重要的组成部分，皮尔士引入了赖以探讨符号现象的多重角度，其符号分类在数量上达到 3^{10}，即 59049 类之多，但各种细微的分类未必能在实际生活里找到相应的符号现象与之对应。当今符号学界，虽然经常提到皮尔士的符号分类，但能让符号学家记住的，也最为人们频繁引用的，仅仅是以下三种：相似符号（icon）、标引符号（index）、象征符号（symbol）。"相似符号"又叫"图像符号"。这一类符号主要是指符号的载体所具有的物质属性与所指对象之间存在着相似、类比的关系，例如一（转下页）

语言独特的属性截然不同的未被探知的属性。

尽管在研究皮尔士符号的全部范围上，有一些人类学路向确实超越了象征式，但它们却完全将这些符号限定在人类的框架之内。因此使用符号的人被理解为人，尽管符号可能超乎语言之上（因此语言可以被视为不仅仅是象征性的），但使之有意义的语境（contexts）是人类社会文化的语境（尤其参见 Silverstein 1995；Mannheim 1991；Keane 2003；Parmentier 1994；Daniel 1996；关于"语境"，参见 Duranti and Goodwin 1992）。

9

这些路向都没有认识到，符号的存在也超越于人类之上（这一事实也改变了我们应该如何思考人类符号学）。生命是构成性的符号学。也就是说，生命始终是符号过程的产物（Bateson 2000c，2002；Deacon 1997；Hoff meyer 2008；Kull et al. 2009）。生命与无生命的物理世界的区别在于，生命形式以这种或那种方式表征世界，而这些表征内在于其存在。那么，我们与

（接上页）张照片、一幅图画、一张地图、一条数学公式等。"标引符号"这一术语目前中文翻译比较混乱。原文英文的"index"一词，其使用的范围也不局限于词典或书面文献的"索引"一义。但这个词至少包含着由一种状况寻求、推导另一种状况的基本含义。标引符号与相似符号的差别在于，前者反映了符号与对象之间处于一定的物质关系，也就是说，标引符号的形成需借助于所指对象的影响和作用。这种影响和作用表现为时间上的前后相继、空间上的邻接相近或逻辑上的因果关联。另一方面，相似符号则是主要通过自身独立于所指对象的物质属性来确定其自身的符号特性。最后，皮尔士使用的象征（symbol）一词，与传统意义上这个词的用法有很大的不同。所谓"象征符号"，就是被符号的解释者如此理解或解释的符号。当然，这种理解或解释不是个人随心所欲的，而是受到解释者所处的社会或共同体的规范的制约（参见卢德平，《皮尔士的符号学理论：原点与延伸》，来源网址［2022 年 6 月 3 日］，http://www. semiotics. net. cn/index. php/view/index/theory/2914）。——译者

非人类生物所共有的，并不是我们的具身化（embodiment）（正如某些现象学路向所认为的那样），而是我们与符号共生，并通过符号生活的这个事实。我们都使用符号作为我们的"拐杖"，符号以这种或那种方式表征我们世界的各个部分。在这样做时，符号使我们成为我们之所是。

理解独特的人类表征形式与这些其他形式之间的关系，是找到一种不从根本上区分人类与非人类的人类学践行方式的关键。指号过程（创造和解释符号）渗透并建构了生活世界，正是由于我们都或多或少具有符号学倾向，多物种之间的关系才是可能的，并且是从分析上可理解的。

这种理解指号过程的方式，可以帮助我们超越人类学中的二元论路向（在这种二元论路向中，人类被描绘成与他们所表征的世界分离之物），转向一元论（在这种一元论中人类如何表征美洲豹以及美洲豹如何表征人类，可以被理解为不能互换的整体，它们都属于同一个单纯的开放式故事的一部分）。面对学习与越来越多围绕我们身边的、不断增多的其他种类的生命形式（无论是宠物、杂草、害虫、共生体、新病原体、"野生"动物还是技术科学的"突变体"）一起生活所带来的挑战，我们需要发展出一种精确的方法，来分析人类如何既与超越它的事物不同，又与之连续，这一点既关键又顺应时代。

为了寻求更好地处理我们与超越人类之上的事物之间的关系，尤其是处理超越人类之上的那部分活生生的世界，这种探求迫使我们得出一系列本体论主张——也就是得出关于现实之本性（the nature of reality）的主张。例如，美洲豹以这种或那种方式表征世界，对此需要一个普遍的、将某些关于世界之所是的观念(这些观念来自与非人类的交往,由此任何特定地理解它们的人类体系,都不能充分囊括它们)纳入其中的解释。

正如最近的争论表明的那样(Venkatesan et al. 2010),本体论包围了我们的学科,这是一个棘手的术语。一方面,本体论往往与寻求终极真理负相关——许多以不同方式进行研究和观察的民族志文献都很善于戳破它(Carrithers 2010:157)。另一方面,本体论有时似乎只是一个流行的文化名词,尤其是当它前面有一个所有格代词时更是如此:比如我们的本体论 vs 他们的本体论(Holbraad 2010:180)。

在筹备亚马逊地区的民族志以进行本体论思考时,我将自己置身于两位杰出的人类学家——菲利普·德斯科拉和爱德华多·维维罗斯·德·卡斯特罗——的陪伴下,他们对我的研究产生了巨大而持久的影响。他们的工作在人类学中获得了关注,因为他们的方法使本体论多元化,却没有将其变成文化:不同的世界,而不是不同的世界观(Candea 2010:175)。但承认多重现实(multiple realities),只是回避了以下这个问题:人类学能否对世界之所是做出普遍的断言?[7]尽管提出普遍断言会带来许多我们各种形式的相对主义都难以回避的问题,但我认为人类学可以避开这些问题。我认为人类学要忠于这个世界,就必须找到得出这些断言的方法,正如我将要论证的,其中部分原因是因为普遍性(generality)本身就是世界的一种属性,而不仅仅是我们人类强加于世界之上的东西。不过,由于我们已经做出了关于表征的假设,我们似乎很难得出这样的断言。本书试图打破这种僵局。

于是,我不希望从人类的方向进入本体论。我的目标不是

要把出现在特定地点或时间的本体论命题孤立地描画出来（De-
scola 2005）。相反，我选择进入更为基础的层面。而且我还要
试着去看，逗留在这个更为基础的层面，我们可以从中学到什
么。我追问的是，当我们试着考察揭示了世界的不同存在物、动
力机制和属性的世界时，哪种关于世界本性的洞见将会凸显
出来？

总之，超越人类之上的人类学，绝对是一种本体论的人类
学。也就是说，严肃对待非人类存在者，会使得我们不可能将我
们的人类学考察仅仅局限于认识论的视角，也就是局限于如何
理解某个特定时间或某个特定地点的人类并为其赋予意义的视
角。作为一项本体论事业，这种人类学会将我们放置在特殊的
立场上，使我们重新思考我们所使用的各种概念，并且发展出全
新的概念。借用玛丽莲·斯特拉森的话来说，它旨在"为新的思
想创造条件"（1988：20）。

11   这项事业似乎脱离了民族志所经验的更为世俗的世界，而
这本来是作为人类学论证和其洞察力的基础。然而这个写作计
划，以及试图公正研究人类学的这本书，在如下意义上是严格经
验主义的：它提出的问题来自长期沉浸于田野过程之中所遭遇
的诸多不同种类的经验。当我试图深耕这些问题时，我开始将
它们视为对普遍问题的言说，通过努力从民族志角度关注阿维
拉的人们如何与不同种类的存在者相关联，这些普遍问题得到
了放大，从而也变得可见。

因此，这种超越人类之上的人类学源于对一个地方和在那
里生活的人们的密切与持续的接触。我了解阿维拉、阿维拉周
边的地区，以及在那里生活了一个世代的人们；1992 年我第一

图 2. 大约 1992 年,在阿维拉。作者供图。

次探访阿维拉时,人们介绍给我的婴儿,成了我在 2010 年最后一次去阿维拉时遇见的年轻父母;他们的父母现在成了祖父母,这些新的祖父母们的父母们,有些现在已经去世(参见图 2)。我在厄瓜多尔生活了四年(1996－2000),在阿维拉进行田野调查,并持续周期性地回访。

　　本书的经验基础有许多。某些与其他种类存在者的最重要的相遇,发生在我与鲁纳猎人森林散步之时,还有一些最重要的相遇发生在我独自留在森林中(有时是几个小时)之时,因为这些猎人会为了追捕他们的猎物跑开——而这些被追逐的猎物有时反而最终会跑回我的身边。还有一些最重要的相遇发生在黄昏,我在人们屋外木薯花园旁的森林里缓缓漫步,享受森林里的生物们为了安度长夜而进行最后一次活动之前的独处。

　　我花了很长时间试图倾听(通常手持录音机),了解人们如何在日常环境中将他们的经验与不同种类生物的经验联系起来。这些谈话通常发生在与亲戚和邻居喝木薯啤酒或者半夜围

12   图 3. 喝啤酒。作者供图。

着壁炉喝冬青茶(*huayusa* tea)时(图 3)。[8]这里的对话者通常

13   是人类,并且通常是鲁纳人。但"对话"偶尔也涉及其他种类的

存在者:飞过房子的灰腹棕鹃(squirrel cuckoo),它的叫声彻底

改变了屋檐下人们的讨论进程;豢养的家犬,人们有时需要让这

些家犬理解他们的话;绒毛猴(woolly monkeys)和栖息在森林

中强大的"灵"(spirits);甚至还有选举季长途跋涉来到村庄的政

客。对所有这些存在者,阿维拉的人们都在努力寻找能够与之

沟通的渠道。

在探寻鲁纳人所沉浸其中的生态网络的某些触手可及之物

的过程中,我还积累了数百个民族生物学的标本。这些标本经过专家鉴定,现在收藏在厄瓜多尔主要的植物标本馆和自然历史博物馆。[9]收藏这些标本,很快便让我获得了一些对森林及其中许多生物的理解。收藏标本还使我进入到了人们对生态关系的理解之中,给我提供了一种运用与森林世界相关的其他知识体系的方式,来讲述我所获得的人们对生态关系的理解,同时这种讲述不必受限于特定的人类语境。收藏就是将自身的结构强加在森林的诸多关系之上,但我并非不知道这种探求稳定知识之中的限制——和动机,我也并非不知道这个事实:在某些重要方面,我作为收藏家的工作,在相当大程度上跟鲁纳人与森林之中存在者们相接触的方式不同(参见 Kohn 2005)。

　　我还试图关注森林经验,因为它们回响在基础较为薄弱的其他领域之中。阿维拉的日常生活与作为"第二生命"的睡眠及其梦境交织在一起。在阿维拉,睡眠并不是我们通常经历的那种坚固的、孤独的、感觉缺失的事情。睡眠——在没有电且大部分暴露在户外的茅草屋里,周围围着许多人——持续地穿插着清醒的状态。半夜醒来,坐在火炉旁避寒,接过满满一碗热气腾腾的冬青茶(huayusa tea),或者在满月下听着林鸱(common potoo)的叫声,有时远处甚至会传来美洲豹的低吼。夜间醒来的人也是为了听取人们对他们听到的那些声音所发表的即兴评论。幸亏这些持续不断的打断,梦境才能溢出到清醒之中,清醒也能溢出到梦境之中,它混合了睡梦和清醒。梦境——我自己的梦、我室友们的梦、我们相互分享的那些奇怪的梦、甚至他们养的狗的梦——占据了我的民族志考察的大部分内容,尤其是因为,它们经常关涉到森林之中寓居的生物和"灵"。梦境也是经验的一部分，它们是真实的一个"种类"。梦境来自这个世界并作用于这个世界，学会适应梦境的特殊逻辑和梦境脆弱的作用形式，将有助于我们揭示出超越人类之上的世界的某些东西。

14　　　　本书的思考通过图像（image）自行发挥作用。其中一些图像以梦境的形式出现，但它们也以例证、轶事、谜语、问题、疑团、离奇的并置、甚至照片的形式出现。如果我们愿意，这样的图像就可以在我们身上起作用。我在本书中的目标就是要创造使这种思考成为可能的必要的条件。

本书试图遭遇一次遭遇，回顾这些回顾，面对鲁纳美洲豹人向我们提出的问题，形成一个回应。那个回应就是——采用皮尔士的一部未完成的书的标题（Peirce 1992b）——我对斯芬克斯之谜的"猜谜"。若我们从民族志的角度思考斯芬克斯问题将如何重新定义人类，我认为这些就是我们可以从中学到的东西。在人类学中提出关于人类并超越人类的主张，是一件危险的事情；我们是通过诉诸隐而不现的语境来拆解论点的专家。这是每位训练有素的人类学家都牢牢掌握的分析王牌。因此在这个意义上，本书是一项不同寻常的写作计划，它需要读者您有一点善意、耐心和奋斗的意愿，才能让本书完成的工作，通过您自行发挥作用。

本书不会立即将您带入混乱纠缠的"自然-文化"世界（Latour 1993），而见证"自然-文化"世界已经成了人类学研究中非人类方法的标志。相反，本书寻求读者更温和地沉浸在一种不断成长的思维之中。本书从非常简单的事情开始，从而使得复杂的、背景的和混乱纠缠的东西本身（而不是民族志的那些未经质疑的条件）可以成为民族志分析的对象。

因此,本书第一章似乎与对鲁纳人所深深植根其中的存在方式进行复杂的、着眼于历史的、隐含权力语境的阐述(民族志期待我们进行这种正当的阐述)相去甚远。但我在这里尝试做的事情对于政治而言非常重要;从关注鲁纳人与其他种类存在者相关联的方式之中滋生出的分析工具,可以帮助我们思考不同的可能性及其实现。我希望,这种做法可以说明加桑·哈格(Ghassan Hage 2012)所说的"另类政治"(alter-politics)——这种"另类政治"并不是从反对或批评我们当前的制度中发展起来,而是从关注另一种存在方式之中发展起来的,这种"另类政治"是一种涉及其他种类存在者的政治。

因此,本书试图发展出一种分析方式,这种分析方式试图使人类学"超越人类",同时也并不忽视我们人类同时也是"太人性的",以及这种"太人性的"压迫性方式对生活具有何种影响。迈向这一工作的第一步,也是本书第一章"敞开的整体"的主题,就是重新思考人类语言,以及它与我们和非人类所共有的其他表征形式之间的关系。无论我是否明确表述了出来,根据许多我们的社会理论的说法,语言及其独特的属性,正是定义我们的东西。社会系统或文化系统,甚至"行动者网络"(actor-networks),最终都是根据它们与语言相类似的属性得到理解的。就像词语一样,它们的"关联项"(relata)——无论是角色、观念还是"行为者"(actants)——并不先于它们彼此之间的相互构成关系,由于这个事实[10],在一个系统中必然会展现出某种封闭的循环。

社会理论是如此强调要去认识导致这种封闭的那些与语言相类似的独特现象,因此幸亏语言筑建在具有自己独特属性的更广泛的表征形式之中,我才能够探索我们实际上是如何向我们周遭涌现的世界敞开自身的。简言之,如果文化是一个"复杂的整体"(complex whole,引用爱德华・伯内特・泰勒[E. B. Tylor, 1871]的基本定义,该定义开启了各种使得文化观念和社会事实通过支撑它们的社会文化系统语境相互构成的方式),那么文化同样也是一个"敞开的整体"。因此,第一章构成了一种超越人类之上的符号民族志(ethnography of signs)。它对人类和非人类如何使用符号(不一定是象征性的符号,也即非约定俗成的符号)进行了民族志的考察,并且证明了为什么这些符号不能完全被象征符号所界定(circumscribed)。

　　尽管存在象征闭合(symbolic closure)这个非常真实的事实,但对于孔隙(aperture)如何存在的探索,迫使我们重新思考我们的一条基本人类学概念假设:语境(context)。我们的目标是,通过揭示传统符号如何只是许多符号模态之中的一种,从而将传统符号陌生化,然后考察其他符号形式的那些不同的非象征式属性,它们通常会被人类学分析掩盖,并坍塌成了象征式的属性。超越人类之上的人类学,在很大程度上是关于学会理解人类如何也是一种超越人类语境的产物。

　　那些关注非人类的人们经常试图通过将两者混合在一起的方式(诸如"自然-文化"[natures-cultures]或"物质-符号"[material-semiotic]这样的术语可以表明这一点),或者通过将这两极从一个极点还原到另一个极点的方式,来克服我们耳熟能详的、在人类意义之象征领域和对象之无意义领域之间的笛卡尔式二分。相反,"敞开的整体"旨在表明,表征过程是生命所独有的东西,并且在某种意义上甚至是生命的同义词,这种认识使得我们能够将人类在世界之中的独特存在方式,看成是既从一个更广阔的活的符号学领域之中涌现出来的,也是处于这个更广阔的活的符号学领域之中的。

正如我所说的,如果象征是"敞开的",那么它究竟向什么敞开? 敞开象征,这种对超越于象征之上的符号的考察,迫使我们思考"真实"(real)可能意味着什么,尽管迄今为止"真实"在人类学中的基础——"对象"和语境构建——稳固,而那些在超越人类之上的世界中出现、成长和流转的符号的奇怪而隐藏的逻辑,使迄今为止在人类学中稳固的基础成了不稳固的。

第二章"活的思想"考察了第一章提出的主张(也即是所有存在者,包括那些非人类存在者,在符号学上都是构成性的)的意义。所有生命都是符号学的,所有指号过程都是活生生的。那么在很重要的层面上,生命和思想是一体的:生命在思维;思想是活的。

这一点影响了我们对"我们"是谁的理解。哪里有"活的思想",哪里就有一个"自我"(self)。在最基本的层面上,"自我"是指号过程的产物。它是活生生的、动态的轨迹——无论多么原始多么转瞬即逝——通过它,符号开始向"某个人"表征其周遭世界,这"某个人"同样也是这个过程之中涌现的结果。因此,世界就是"有灵的"(animate)。"我们"并不是唯一的一种我们(*we*)。

世界也"充满魔力"(enchanted)。由于这种活生生的符号学动态机制,意-义(*mean-ing*,也即是手段-目的关系、意蕴、"为之故"[aboutness]、目的)就是世界的构成性特征,而不仅仅是我们人类强加于它的东西。以这种方式领会生命和思维,会改变我们对诸多自我（selves）是什么，以及这些自我如何出现、消融并融入成为新种类的我们（we）的理解，因为这些自我与其他存在者在这种我称之为"诸多自我的生态系统"（ecology of selves）的复杂关系网络之中互动，使热带雨林成为他们的家园。

鲁纳人努力理解和进入这种诸多自我的生态系统的方式，放大并彰显了与活生生的思想相关的特殊关联逻辑。如果像玛丽莲·斯特拉森（Strathern 1995）所论证的那样，人类学的基础是"关系"，那么理解这种诸多自我的生态系统之中出现的一些关联的奇特逻辑，对我们的学科就具有重要意义。正如我们将要看到的，它揭示了"无区分"（indistinction）是如何作为关联（relating）的一个核心方面的。这改变了我们对关系性（relationality）的理解；差异（difference）不再那么轻易地成为我们概念框架的基础，这也改变了我们对他异性（alterity）在我们学科中扮演着核心角色的看法。关注这种活生生的符号学动态机制，其中无区分性（indistinction）（不要与内在相似性混淆）的运作，同样有助于我们了解"诸种类"（kinds）是如何在超越人类之上的世界之中出现的。"种类"不仅仅是人类的心理范畴（无论它们是内在的还是约定俗成的）；它们是诸多自我的生态系统中的存在者们彼此如何以某种混淆方式相互关联的结果。

如何建立居住在这个庞大的诸多自我的生态系统之中那些不同的存在者之间的联系，这既是现实的挑战，也是生存论的挑战。第三章和第四章从民族志的角度，考察了鲁纳人是如何应对这些挑战的，这些章节更普遍地反映了我们可以从中学到什么。

第三章"盲的灵魂"关涉到"死亡是如何内在于生命的"这个

普遍的问题。狩猎、捕鱼和诱捕，使鲁纳人与构成他们所生活其中的诸多自我的生态系统之间处于一种特殊关系。这些活动迫使鲁纳人得出了他们自己的观点，并了解到，他们猎杀的所有这些生物，以及跟那些被猎杀动物相关的许多其他生物，都有自己的视角。这就迫使他们认识到，这些生物寓居于一个关系之网，我们可以这么陈述这个关系网的部分事实，也就是组成这个关系之网的成员是活生生的、正在思维的自我。鲁纳人也作为自我，进入到这个诸多自我的生态系统之中。他们认为，他们进入这个关系之网（意识到其他自我并与其他自我建立联系）的能力，取决于这个事实：他们与构成这个生态系统的其他存在者共同具有这种性质。

宇宙中寓居的众多存在者都具有自我性（selfhood），对这一点的意识带来了特殊挑战。鲁纳人进入森林的诸多自我的生态系统是为了狩猎，这意味着他们将他者视为像自己一样的自我，从而将他者变成非自我（nonselves）。因此，对象化（Objectification）是万物有灵论（animism）的另一面，它不是一个简单直接的过程。此外，一个人摧毁其他自我的能力，取决于以下这个事实并突出了这个事实，即这个人只是一个转瞬即逝的（ephemeral）自我——能够飞快地就不再是自我的自我。在"盲的灵魂"这个章节标题之下，第三章描绘了失去识别其他自我的能力的各个时刻，以及当一个人从构成宇宙诸多自我的生态系统关系之中抽离出来时，将如何导致某种单子式的异化。

死亡是内在于生命的，这正是科拉·戴蒙德（Cora Diamond 2008）所说的"现实性困境"（difficulty of reality）。死亡的不可理解性恰恰是一个可能击垮我们的根本矛盾。正如科拉·戴蒙德所强调的,这种困境还因另一重困境而加剧:这种矛盾有时候,对某些人来说,完全不值得注意。这两重困境造成的分离感,同样也是现实性困境的一部分。在这个庞大的诸多自我的生态系统之中狩猎(在这个生态系统中一个人必须作为一个自我,与许多其他种类的、将要被这个人杀死的自我相关联)凸显了这两重困难;整个宇宙都回荡着这种内在于生命的矛盾。

　　因此,第三章是关于生命中的死亡的章节,它尤其跟斯坦利·卡维尔(Stanley Cavell)所说的"日常生活"之中的"小小死亡"(little deaths)这类事情有关(Cavell 2005:128)。死亡的种类和规模有很多。有很多方法可以让我们不再对自己作为"自我"和对彼此作为"自我"。这些方法就是那些能够把我们拉出"关系"之外的方式,只不过有很多时候我们对这些方法视而不见,甚至扼杀了关系本身。简言之,存在许多祛魅的模态(modalities of disenchantment)。有时,"我们存在"这种可怖的日常事实,会突然闯入我们的生命之中,从而成为现实性的困境。而在其他情况下,它只是被我们忽略掉了。

　　第四章"跨物种的混杂语言"(Trans-Species Pidgins)是在讨论"这个广阔的诸多自我的生态系统、在如此之诸多种类的自我之中生活所面临的挑战"两个章节之中的第二章。这一章关注的是如何安全、成功地与寓居于宇宙的诸多存在者交流的问题。如何理解那些常被质疑是否掌握了人类语言的存在者,以及如何被那些存在者所理解,这些本身都是很困难的问题。若交流成功了,那么与这些存在者的交流,也可能会破坏稳定。某种程度上,交流总是涉及相互共有(communion)。也就是说,与他人交流需要某种量度,唐娜·哈拉维(Haraway 2008)称之为与这些他者"共处"（becoming with）。尽管这种路向承诺可以拓宽存在的方式，但它也可能威胁到一种更显著的人类自我意识——鲁纳人尽管非常渴望拓宽自我存在的方式，但同时也需要挣扎维持这种人类自我意识。据此，阿维拉人找到了创造性的策略，来敞开与其他存在者沟通的渠道，但这些方式同样也可以阻止那些可能同样具有生成性的跨越物种界限的过程。

第四章的大部分内容都集中在人类试图理解他们的狗，以及人类试图让他们的狗理解人类自身的符号学分析上。例如，阿维拉的人们努力阐释他们的狗的梦境，他们甚至给他们的狗服用致幻剂，以便能够给他们的家犬提供建议——在这个过程中，他们诉诸了一种具有意想不到属性的跨物种的混杂语言。

人-狗关系之所以特殊，部分原因在于它与其他关系之间的关联方式。与他们的狗一道，并且通过他们的狗，人们既与更广阔的诸多自我的森林生态系统关联在了一起，又和一个超越阿维拉及其周围森林还有涉及殖民遗产层面的"太人性的"社会世界关联在了一起。这一章和接下来的两章，就是从这种扩展的意义上来考虑"关系性"的。这两章不但涉及鲁纳人如何与森林之中的生物产生关联，而且还关涉到鲁纳人如何与他们的"灵"产生关联，以及鲁纳人是如何与在那片土地上的许多留下踪迹的、有力量的人类存在者产生关联的。

19

鲁纳人是如何与他们的狗、森林中的生物、有灵性且真实的"灵"，以及诸多其他人物——庄园主、牧师、殖民者，这些人在时间的历程中来到鲁纳人的面前，他们的世界无法分隔开来——产生关联的？这些人都是这个生态系统之中的一部分，他们使得鲁纳人成为其所是之人。虽然将这种拧成绳结的关系看成无法还原的复杂关系的做法很简单,但我拒绝了这种诱惑。通过仔细考察与不同种类存在者之间进行交流的特定模态,我们可以了解到,所有这些关系——以及更广泛意义上的关系性。这些努力交流的尝试,揭示了关系的确定的形式属性——一种确定的关联逻辑,一系列限制条件——它们既不是地球生物学的偶然产物,也不是人类历史的偶然产物,它们在这两者之中被实例化,并且因此塑造了这两者本身。

在这里最让我感兴趣的属性就是等级结构(hierarchy)。符号的生命是以一系列单向和嵌套的逻辑属性为特征的——这些属性具有完美的等级结构。然而,在我们试图培育出的充满希望的政治之中,我们将异质结构(heterarchy)的优先级置于等级结构之上,将根茎的优先级置于植物之上,我们为这样一个事实而欢欣鼓舞:这些横向过程(例如水平基因转移、共生、共栖附生,以及诸如此类)同样可以在非人类的生命世界之中找到。但我相信这种建立政治基础的方式是错的。道德就像象征一样在人类之间涌现(而不是超越于人类)。将我们理所当然地以平等为优先的道德,投射到部分地由一种逻辑的和本体论的(而非道德的)自然嵌套和单向联结组成的关系图景上,这是一种人类中心主义的自恋形式,这使我们对超越人类之上的世界的某些属性视而不见。因此,这使我们无法在政治上运用它们。因此,第四章的兴趣之一,就在于描画道德世界如何捕捉这种嵌套关系(nested relations),并且发展这种嵌套关系,同时这种嵌套关系自身又不是那些道德世界的产物。

第五章"形式毫不费力的有效性"是我充实这种对形式的人类学意蕴的阐释的章节——我之前一直在暗示这一点。也就是说,这一章讨论的是,关于可能性之界限的特殊构想,是如何在这个世界上涌现的,这些冗余的特殊构想传播开来的特殊方式是什么,以及它们通过什么方式影响了阿维拉周围森林中的生命(无论是人类还是非人类)。

形式(form)是难以用人类学来处理的。无论心灵还是机制(mechanism),它们都不容易用我们从启蒙运动之中继承的二元论形而上学来解释——即使是在今天,这种二元论形而上学也还在以我们不一定总是注意到的方式引导我们,要么从机械推拉的角度看待原因,要么从我们通常归于人类领域的意义、目的和欲望的角度来看待原因。目前本书的很大部分内容都关注于消解这种二元论的诸多更为持久的遗产,我们认识到了更广义的"意义"并且追溯其意涵,意义也是超越人类之上的生活世界的一部分。相较而言,这一章试图通过不仅超越人类,而且超越生命来进一步推动这一事业。这涉及超越生命的模式传播(pattern propagation)的奇怪属性,尽管这些模式受到生命的运用、滋养和放大。在充满多种生命形式的热带雨林中,这些模式以前所未有的程度激增。若要按照森林的条件与森林相接触,进入森林的关系逻辑,用森林的思维来思考,人们必须适应这些。

这里的"形式"并不是指我们人类理解世界的固有或习得的概念结构,也不是指柏拉图的理念领域。相反,我指的是一种奇怪但世俗的模式生成和传播的过程,特伦斯·迪肯(Deacon,2006,2012)将其描述为"形态动力学"(morphodynamic)——具有独特生成逻辑的模式必然会渗透到活生生的存在者(人类和非人类)之中,因为那些活生生的存在者会利用它。

　　尽管形式不是心灵，但形式也不是类似事物之物。人类学的另一重困境就是，形式缺乏标准民族志对象的那种可触及的他者性。当一个人在形式里面，就没有什么可以推动它的相反之物；就不能够用它所反对的方式来定义它。形式不适合这种诊断方式（palpation），不适合这种认识方式。而且它也是脆弱和转瞬即逝的。就像有时在快速流动的亚马逊河的源头之中形成的漩涡一样，当支撑它的特殊的几何界限消失时，它就会消失。因此，形式在很大程度上隐藏在我们标准的分析模式之外。

　　通过考察各种民族志的、历史的和生物学的例子（召唤这些例子就是为了搞清楚我的一个百思不得其解的梦境，我梦到了我跟森林中的一切动物，还有控制这些森林动物的灵师［spirit masters］之间的关系）本章试图了解形式的一些特殊属性。本章试图理解形式对因果时间性起作用的方式，以及它自身在通过我们传播时展现出其自身的那种"毫不费力的有效性"（effortless efficacy）的方式。我在这里特别感兴趣的是，形式的逻辑究竟是如何影响生命思维的逻辑的。当思维脱离其自身的意图，例如当（借用列维-斯特劳斯的话来说）我们要求它没有回报时（Lévi-Strauss 1966:219），将会发生什么？它是什么样的生态系统，并且在这个过程中，它会使什么样的新关系成为可能？

　　尽管如此，本章也关注深入"形式"的实际问题并对此做些处理。森林的财富——无论是猎物还是可采掘的商品——都以某种模式（patterned）积累。要获得这种财富就需要找到进入这些模式之逻辑的方法。相应于此，本章罗列出了用于执行此操作的各种技术（无论是萨满的方式还是其他技艺），并且还关注了当鲁纳人无法进入随时间推移而出现的许多储蓄巨大力量和财富的新形式时,所感受到的痛苦的疏离感。

通过"形式"重新思考"原因",也迫使我们重新思考能动性。这种无为而无所不为的奇怪方式究竟是什么? 通过这种特殊的建立联结的方式,究竟可以产生出什么样的政治? 掌握形式如何在森林中以及与之相关的人们的生命(无论是河豚、猎人还是橡胶老板)中出现和传播,了解形式毫不费力的有效性,是发展出一种可以触及生命(人类和非人类)核心过程的人类学的核心,这种人类学并不是由差异的量(quanta of difference)构建出来的。

《森林如何思考》是一本关于思维的书。援引维维罗斯·德·卡斯特罗的表述来说,《森林如何思考》是呼吁将人类学作为"思想永久地去殖民化"(la décolonisation permanente de la pensée)的实践(Viveiros de Castro 2009:4)。我的论点是,我们受到某些关于关系的思考方式的殖民。我们只能通过我们对构成人类语言的联想形式的假设,来想象自我和思想可能形成联想的方式。然后,我们经常在察觉不到的情况下就将这些假设投射到了非人类身上。在没有意识到这一点的情况下,我们将我们自己的属性加诸非人类的属性之上,然后,加剧情况复杂性的是,我们还自恋地要求这些非人类能够为我们提供出对我们自身正确的反思。

那么,我们应该如何思考森林呢? 我们应该如何让来自非人类世界之中的思维,解放我们自身的思想? 森林很好思考,因为森林自身在思考。森林思考。我想严肃对待这个问题,我想追问的是:这个主张对于我们理解"人在一个处于超越我们之上的世界之中意味着什么"有什么影响?

22

等等。我怎么能提出"森林思考"这种主张呢？难道我们不应该只追问"人是怎么思考森林的思考"的吗？我并不会这样做。相反，我的主张如下。我想表明，我们可以以一种奇怪的方式声称"森林思考"是"森林思考"这一事实的产物。而这两件事——这个主张本身和我们可以提出这个主张的主张——是相关的：正是因为思维超越于人类之上，我们才能超越人类之上地思考。

因此，本书旨在让我们摆脱因过度关注自身（忽视了其他一切）而积累过多的概念包袱，这种概念包袱让我们人类成了例外。《森林如何思考》发展出了一种方法，可以根据我们从民族志中发现的超越于人类之上的世界的意想不到的属性，来制作新的概念工具。这样做是为了将我们从自身的精神桎梏之中解放出来。当我们学着从民族志的视角触及超越人类之上的事物时，就会突然出现某些奇怪的现象，并且这些奇怪的现象使得我们生活世界的一些普遍属性得到了放大（并在这个过程中得以具显）。如果通过这种形式分析，我们可以找到进一步放大这些现象的方法，那么我们就可以将它们培育成概念，并将其作为工具加以调动。通过将放大置于比较或还原方法之上，我们就可以创建一种稍微不同的人类学，这种人类学可以帮助我们理解如何更好地生活在与其他种类生命共存的世界之中。

生命动力学的逻辑，以及它们所创造和企及的各种附属现象，乍一看可能会显得奇怪和违反直觉。但是正如我希望表明的那样，它们也渗透到了我们的日常生活中，如果我们能学会倾听它们，它们可能会帮助我们以不同的方式理解我们的生命。这种对陌生化（defamiliarization）的强调——把陌生视为熟悉，以使熟悉的事物显得陌生，让人想起一种悠久的人类学传统，该传统认为对语境（历史、社会、文化）的欣赏，会破坏我们认为自然且不可改变的存在方式的稳定性。然而，与更传统的解放民族志实践或谱系学实践（liberatory ethnographic or genealogical exercises）相关的远距实践（distance-making practices）相比，从某种超越人类之上的视角看待人类，不仅会破坏我们所认为理所当然的观念，而且它还改变了分析和比较的术语。

这种超越人类之上的方式改变了我们对基本分析概念（例如语境）的理解，也改变了我们对许多其他概念（例如表征、关系、自我、目的、差异、相似性、生命、真实、心灵、人、思维、形式、有限性、未来、历史、原因、作用、关系、等级结构和普遍性）的理解。它还改变了我们使用这些术语的含义，我们将这些术语所指的现象界定在哪里，以及我们对这些现象在我们所生活的生活世界之中产生的影响的理解。

最后一章"活的未来（与死者无可估量之重）"建立在本书发展出的这种森林思维方式之上，因为这一章聚焦于另一个神秘的梦境，有个猎人，他不确定自己是贪婪的捕食者（在此以一个白人警察的样子出现），还是在他的梦境预言之中无助的猎物。这个梦带来的解释困境，以及由此暴露出来的生存论冲突和心理冲突，涉及如何作为一个自我继续存在，以及这种连续性在鲁纳人生活于其中的诸多自我的生态系统（这个牢牢植根于森林领域的生态系统远远超出了人类之上，但其触须同样也触及了许多"太人性的"过去的细枝末节）之中可能意味着什么。本章在广义上关于生存。也就是说，本章的内容关于连续性、增长和不在场（absence）之间的关系。民族志研究关注那些特殊的、受殖民影响的、鲁纳人生活于其中的、诸多自我的生态系统之中的生存问题，这种研究告诉我们一些更普遍的事情，即在这种不在场的情况下，我们怎样能够成为新种类的我们，以及在这个过程中，"我们"（借用唐娜·哈拉维[Haraway，2008]的术语）如何可能"蓬勃发展"（flourish）。

要想理解这个梦境以及这个梦境告诫我们的生存之道，我们需要一种转变，不仅需要转变人类学的对象——人，而且还需要转变人类学所聚焦的时间性。它要求我们更普遍地认识到生命（人类和非人类）不仅是过去积压于现在之重量的产物，而且还是未来承载奇怪而复杂之现在的产物。

也就是说，所有指号过程都围绕这样一个事实来组织：符号表征未来的可能事态。未来对活生生的思维而言很重要。它是任何一种自我的构成性特征。因此，符号生命不仅存在于现在，而且还存在于模糊且可能的未来之中。符号面向的是未来的符号可能表征其与可能事态之关系的方式。因此，自我的特征就在于皮尔士所说的"未来之存在"（being *in futuro*）（Peirce，CP 2.86）或"活的未来"（Peirce，CP 8.194）。[11]这种特殊的因果关系，即未来通过符号的中介作用于现在，是生命所独有的。

在生命符号中，未来也与"不在场"密切相关。所有种类的符号都以这种或那种方式再-现（re-present）当下并不呈现的东西。每一种成功再现的现象，都有另一种不在场的现象为其奠基；它是所有其他符号过程的历史产物，尽管这些符号过程不太准确地再现了将要发生的现象。也就是说，作为符号学的自我是什么，与它不是什么，是构成性地相关的。一个人的未来，从不在场历史的特定几何形态之中涌出，并与之相关。活的未来总是"亏欠"(indebted)其周遭的死者。

在某种层面上,生命以与其所有过去否定性和构成性的关系创造未来,这种方式是所有指号过程的特征。但它是一种在热带雨林中得到放大的动态机制,具有一层又一层的、前所未有的、相互构成的表征关系。鲁纳人投身在这个复杂的诸多自我的生态系统之中,创造了更多的未来。

那么,第六章的内容主要关于这个未来的某种特殊的表现:位于森林深处的来生的领域,居住着死者和控制森林动物的灵师。这个领域是看不见的未来与使生命成为可能的死者的痛苦历史之间关系的产物。在阿维拉周围,这些死者以美洲豹、灵师、恶魔,还有许多前西班牙裔、殖民和共和时代的幽灵的形式出现;所有这些都以其自身的方式继续幽灵般游荡在活的森林之中。

第六章追溯了这种有灵性的未来领域如何与鲁纳人日常存在的具体领域相关。鲁纳人的生命与森林广阔诸多自我的生态系统相关,同时鲁纳人的生命也一脚踏足进了"未来"(in futuro)之中。也就是说,他们的生命一脚踏足进了灵域(the spirit realm)之中,这是他们处身在森林及其关系网络所孕育的未来和过去的涌现方式的产物。这是另一种"超越",这种来-生(after-life)、这种超-自然,并不完全是自然的(或文化的),但它仍然是真实的。它是其自身的一种不可还原的真实,具有自身独特的属性和对未来之现在的触手可及的影响。

在世之中的现在(mundane present)和模糊的未来之间断裂却必然的关联,以各种特殊且痛苦的方式,在丽萨·史蒂文森(Lisa Stevenson 2012;另参见 Butler 1997)可能称之为"鲁纳人自我的灵魂生活"(the psychic life of the Runa self)之中上演，这种"鲁纳人自我的灵魂生活"沉浸于其自身所寓居的诸多自我的生态系统之中，并通过这种诸多自我的生态系统彰显出来。鲁纳人既隶属于"灵"的世界，又与"灵"的世界相疏离，而生存本身则需要孕育出各种方法，好让某个人(弱地生活在森林灵师的领域之中)的未来自我之中的某些部分，能够回顾并召唤出自己更加在世的部分(mundane part)，然后后者才可能会回应。这种充满连续性和可能性的有灵性的领域，是全体跨物种和跨历史关系的涌现的产物。它是许多死者无法估量之重的产物，使得一个美好的未来成为可能。

　　正如在他的梦境中揭示，以及在这个诸多自我的生态系统之中表现出来的那样，那个作为一个我的猎人所面临的生存挑战，取决于他如何被其他人欢呼赞赏——其他人可能是人类或非人类、肉身的或灵体的。这也取决于他将如何回应。他是那种可能会用令人害怕的嗜血的铁拳攻击他那些鲁纳邻居的白人警察吗？他是无助的猎物吗？或者，难道他不是一只鲁纳美洲豹人，甚至一只能够回应美洲豹的凝视的美洲豹人吗？

　　让这只既是我们、又不是我们的鲁纳美洲豹人，像但丁笔下的维吉尔一样，成为我们漫步在这片"繁茂"且"困难"的森林——这片"凡语再不能交代"[①]的"野蛮森林"(*selva selvag-*

————————

① 语出但丁《天堂篇》(Dante, *Paradiso*, XXXIII: 55—56, "maggio / che 'l parlar mostra.")。中译采用黄国彬译文："所见的伟景，凡语再不能交代"(参见：但丁·阿利格耶里著，《神曲·天堂篇》，黄国彬译注，外语教学与研究出版社，2008年，页471)。——译者

giai)的向导。让这只鲁纳美洲豹人引导我们吧,但愿我们也能够学到另一种方式,触及并研究和回应那些生活在这片森林领域的人们的生命吧。

第一章

敞开的整体

> 我所说的"感觉",是指那种不考虑他物、就其自身全然积极的
> 意识元素的实例……[一个]感觉是绝对简单且不含部分的——感
> 觉显然如此,它无需考虑他物,就是其自身,因此它也无需考虑任
> 何不同于整体之部分。
>
> ——Charles Peirce[①], *The Collected Papers* 1. 306—10

一天晚上,当大人们聚在壁炉边喝木薯啤酒时,马克西(Maxi)回到屋子里的一个安静角落,开始向他十几岁的邻居路易斯(Luis)和我讲述他最近的一些冒险和不幸事件。他告诉我们,在他十五岁左右刚开始自己独立打猎时,在某个似乎成了永恒的一天里,他站在森林当中等待着什么事情发生,突然间,他发现自己跟一群穿过灌木丛的领西貒[②]很近了。他吓坏了,爬到一棵小树的安全处,然后从那里开火,击中了其中一头猪。那只受伤的动物朝一条小河跑去。……"*tsupu*"。

"*tsupu*"。我故意不翻译马克西的这个词语。这个词可能意味着什么? 它听起来像什么?

Tsupu,或有时最后一个元音拖长并送气,发音为 *tsu-puuu^h*,指一个与水体相接触然后穿透水体的存在物(entity);想

---

① 查尔斯·桑德斯·皮尔士(1839—1914)。

② 领西貒,西貒科的一种哺乳动物,中文俗名为"貒猪",属于猪形亚目。

象一块大石头扔进池塘，或者一堆受伤的野猪掉进河里。*Tsu-pu* 可能并没有立刻唤起这样的形象（除非对于那些说低地厄瓜多尔的基丘亚语的人而言）。但是，当您了解它所描述的内容时，您会有什么感受？一旦我告诉人们 *tsupu* 是什么意思，他们就会突然感受到它的含义："哦，当然，*tsupu*！"

相比之下，我敢说，即使您得知与许久未见的人打招呼时使用的问候语 *causanguichu* 的意思是"您还活着呢？"，您也并不会有这种感觉。对母语为基丘亚语的人来说，他们当然能感觉到 *causanguichu* 像是什么意思，多年下来，我也逐渐对这个词的含义产生了一种感觉。但是，是什么让 *tsupu* 的含义如此明显，即使对于许多不会说基丘亚语的人来说也是如此呢？因为 *tsupu* 给人的感觉就有点像一头跳入水中的猪。

Tsupu 的意思怎么会是这样呢？这样的词语凭借其密不可分的嵌入方式，通过语法和句法关系与历史的偶然密集地纠缠在一起，加上我们称为"语言"的那种独特的人类交流系统之中的其他此类词，我们就能够知道像 *causanguichu* 这样的词意味着什么。而且我们还知道，这个词的含义也取决于语言本身在一种更广泛的、与之具有相似的历史偶然的系统属性的社会、文化和政治情境之中存在的方式。为了培养对 *causanguichu* 这个词的感觉，我们必须掌握这个词所身处其中的相互关联的单词网络的整体性。我们还需要掌握现在和曾经使用这个词的更广泛的社会背景。为我们如何生活在我们共同创造和造就我们的这种不断变化的环境赋义，长期以来一直是人类学的一个重要目标。对于人类学来说，"人"作为一种存在者和知识对象，只有研究我们如何嵌入这些独特的人类环境——这些"复杂的整

体",借用爱德华·伯内特·泰勒(E. B. Tylor 1871)经典的文化定义对它们的界定——之中时,"人"才会涌出。

但如果说 *causanguichu* 牢固地存在于语言之中的话,那么 *tsupu* 则似乎处于语言之外。*Tsupu* 就像是副语言式地寄生在语言之上,并且某种程度上无关紧要地承载着语言。正如皮尔士可能会说的那样,以某种方式,*tsupu* "不考虑他物,就其自身全然积极"。这个无可否认的微小事实,即这个奇怪的小准词并不是完全由其语言语境构成的,使得那些通过语境理解人类的人类学书写倍感困惑。

以 *causanguichu* 的词根、词素 *causa-* 为例,它是人称的标志,并且根据一个表示问题状态的后缀而变化:

> *causa-ngui-chu*
>
> live-2-INTER[1]
>
> 您还活着呢?

通过这个词的语法变化,*causanguich* 与构成基丘亚语的其他词语之间就产生了千丝万缕的联系。相比之下,*tsupu* 并不真正与其他词产生关联,因此无法作为反映任何此类可能关系的修饰词。作为"就其自身全然积极的"词语,它甚至不能在语法上用作否定词。那么,*tsupu* 究竟是什么东西呢? 难道它只不过是一个词吗? 它在语言中的异常位置,揭示了语言的什么? 若想通过人类学的方式掌握形成人类生活和我们参与生活的可能性条件的各种语言背景、社会文化背景和历史背景,*tsupu* 这个词语究竟可以告诉我们什么?

虽然 *tsupu* 不完全是一个词,但 *tsupu* 肯定是一个符号。

29

也就是正如哲学家查尔斯·皮尔士所说的,它肯定是"某个在某些方面为某人表示某物的东西,或者某个有能力为某人表示某物的东西"(Peirce CP 2.228)。这与索绪尔(Saussure 1959)对符号的更加人文主义的处理方式(我们人类学家更熟悉索绪尔的这种方式)完全不同。对索绪尔来说,人类语言是所有符号系统的典范和模型(Saussure 1959:68)。相比之下,皮尔士关于符号的定义,在对于符号是什么以及什么样的存在者使用它们方面,则显得更为不可知论。对皮尔士而言,并非所有符号都具有类似语言的属性,而且正如我接下来将要讨论的那样,并非所有使用符号的存在者都是人。对符号更广泛的定义,有助于我们与我们所知超越人类之上的生命符号相契合。

在某种程度上,*tsupu* 以某种特殊的方式捕捉到了一只猪跳入水中的样子,而且它能做到这一点——奇怪的是——不仅对于说基丘亚语的人们而言是如此,甚至在某种程度上对我们这些可能不熟悉这种它所承载的语言的人们而言也是如此。[2] "不考虑他物,全然积极地"感受 *tsupu*,这种感受可以告诉我们一些重要之事,关于语言的本质及其向着这个世界"本身"意想不到的敞开。它可以帮助我们理解符号是怎样受到人类语境的限制,又是怎样超越人类语境的限制的。也就是说,它可以帮助我们揭示出,这些符号是如何存在于、属于、并且关于我们也能感觉到的其他感官世界的。关于那个"复杂的整体"(使我们成为我们所是的东西),它也可以告诉我们一些如何能够超越人类理解的方向。总之,在向着超越人类之上的世界敞开的世界之中"去生存"(to live)(基丘亚语是 *causa-gapa*)可能意味着什么,领会到这一点会让我们变得更加"在世"(become worldly)。[3]

在世与属世

在说出"tsupu"的同时，马克西把发生在森林里的某些事情也一道带回了家。就路易斯、我或你而言，我们开始掌握马克西所具有的某些体验，也就是跟一头跳入水池的受伤野猪靠得很近的体验。即使那天我们不在森林里，我们也会有这种感受。在这个意义上，所有的符号（而不仅仅是 tsupu）都以这种或那种方式与这个世界有关。它们"再-现"（re-present）。它们跟某些并非直接在场的事物有关。

但它们也都以这种或那种方式存在于世界之中并属于这个世界（in and of the world）。当我们想到使用符号来再现某个事件的情景（例如我刚刚描述的那种情景）时，人们很难看到这种性质。坐在茅草做成屋顶的房子里的黑暗角落，听马克西谈论森林，与出现在那头跳入水中的野猪的现场，是不一样的。难道这种与世界之间的"根本不连续性"（radical discontinuity），不是符号的另一种重要标志吗？只要符号不提供任何一种直接、绝对或确定地表征他们的存在物，那么这种与世界之间的"根本不连续性"，就肯定是符号的另一种重要标志。但是符号总是间接的，这个事实并不意味着它们也必然存在于（人类）心灵内部的某个独立领域并与它们所表征的存在物隔绝开来。正如我将要证明的，符号不仅仅关于世界。它们也在很重要的方面存在于世界之中。

考虑以下这种情景。在森林里散步的一天快要结束时，希

30

拉里奥(Hilario)、他的儿子卢西奥(Lucio)和我,遇到了一群穿过树冠的绒毛猴。卢西奥开枪打死了一只,剩下的绒毛猴队伍就四散了。可是,一只年轻绒毛猴与队伍走失了。在发现只剩下自己一个之后,她①躲到一棵巨大红树干的树枝上,从森林树冠的高处探出头来。

希拉里奥希望能把这只绒毛猴吓跑,让她走到一个更显眼的栖息处,好让自己的儿子可以打中她,于是希拉里奥决定砍倒附近的一棵棕榈树:

> 小心呐!
>
> *ta ta*
>
> 我要放倒啦 *pu oh*
>
> 当心呐!

Ta ta 和 *pu oh*,就像 *tsupu* 一样,听起来都像它们所示意思的图像。*Ta ta* 是砍树的形象:嗒嗒声。*Pu oh* 则捕捉到了一棵树倒下的过程。引发其倾倒的啪啪声、从层层森林树冠之中自由落下的树冠的嗖嗖声、冲击地面的撞击声及其回声,都包含在这张声音图像之中。

然后希拉里奥就照他说的去做了。他走了一小段路,开始用砍刀有节奏地砍向一棵棕榈树。从那天下午我在森林里录制的录音中,可以清楚地听到砍刀的钢铁敲击树干的声音(*ta ta ta ta*……)——就像棕榈树倒下的声音(*pu oh*)一样。

　低地基丘亚语(Lowland Quichua)有数百个像是 *ta ta*、*pu*

---

① 原文如此。

oh 和 *tsupu* 这样的"词语"，通过声音传达图像的方式，它们的意义呈现了一个动作是如何展开于世界的。它们在言语中无处不在，尤其是在与森林有关的谈话中。它们对鲁纳人的存在方式非常重要，因此语言人类学家珍妮斯·纳克尔斯（Janis Nuckolls 1996）用了一整本书的篇幅来处理它们，这本书的标题也恰如其分——《生命般的声音》（*Sounds Like Life*）。

一个 *tsupu* 这样的"词语"类似于它所表征的存在物，这要归功于"符号载体"（sign vehicle）（也即是被视为一个符号的存在物，比如在我们的例子中就是 *tsupu* 的声音性质）和对象（在我们的例子中就是这个"词语"所模拟的掉入水中的动作）之间被忽略的差别。皮尔士将这些相似的符号称为"相似符号"（i-con）。它们符合他的三种广义符号种类之中的第一类。

正如希拉里奥预料的那样，棕榈树倒塌的声音把绒毛猴从她的栖息处吓跑了。这一事件本身，而不仅仅是事前的模仿，也可以被视为一种符号。它在这种意义上也是一个符号：它也成了"某个在某些方面为某人表示某物的东西，或者某个有能力为某人表示某物的东西"。在这种情况下，这个符号所意味着的"某人"并不是人类。倒下的棕榈树对绒毛猴来说也意味着一些东西。意蕴（Significance）并不是人类独有的领域，因为我们并不是唯一解释符号的存在者。其他种类的存在者使用符号，是表征在超越人类心灵和人类的意义系统之上的世界之中存在方式的一个例证。

倒下的棕榈树以不同于其拟音 *pu oh* 的方式变得具有意义。*Pu oh* 在如下意义上是相似式（iconic）的，即它本身在某些方面与其对象相似。也就是说，当我们没有注意到它与它所表征之事件之间的差异时,它的功能就是一个图像(image)。它具有意义,是因为某种对差异的注意力不在场。通过忽略无数使得任何存在物独一无二的特征,一组受到严格限制的特征得到了放大,这是因为模拟动作的声音也恰好共有这些特征。

对于绒毛猴来说,倒下的棕榈树本身以另一种能力意指某种东西。"倒下"作为符号,跟它所表征的对象之间并不具有相似之处。相反,它指的是某种别的东西。皮尔士将这种符号称为"标引符号"(index)。标引符号构成了他的广义符号种类之中的第二类。

在进一步探讨标引符号之前,我想简要介绍一下"象征符号"(symbol)——皮尔士的第三类符号。与构成生命世界中所有表征之基础的相似式指引模式和标引式指引模式不同,象征式指引模式至少在这个星球上是一种人类独有的表征形式。与之相应,作为人类的人类学家,我们最熟悉的就是这种象征式指引模式的独特属性。象征符号不仅仅通过相似符号的相似性,或仅仅通过标引符号的指向来指引。相反,就像 *causanguichu* 这个词一样,象征符号通过它们与其他此类象征系统地关联在一起的方式,间接地指代它们的对象。象征符号涉及到约定俗成。这就是为什么 *causanguichu* 只有在它与基丘亚语其他词语的既定关系体系中才具有意义,而且才能渐渐被感受到有意义。

那天下午希拉里奥砍倒的棕榈树轰然倒下,把绒毛猴吓走了。作为一个标引符号,它迫使这只绒毛猴注意到刚刚发生的事情,即使她还没把刚刚发生的事情搞清楚。相似符号涉及到的是"未经注意"(not noticing),标引符号则集中在注意力上。

如果相似符号就是"其本身"之所是,那么不论这些相似符号所表征的存在物是否存在,标引符号都关涉到"其本身"的事实。无论是否有人当场听到了它,无论绒毛猴或其他任何人是否认为这一事件具有意义,棕榈树本身都将轰然倒下。

和通过与其对象的相似性来表征的相似符号不同,标引符号的表征则"是基于与它们的真实联系"(Peirce 1998c:461;也参见 CP 2.248)。拉扯延伸到树冠的木质藤蔓或藤本植物的茎,是另一种能把绒毛猴从隐藏它的栖息地吓跑的策略(参见本章章首图片)。这种行为之所以能吓跑绒毛猴,是因为不同事物之间存在一系列"真实联系"(real connections):猎人的拉力通过藤本植物传递到附生植物、藤本植物、苔藓和碎屑交织在一起的地面,这些叠加起来形成了绒毛猴藏身所在的栖息地。

尽管有人可能会说,猎人的拉力通过藤本植物和地面的传播,直接让绒毛猴从其安全感之中震脱了出来,但这只猴子为何将这种拉扯视为一个符号,却不能被还原为一条确定的因果链。绒毛猴并不一定要将摇晃的栖木感知为某个事物的符号。但在这个事件中,她的确这样做了,而她的反应,并不是受到沿着藤本植物传播的拉力作用的结果。

标引符号关涉到的,不仅仅只是机械因果律(mechanical efficiency)。悖谬的是,多即是少。这是一种不在场。也就是说,当人们注意到标引符号,标引符号就会促使其解释者在某个事件和另一个尚未发生的潜在事件之间建立联系。一只绒毛猴将移动的栖木作为一个与其所表征的其他事物相联结的符号。它和某种与她当下所具有的安全感截然不同的危险事物相关联。或许她所栖息的树枝快要折断了。或许有只美洲豹正往树上爬……有些事情就要发生了，她最好去做点什么。标引符号提供的是跟此类不在场的未来相关的信息。标引符号鼓励我们，在正在发生的事情和将来可能发生的事情之间建立联系。

活的符号

追问符号是否关涉到像 *tsupu* 这样的声音图像，或者它们是否通过像倒下的棕榈树这样的事件才有意义，或者它们的意义是否以某种更系统和更分散的方式涌现，就像印在组成这本书的各个页面上相互关联的单词网络一样，这些追问可能会激励我们根据符号的诸多可触性质之间的差异来思考符号。但符号不仅仅只是事物。它们并不直接存在于声音、事件或文字中。它们也不完全存在于身体或者甚至思想之中。它们不能以这种方式精确定位，因为它们是持续的关系过程。它们的可感性质只是它们赖以存在、成长并作用于世界的动力机制的一部分。

换句话说，符号是活生生的。一棵倒塌的棕榈树被视为一个符号——只要它可以生长，它就是活生生的。它是有生命的，因为它将被一个符号链条之中在后的符号所解释并通过这链条延伸到可能的未来。

受惊的绒毛猴跳到更高的位置，这是这条活生生的符号链的一部分。这就是皮尔士所说的"解释项"（interpretant），它是一个阐释先前符号与其对象关联方式的新符号。[11]解释项可以被进一步地界说，通过一个不断接续的符号产生过程，越来越多地获得某种关于世界的阐释，以及越来越多地指向这种"为之故"（aboutness）的一个正在阐释的自我（an interpreting self）来界说。指号过程（semiosis）正是这个活生生的符号过程的名字，通过这个活生生的符号过程，一个思想产生另一个思想，进而再产生另一个思想，依此类推，直到进入潜在的未来。[12]它捕捉到了，活生生的符号不仅仅存在于此时此地，而且也存在于可能领域之中。

指号过程不仅仅只是机械因果率，思维也不仅仅只局限于某个独立的观念领域。[13]符号具有某种结果，而这恰恰正是解释项的含义所在。解释项是"由符号产生的恰切的意义结果"（Peirce CP 5.475）。绒毛猴之所以跳起来，是因为她要对倒下的棕榈树产生反应，这相当于是先前危险符号的一个解释项。它使一个作为所有（甚至那些看起来纯粹属于"心理的"[14]）符号过程之特征的能量组成部分（energetic component）变得可见。虽然指号过程不仅仅只是能量学和物质性的，但所有符号过程最终都是在世界之中"做事"，这也是使它们之所以保持活生生的一个重要部分。[15]

符号并不来自心灵。情况恰恰相反。我们所称的"心灵"或"自我"之物，恰恰才是指号过程的产物。那个把倒下的棕榈树视为有意义的"某个人"（无论是人类还是非人类），是一个"处在时间流之中，刚刚进入生命的自我"（Peirce CP 5.421），通过这一过程，开始处于这个符号及其他相似符号的"解释项"的场所（无论多么转瞬即逝）之中。事实上，皮尔士创造了繁琐的术语

"解释项",来避免"小小人谬误"(homunculus fallacy)[1](参见Deacon 2012:48),这种"小小人谬误"将自我视为一只黑匣子(有一个小小的人在我们之内,一个"homunculus"),这个小小人将成为那些符号的解释项,而这个小小人自身则不是这些符号的产物。各种自我(人类或非人类的、简单或复杂的)都是指号过程的产物,也是对新符号进行阐释的出发点,这种新的符号阐释将产生一个未来的自我。它们是符号过程的路标。

这些"刚刚进入生命的"自我并没有与世界隔绝;发生在心灵"之内"的指号过程与发生在心灵之间的指号过程,没有本质区别。森林中倒下的棕榈树能够阐释这种活生生的、在世界之中的指号过程,因为它嵌入在一个由诸多截然不同的涌现着的自我组成的生态系统之中。希拉里奥用相似符号来模拟倒下的棕榈树,描画出了一个可能的未来,然后这个可能的未来,将在他实际砍倒棕榈树时得以实现。棕榈树的倒下又反过来被另一个存在者(绒毛猴)解释,这另一个存在者的生命,将会由于她将棕榈树倒下视作某个她必须对之采取行动之事的符号而被改变。在此涌现而出的,是一个高度中介化却仍不间断的链条,从人类语言的领域跳转到人体及其行为的领域,从这些领域再跳

---

① 小小人论证(homunculus argument)是一种无限回归式的解释方式,它是这样的:想象有个人在看电影,他看见投射在银幕上的影像,然而这个人如何看见这个影像呢? 这是因为来自银幕的光线穿过他的眼睛,投射在视网膜上,进入大脑,而大脑中有个小小人在看这个影像。然而,这个小小人怎么看见这个影像呢? 这是因为来自银幕的光线穿过他的眼睛,投射在视网膜上,进入大脑,而大脑中有另一个小小人在看这个影像……小小人论证使用了问题本身来解释问题,造成无限循环,并未真正解释问题的本质,因而被视为一种谬误。——译者

转到（例如一棵倒下的树）在世界之中的事件，这些具身化意向得到了实现，并且由此跳转到另一种同样身体化的反应，也即是对这个事件的符号学阐释激发了蹲在高高大树上的另一种灵长类动物同样的身体化反应。倒下的棕榈树和砍倒这颗棕榈树的人，开始影响到了绒毛猴，尽管棕榈树和人的身体都不与她在一处。符号具有在世界之中的作用，即使这些符号不能被还原为物理的因果关系。

这种热带的跨越物种的交流尝试，揭示了指号过程活生生的在世的本质。所有指号过程（延伸来讲，还有思维）都发生于在-世界-之中-的心灵（minds-in-the-world）之内。为了突出指号过程的这一特征，皮尔士如此描述了 18 世纪法国贵族和现代化学领域的创始人安托万·拉瓦锡（Antoine Lavoisier）的思想实践：

> 拉瓦锡的方法是……梦想某种漫长而复杂的化学过程会产生某种结果，在它那无数不可避免的失败之后，仍以足够的耐心将其付诸实践，梦想经过一些修正之后能产生另一种结果，最终他发表了自己的最后一个梦想，并将其视为一个事实：他的方法就是将他的心灵带入他的实验室，将他的思维确实地制成蒸馏器和葫芦形工具的样子，通过操纵真实的事物而不是操纵词语和幻想，提取一种只需要睁着眼睛就可以做到的新的推理构想。（Peirce CP 5. 363）

我们该怎么定位拉瓦锡的思维和梦想呢？如果不把它们放置在这个从吹制成葫芦形的玻璃和蒸馏器，以及存放在小心限定的不在场和可能空间的化合物中涌现的世界里，那么拉瓦锡的心灵和他未来的自我，又将会从哪里出现呢？

不在场

拉瓦锡的玻璃吹制成的瓶罐，指出了指号过程的另一个重要元素。就像这些形状奇特的容器一样，符号肯定具有重要的物质性：它们具有可感的性质；它们是由产生它们的物体和由它们产生的物体所实例化的；它们可以改变它们所为之故（about）的世界。然而，就像由瓶壁限定的空间一样，符号在重要的方面同样也是非质料的（immaterial）。一个玻璃烧瓶既关乎其所是，也关乎其所不是；它既与玻璃制造者（以及使得这种创造行为成为可能的所有物质属性及技术、政治和社会经济的历史）吹制而成的容器有关，也与它所限定的特殊不在场的几何形状有关。某些种类的反应可能会在这个烧瓶中发生，因为所有其他种类的反应都被排除在外。

这种不在场是维系指号过程并使生命和心灵实例化的核心。在我们去森林捕猎绒毛猴的那个下午，这一点显而易见。现在那只年幼的绒毛猴已经移动到了一个更加暴露自身的栖息地，卢西奥试图用黑火药上了膛的猎枪射击它。但是当他扣动扳机时，击锤只是敲了一下点火帽。卢西奥迅速更换坏掉的点火帽，并重新装弹——这次他用加大剂量的铅弹装满了枪管。当这只绒毛猴攀爬到更暴露自身的位置时，希拉里奥鼓励他的儿子再次开火："快！现在射击！"但是卢西奥却对他的火枪不稳定的性质非常警惕，他首先开口说出了：*teeeye*。

Teeeye 与 *tsupu*、*ta ta* 和 *pu oh* 一样，都是声音之中的图

图 4. 枪口装弹的霰弹枪(illapa)。作者供图。

像。它是枪支射击并成功击中目标的相似符号。发出这个声音的嘴巴就像烧瓶一样，呈现出射机枪的各种形状。首先，舌头抵在上颌，产生闭塞音，就像击锤敲击点火帽的方式一样。然后嘴巴随着延长的拉长元音，张得越来越大，就像铅弹受到点火帽点燃的火药爆炸的推动，从枪管中喷射而出的方式一样(图 4)。

　　片刻之后，卢西奥扣动了扳机。而这一次，随着一声震耳欲聋的 *teeeye*，枪响了。

　　在许多层面上，*teeeye* 是其所不是的产物。嘴巴的形状有效消除了呼吸时可能发出的所有其他声音。所剩下的只是一个"适合"其表征对象的声音，因为许多其他声音并不在场。物理上不存在的对象，构成了第二重不在场。最后，*teeeye* 还涉及另一种不在场，因为它是带着让尚未发生的未来影响现在的希望，将未来带入到现在之中的一种再现(representation)。卢西奥希望当他扣动扳机时，他的枪能 *teeeye* 地成功开火。他将这个拟

37　声从他希望成为现实的可能世界之中带入到了现在。这种引导卢西奥采取一切必要步骤使这个未来成为可能的未来可能，同样也是一种构成性不在场（constitutive absence）。*Teeeye*"之所是"——其意蕴的作用，简而言之，其意义——取决于所有这些"其所不是"之物。

所有符号（不仅仅只是那些我们可能称之为"神奇的"[magical]符号）在未来畅行无阻的方式都像 *teeeye* 的方式一样。所有符号都是通过一个不在场却再现的未来来对当下采取行动的召唤，凭借这种召唤，它们就可以影响现在；"快！现在射击！"希拉里奥在他儿子开枪前的一刻呼喊他的儿子，这个呼喊引入了一个预测，即会有一个"它"在那里等着开枪。这是来自未来的呼唤，它在现在再现出来。

特伦斯·迪肯（Terrence Deacon 2006）从中国古代哲学家老子和他对车轮中的"空"如何使车轮"有车之用"的思考之中汲取灵感①，他援引的是诸如由车轮的辐条、烧瓶的玻璃、说 *teeeye* 时嘴巴张开的形状这些"构成性不在场"所限定的一种特殊的"无"（nothingness）。根据特伦斯·迪肯的说法，构成性不在场不止存在于人工制品或人类世界之中。这是一种与在空间或时间上不在场的事物之间的关系，这种关系对生物学和对任何种类的自我而言，都至关重要（参见 Deacon 2012：3）。它指出了一种特殊的"在心灵的世界中，无——其所不是——可以成为原

————————

① 语出老子《道德经》十一章："三十辐共一毂，当其无，有车之用。埏埴以为器，当其无，有器之用。凿户牖以为室，当其无，有室之用。故有之以为利，无之以为用。"——译者

因"的方式（Bateson 2000a：458，引自 Deacon 2006）。

正如我将会在本章后面以及接下来的章节中讨论的，构成性不在场是进化过程的核心。例如，一个生物谱系越来越适应于特定环境，这是所有其他未被选中的谱系"不在场"的结果。所有形式的符号过程（不仅仅是那些与生物生命直接相关的过程）都是由于不在场而变得具有意义：相似性（iconicity）是未被注意之物的产物；标引性（indexicality）涉及对尚未在场之物的预测；象征指涉（symbolic reference）通过一个包含相似性和标引性的复杂过程，通过嵌入象征系统（该象征系统构成了任何给定单词话语之含义的不在场的语境）的方式指向不在场的世界，并且将这个不在场的世界图示出来。在"心灵世界"中，构成性不在场是一种特殊的中介方式，其中不在场的未来将会对现在产生影响。这就是为什么，只要在有生命的地方，就应该将"目的"（telos）——即现在存在的事物所为之故的未来——视为一种真正的因果模态的原因（参见 Deacon 2012）。

在场与这些不同种类的不在场之间的恒常游戏，给符号赋予了生命。它使符号不仅仅只是在其之前的事物的结果。它使符号成了潜在可能之物的图像和提示（intimation）。

38

语言行省化

思考倒下的棕榈树、跳走的绒毛猴和还有像 *tsupu* 之类的"词语"，可以帮我们看到，表征（representation）既比人类语言普遍，也比人类语言分布广泛。这种思考还可以帮我们看到，这些其他的表征模式的属性，都跟语言所依赖的象征模态所展现出的属性完全不同。简而言之,思考那些在象征符号之外出现和传播的符号,有助于我们看到,我们需要将语言"行省化"(pro-vincialize)。

我呼吁将语言行省化,暗指了狄普希·查克拉巴蒂(Dipesh Chakrabarty)的著作《将欧洲行省化》(*Provincializing Europe* 2000),还有他对南亚和南亚学者如何依赖西方社会理论来分析南亚社会现实的批判性阐释。将欧洲行省化,就是承认这样的理论(及其关于进步、时间等等的假设)都置身于产生它的特定欧洲背景之中。查克拉巴蒂认为,南亚的社会理论家不但对于这种处身情境视而不见,还把这种理论当成是普遍适用的。查克拉巴蒂要求我们去思考,一旦我们限制我们曾认为普世的那种欧洲理论,那么南亚或其他地区又可能会出现什么样的理论。

通过表明特定社会理论体系的产生位于特定语境中,并且存在该理论不适用的其他语境,查克拉巴蒂含蓄地论证了这种理论试图理解的现实的象征属性。语境是象征符号的结果。也就是说,如果没有象征符号,我们就不会拥有我们所理解的语言、社会、文化或历史语境。然而,这种语境并没有完全创造或限制我们的现实,因为我们也生活在一个超越象征之上的世界,对此我们的社会理论必须同样找到解决之道。

因此,查克拉巴蒂的论点最终体现在关于社会现实的人文主义假设,以及人们可能会发展出如何研究社会现实的理论上,因此从字面上看,查克拉巴蒂的论点在超越人类之上的人类学领域之中的应用是有限的。尽管如此,我发现"行省化"在隐喻的意义上是有用的,它提醒我们,象征领域、属性和分析,总是受到更广泛的符号领域的限制和嵌套。

我们需要将语言行省化,因为我们将表征与语言混为一谈, 39
而且这种混淆还进入到了我们的理论之中。我们首先假设所有
表征都是属人之物,然后假设所有表征都具有类似语言的属性,
从而将这种独特的人类倾向普遍化。应该划界为独特之物的东
西,反而成了我们关于表征之假设的基石。

我们人类学家倾向于将表征视为一种严格意义上属人的事
务。而且我们倾向于只关注象征表征(symbolic representa-
tion)——人类独有的符号模态。[16]在语言中最清楚地表现出来
的象征表征是约定俗成的、"任意的"并且嵌入在其他诸如此类
的象征系统中,而其他诸如此类的象征系统又在具有相似系统
和习俗属性的社会、文化和政治环境中得以维持。正如我之前
提到的,与索绪尔相关的、暗含在如此众多的当代社会理论之中
的表征系统,其自身只关注这种任意的、约定俗成的符号。

我们需要将语言行省化的另一个原因是:即使我们没有明
确地将语言或象征当做我们的理论工具,我们也会将语言与表
征混为一谈。这一点在我们关于民族志语境的假设之中最为明
显。我们知道,词语仅在跟这些词语系统相关的其他此类词语
的语境之中才获得意义,这是一条人类学的公理,而社会事实只
能由它在其他此类社会事实组成的语境之中的位置来理解。这
同样适用于文化意义的网络,或者福柯谱系学所揭示的偶然话
语真理的网络。

然而,以这种方式理解的语境,是一种人类约定俗成的象征
指涉的属性,它创造了使我们人类与众不同的语言文化和社会
现实。它并不完全适用于诸如人-动物关系之类的领域,因为这
些领域尽管仍然是符号学的,但却并未完全受到象征符号的限

制。所有生命形式共有的各种表征模态——相似性模态和标引性模态——并不像象征模态那样依赖于语境。也就是说,这种表征模态不像象征模态那样通过偶然的符号关系系统——语境——来发挥作用。因此,在某些并不适用于语境的符号学领域,甚至在那些适用于语境的领域(例如人类领域),通过考察超越人类之上的事物,我们将会看到(正如我将证明的),这些语境仍然可以渗透其中。简而言之,复杂的整体同样也是敞开的整体——这就是本章的标题。敞开的整体触及到了超越人类之上的领域——因此这种人类学也超越于人类之上。

这种将表征与语言混为一谈——假设所有再现现象都具有象征属性——的做法甚至在那些明确批评文化、象征或语言方法的研究进路中也同样存在。这一点在古典唯物主义对象征和文化的批判之中显而易见。这在更现代的现象学方法之中也很明显,这些现象学方法,转向了我们与非人类存在者共有的身体体验,以此避免人类中心论式的心灵陈述(参见 Ingold 2000;Csordas 1999;Stoller 1997)。我还应该指出,这种混淆在维维罗斯·德·卡斯特罗的多元自然主义(multinaturalism)(在第二章将有详细讨论)之中同样显而易见。卡斯特罗写道,"视角(perspective)不是一种再现,因为再现是心灵或精神的一种属性,而视角位于身体之中"(Viveiros de Castro 1998:478),他假设研究身体(及其本性)可以使我们避开再现所引起的棘手问题。

一方面是人类、文化心灵和再现之间的融合,另一方面是非人类、自然、身体和物质之间的融合,这两重分野,即使在试图消除为将人类与世界的其他事物加以区分而建构界限的后人类研究进路之中也仍然持存。完全拒绝分析性地使用表征和目的（因为这些最多只能是被视为人类心灵的事物）的德勒兹研究进路就是如此，正如简·伯奈特（Jane Bennett 2010）所例举的那样。

这种融合在科学和技术研究（STS）的尝试中同样显而易见，尤其在那些与布鲁诺·拉图尔相关的、通过剥夺一点人类的意向性和象征性全能，并且同时赋予事物更多的行动性，来扳平无感觉的物质和人类的欲求之间的不平衡的研究尝试之中。例如，在拉图尔构想的"语言障碍"（speech impediments）的形象之中，他试图找到一个习语，来弥合会说话的科学家和他们所假设的沉默研究对象之间的分析鸿沟。"谈到科学家时，最好含含糊糊闪烁其词，"他写道，"然后心不在焉地从无声事物转向无可争辩的专家话语"（Latour 2004:67）。因为拉图尔将表征和人类语言混在了一起，他将人类和非人类置于同一个框架之中，唯望将语言和事物在字面上（literally）混合在一起——含含糊糊闪烁其词。但这种解决方案却使笛卡尔的二元论永存，因为原子式元素（atomic elements）要么是人的心灵，要么是无感觉的物质，尽管事实上即使有人主张其混合先于其实现，它们之间的混合都要比笛卡尔所能梦想到的情况更为彻底。这种对混合的分析在各个层次上都创造了很多"小小人"。拉图尔在"自然之物-文化之物"（natures-cultures）之间使用的连字符（Latour 1993:106），正是新的、缩小版的笛卡尔的大脑松果腺，这种分析不知不觉地发生在所有层面上。超越人类之上的人类学，试图找到超越这种混合分析之上的方法。

消除人类心灵与世界剩余之物之间的鸿沟，或者相反，努力在心灵和物质之间实现某种对称式的混合，这些做法只会鼓励这种鸿沟再次出现在其他的地方。我在本章提出的一个重要主张和本书想要展开的论点的一个重要基础是：克服这种二元论的最有效的方法，并不是摒除再现（以及延伸开来的目的、意向性、"为之故"和自我）或者简单地将各种人类再现/表征投射到别处，而是从根本上重新思考我们所认为的再现/表征究竟是什么。为此，我们首先需要将语言行省化。或者借用卡斯特罗的话来说，我们需要"将思维去殖民化"（decolonize thought）才能看到思维并不必然受到语言、象征或人类的限制。

这就需要我们重新思考"谁在这个世界之中再现/表征"和"被视为再现/表征的究竟是什么"。我们还需要理解不同种类的再现如何起作用，以及这些不同种类的再现如何交互作用。指号过程要采取什么类型的生命形式，才能超越内在于人类心灵的陷阱、超越人类特定的倾向（例如使用语言的能力）、超越这些人类特定的倾向产生的那些人类特有的关注点？超越人类之上的人类学会鼓励我们探索超越人类之上的符号。

这种探索可能吗？还是我们生活其中的"太人性的"语境阻止了我们进行这样的努力探索？我们是否会永远被困在以语言和文化为中介的思维方式之中？我的回答是否定的：更整全地理解表征（这种表征可以解释这种例外的人类指号过程是如何产生，并持续与其他种类更广泛分布的表征模式相互作用的），可以向我们展示一种更有成效和分析上更稳健的方法来摆脱这种持存的二元论。

我们人类并不是唯一一种为了未来之故而通过当下再现未来的方式行事的存在者。所有活生生的自我，都在以这种或那种方式做到这一点。再现/表征、目的和未来都在世界之中——
而不仅仅只是存在于我们限定为人类心灵的那部分世界之中。
这就是为什么说"在生命世界之中存在超越于人类之上的行动 42
性（agency）"是恰当的。然而，将行动性还原为原因和结果——
还原为"作用"——却忽略了一个事实：赋予行动性的，恰恰正是
人类和非人类的"思维"方式。将行动性还原为人类和非人类
（在这些研究方法中还包括对象）所共有的某种普遍倾向，恰恰
是因为这个事实：这些存在物都可以平等地被再现（或者它们可
以混合在这些再现之中），由此这些存在物随后都参与到了某种
非常类似于人类的叙述之中，由于无法再对各种思维方式进行
区分，以及不加分辨地将这种人类特有（基于象征表征）的思维
方式应用到任何存在物之上，使得这种思维变得微不足道。

我们面临的挑战，就是要将任意的符号陌生化，这种任意符
号的特性对我们来说是如此自然，因为它们似乎存在于任何与
人类有关的事物以及人类希望了解的任何其他事物之中。一个
人无需知晓基丘亚语就可以感觉到 *tsupu* 的意思，这一点使语
言本身显得非常奇怪。它揭示了并非我们使用的所有符号都是
象征符号，并且这些非象征符号可以以重要的方式打破像语言
这样的象征语境的界限。这不仅解释了为什么我们可以在不会
说基丘亚语的情况下感受到 *tsupu* 的意思，而且还解释了为什
么希拉里奥可以与一只非象征性的存在者进行交流。事实上，
受到惊吓的绒毛猴的跳跑，还有支持她的整个生态系统，都构成
了一张指号过程的网络，其中捕捉她的人类猎人所独有的指号
过程，只是其中一条特殊线索。

总而言之：符号不仅仅只属于人类事务。所有活生生的存

在者都具有符号性。因此,我们人类只是寓居在为数众多的符号生命之中的一个。我们的例外地位并不是我们画地为牢的藩篱。关注人类与非人类之间关系的人类学,迫使我们超越人类之上。在这个过程中,我们曾经认为的"人之境况"(human condition)——即这个自相矛盾的、"行省化的"事实:我们的天性(nature),就是沉浸式地生活在我们建构的"非自然"(unnatural)世界之中——就开始显得有点奇怪了。学习如何理解这一点,成了超越人类之上的人类学的一项重要目标。

彻底分离的感觉

　　亚马逊的许多生命层次放大并显明了这些比人类指号过程网络更庞大的东西。让亚马逊森林通过我们以它们的方式来思考,可以帮助我们理解我们如何也总是以这种或那种方式嵌入到这样的网络之中,以及我们应该如何利用这一事实进行概念工作。这就是吸引我来到这个地方的原因。但我同样也从那些让我感到自己与这些超越象征之上的更广泛的符号网络隔绝开来的时刻学到了一些东西。在这里,我反思了我从基多坐巴士到亚马逊各个地区的多次经历中的一次。我传达这次旅行中发生之事的感受,并不是沉溺于我的个体经验,而是因为我认为它揭示了象征性思维模式的一种特殊性质——象征性思维具有一种倾向,它必须跳出其所从出的更广泛的符号学领域,在这个过程中,这种倾向将我们与我们的周遭世界分离开来。因此,这种体验也可以教导我们如何理解符号思维与世界上其他种类思维之间的关系,符号思维与世界上其他种类思维之间是连续的,符号思维从世界上其他种类思维之中出现。在这个意义上,这一对我体验的反思也成为一种更宽泛的批评的一部分,它基于一种在众多分析框架中随处可见的二元论假设,并将在接下来的两个小节中展开。利用叙事上的迂回,我探索了这种二元性体验,即在我前往安第斯山脉以东厄瓜多尔亚马逊地区的东部行政区(el Oriente)时,我感觉自己从更广阔的符号环境中剥离了出来。除了为本章的概念性工作提供一点喘息之外,我希望我的体验能让人们了解阿维拉本身是如何带着一段历史嵌入到其自身景观之中的。这次旅行也回溯了我的许多其他旅行的轨迹,所有这些都以多重网络的形式将这个地方联系了起来。

过去的几天,安第斯山脉东部的山坡上异常阴雨,通往低地的主要道路断断续续地被冲毁了。我跟在厄瓜多尔探亲的表妹瓦妮莎(Vanessa)一起登上了前往东部行政区的巴士。一群西班牙游客占据了后排,除此之外巴士上挤满了当地人,他们是住在巴士沿线、纳波省首府特纳(Tena, the capital of Napo Province)、还有巴士终点的当地人。目前为止我已经多次往返过这条路线了,我们的计划是乘着这辆巴士穿过基多以东的科迪厄拉高地(它将亚马逊河流域与安第斯山脉之间的山谷隔开),然后沿着这条路线向下穿过帕帕亚克塔(Papallacta)村,它是此前西班牙人在云雾森林的一个定居点,位于高地和低地产品流通的主要贸易路线上(请参阅第6页图1)。如今,帕帕亚克塔是亚马逊诸多资源(例如原油)的重要泵站,自1970年代以来,这些资源改变了厄瓜多尔的国家经济,并为东部开辟了发展空间,还有最近,基多的饮用水也取自安第斯山脉以东的广阔流域了。帕帕亚克塔坐落在一条仍然经历着频繁地质活动的山脉之中,

44

它也是许多非常受人欢迎的温泉的所在地。帕帕亚克塔就像我们沿途会经过的许多其他云雾森林的城镇一样，现在主要居住着高地移民。这条公路是从基霍斯河谷（Quijos River valley）陡峭的峡谷中开凿出来的，它穿过了前西班牙人据地和早期基霍斯酋长地区（Quijos Chiefdoms）殖民联盟的交界。阿维拉鲁纳人的祖先曾是这个联盟的一份子。在清理陡峭的森林山坡以开辟牧场时，农民们经常会使拥有上千年居住历史的梯田重现天日。直到 20 世纪 60 年代，这条路线继续沿着步道的轨迹延伸，将阿维拉和其他类似的低地村庄连接到基多。我们将走这条道路穿过巴埃扎镇（Baeza），此镇与阿维拉和阿尔奇多纳（Archidona）一道，都是最早在亚马逊上游建立的西班牙定居点。巴埃扎镇几乎在 1578 年同一区域相继爆发的土著起义之中解体——起义由萨满关于牛神的幻相引发——它彻底摧毁了阿维拉，并几乎使所有的西班牙居民丧生。今天的巴埃扎与那个历史悠久的小镇几乎没有相似之处——1987 年的一场大地震后，它被搬迁到了几公里以外的地方。就在到达巴埃扎之前，有一个岔路口。一条东北方向的岔路通向拉戈阿格里奥镇（Lago Agrio）。这是厄瓜多尔第一个主要的石油开采中心，它的名字采用了"酸湖"的直译，后者是得克萨斯州首次发现石油的地方（也是德士古石油公司的发源地）。另一条岔路就是我们要选的岔路，它沿着一条老路通往特纳镇。在 1950 年代，特纳镇代表着文明与对东部来说是"野蛮"异教徒（瓦奥拉尼人［Huaorani］）之间的边界。现在它是一个古色古香的小镇。在蜿蜒穿过陡峭且崎岖的地形后，我们将越过科桑加河（Cosanga River）——150 年前，意大利探险家加埃塔诺·奥斯库拉蒂（Gaetano Osculati）被他雇佣的鲁纳人搬运工抛弃,被迫独自度过了几个跟美洲豹搏斗的悲惨夜晚(Osculati 1990)。穿过这条河之后,我们坐的巴士将进行最后一次攀登——穿过科迪厄拉山脉的瓜卡马约斯山(Huacamayos Cordillera),这是在下降到通往阿尔奇多纳和特纳的温暖山谷之前要穿越的最后一座山脉。在晴朗的日子里,人们可以从这里一览下方阿尔奇多纳地区金属屋顶反射的闪闪亮光,还有从特纳到纳波港(Puerto Napo)的道路,这条路是陡峭山坡上切割出来的一片红土路。纳波港是流入亚马逊河的纳波河的一个被长期废弃的"港口"(图 1 中用小锚表示)。它不幸位于一个危险漩涡的上游。如果没有云,人们还可以看到阿维拉山脚下苏马科火山(Sumaco Volcano)糖锥形状的山峰。构成山峰的面积接近 200,000 公顷,其许多斜坡被划入生物圈保护区(biosphere reserve)。这种生物圈保护区反过来又被一块更大范围的、被划归为国家森林的区域包围。这片广阔区域西部边界的延伸,成了阿维拉地区的边界。

驶出山区后,当我们经过低地鲁纳人定居的小村庄时,空气变得更加温暖和沉重。最后,在到达特纳前一小时的另一个岔路口,我们会跳下车等待第二辆巴士,这辆巴士的路线会更加本地化和个人化。在这条三级公路上,巴士司机可能会停下来,买几盒厄瓜多尔各地用来制作早餐汁的露露果(*naranjilla*)[17]。或者他会停下来等几分钟,某个定点坐这趟巴士的乘客可能会来。这是一条相对较新的道路,它是 1987 年地震后在美国陆军工程兵团不全然无私的帮助下建成的。它蜿蜒穿过环绕苏马科火山的山麓,然后穿过洛雷托的亚马逊平原。最后路的终点在古柯河(Coca River)和纳波河交汇处的古柯镇。几十年后,古柯镇与特纳镇一样,都成了厄瓜多尔这个国家的边境前哨,因为它的控制权进一步扩展到了这个地区。这条道路沿途穿过科塔皮诺(Cotapino)、洛雷托、阿维拉和圣何塞(San José)等曾经是狩猎区的鲁纳人村庄,以及少部分"白人"拥有的土地或庄园,以及一个位于洛雷托的天主教会,这些是 1980 年代之前该地区仅有的定居点。今天,这些狩猎区的大部分都被外来者所占领,这些外来者要么是来自人口更密集的阿尔奇多纳地区的鲁纳同胞(阿维拉人将其称为 *boulu*,这个词源来自 *pueblo*,意指他们生活方式更城市化),要么是来自沿海或高地的小农和商人,通常被称为 *colonos*(或 *jahua llacta*,基丘亚语;字面义为"高地人")。

　　穿过横跨苏诺河(Suno River)的巨大钢板桥(这座桥是道路沿途由美军捐赠的几条此类结构的桥梁之一)后,我们将在洛雷托下车,这里是教区所在地,也是沿途最大的城镇。我们会在意大利牧师经营的约瑟夫传教团(Josephine mission)过夜。第二天,我们将步行或乘坐皮卡车原路返回这座桥,然后走上苏诺河沿岸的另一条穿过殖民者农场和牧场的尘土飞扬的土路,一直走到通往阿维拉的小径。厄瓜多尔东部的道路断断续续地延展了很多年。它们突飞猛进的增长,通常会与地方竞选活动同期发生。当我在 1992 年第一次造访这里时,只有步行小径才能从洛雷托到阿维拉,而且我需要花大半天时间,才能抵达希拉里奥的家。我最近一次造访阿维拉,是在一个大晴天,那时我可以乘坐皮卡车到达阿维拉地区的最东部。

　　这就是我们原本希望穿越的路线。事实上,那天我们没能赶到洛雷托。在帕帕亚克塔之后的不远处,我们遭遇到了由暴雨引发的一系列山体滑坡中的第一次。当我们的巴士以及越来越多的卡车、油罐车、公交车和汽车在等待道路清理完毕时,我们却被身后的另一场山体滑坡困住了。

这就是陡峭、崎岖和危险的地形。这些山体滑坡让我想起了我在这条路上穿行十来年间的一系列吓人的图像:在我们到达被浸泡在巨大泥流中的路面之前,一条蛇就已经在这片泥流里面疯狂地游着"8"字形了;一座钢桥像压碎的汽水罐一样,被一堆岩石挤压成两半,因为上面的山峦倒塌了;一座溅满黄色油漆的悬崖,这是前一天晚上驶入峡谷的送货卡车留下的唯一标志。但山体滑坡主要是会导致延误。那些无法被迅速清理干净的地方,变成了 *trasbordos*(换乘)的站点,根据这种安排,那些无法再到达目的地的迎面而来的公交车能够在掉头之前互换乘客。

但就在这一天,*trasbordo* 却是不可能的。因为两个方向的交通都受阻了,我们被一系列散布在几公里之间的山体滑坡困住了。上面的山峦开始往我们身上滑坡。有一次,一块石头砸到了我们的车顶。我很害怕。

然而除我之外,似乎没有任何人觉得我们处于危险之中。这也许纯粹是因为他们的胆量、宿命论,又或者是因为完成这趟旅程的需要压倒了其他需求,司机和他的助手都没有失去冷静。在某种程度上,我可以理解这一点。让我困惑的是那些旅客。这些西班牙中年妇女预订了一个游览纳波河沿岸雨林和土著村庄的旅行团。当我惴惴不安时,这些女人在开玩笑和大笑。有一次,她们其中一个人甚至走下巴士,向前走过了几辆车,一直走到一辆补给车旁边。她从车上买了火腿和面包,然后开始为她旅行团的成员做三明治。

　　游客的冷漠与我感到的危险之间的不协调,让我产生了一种奇怪的感觉。随着我不断假设的那些"将要发生的情况"跟无忧无虑喋喋不休的游客之间离得越来越远,起初弥漫的那种不安,很快就变成了一种深刻的疏离感。

47　　我对世界的感知与我周围人对世界的感知之间的差异,使我与世界和生活在其中的人分隔开来。我孤零零地任由那些对未来的危险的念头使自己失去控制。然后更令人不安的事情发生了。因为我感觉到我的思维与周围的人脱节了,我很快开始怀疑这些思维与我一直信任并存在于我身边之物的关联:我自己的活生生的身体,它为我的思维提供一个家,并把这个家安置在我与他人共同享有的触手可及的现实世界之中。换句话说,我开始感受到一种失去位置的存在感———一种质疑我自己存在的脱离感。因为如果我如此确定的风险并不存在——毕竟,那辆巴士上似乎没有其他人害怕这座山峦会倾落在我们身上——那我为什么要相信我与那个世界之间的身体联系呢?为什么我应该相信"我"与"我的"身体之间存在联系?如果我没有身体,那么"我"将是什么?我究竟还活着吗?这么一想,我的思绪就乱了套。

　　几个小时后,山体滑坡被清除,我们得以通行,但这种彻底怀疑的感觉,这种我与我的身体和一个我不再信任的世界的存在切断开来的感觉,并没有消失。当我们最终到达特纳时,这种感觉也没有消退(那天晚上若是再去洛雷托就会太晚了)。即使在我经常入住的埃尔多拉多酒店(hotel El Dorado)相对舒适的环境中,我的感觉也不怎么好。当我在纳波河上的鲁纳人社区做研究时,这家简单舒适的家庭旅馆曾经是我的停留点。[18] 它的所有者是参加厄瓜多尔与秘鲁的短暂战争的退伍老兵堂·萨拉萨尔(Don Salazar)，他身上带着的伤疤可以作证，这场与秘鲁的战争让厄瓜多尔失去了三分之一的领土和进入亚马逊河流的通道。这家酒店的名字"埃尔多拉多"是这种损失恰如其分的标志，这个名字是为了致敬亚马逊深处的某处永远无法企及的黄金之城(参见 Slater 2002；也参见本书第五章和第六章)。

过了一整晚，直到第二天早上，我仍然很不舒服。我无法让自己不去想象各种危险的场景，我仍然感到我与我的身体以及周围的人是隔绝的。当然，我假装我并没有任何这样的感觉。为了至少表现得正常，在此过程中我未能给它赋予一个社会性的存在，这更加剧了我个人的焦虑，我带着我的表妹沿着将特纳镇一分为二的米萨瓦利河(Misahuallí River)河岸走了一小段路。几分钟后，我发现一只唐纳雀正在城镇邋遢边缘的灌木丛中觅食，那里，成型的煤渣块与抛光的河卵石混在一起。我带着我的双筒望远镜，经过一番搜索，设法找到了这只鸟的位置。我转动调焦旋钮，在那只黑鸟厚实的喙变得清晰的那一刻，我经历了一个突然的转变。我的分离感就这样消失了。而且，就像唐纳雀逐渐聚焦一样，我又回到了生活世界。

我的那次东方之旅的感受有个名字：焦虑(anxiety)①。在阅读了已故心理学家丽莎·卡普斯(Lisa Capps)和语言人类学家埃莉诺·奥克斯(Elinor Ochs)撰写的《建构恐慌》(*Constructing Panic*，1995)对一位女性终其一生与焦虑症(anxiety)作斗

---

① 《存在与时间》中"Angst"的通行英译。对海德格尔来说，这种情绪也揭示了此在根本的生存论处境。——译者

争的精彩描述之后,我了解到这种情况揭示了一些重要的关于象征思维的特殊性质。以下是她们写的,梅格(Meg)这位女性如何经验象征性想象所开启的所有可能的未来,以及它们那令人窒息的重叠。

> 到了一天结束时,有时我对所有"如果那事发生了会怎样"和"如果这事发生了会怎样"的想法感到筋疲力尽。然后我意识到我一直坐在沙发上——让我发疯的只有我和我自己的想法。(Caps and Ochs 1995:25)

丽莎·卡普斯和埃莉诺·奥克斯将梅格描述为"绝望地""体验着她认为属于正常人的现实"(Caps and Ochs 1995:25)。梅格感到"与自己的意识和自己熟悉与知晓的环境断绝了"(Caps and Ochs 1995:31)。她感觉到她的体验与其他人所说的"发生"的事情不符(Caps and Ochs 1995:24),因此没有人可以分享跟她的世界共同的形象,或者分享她的世界如何运转的一系列假设。此外,她似乎无法把自己奠基在任何特定的地方。梅格经常使用"我在这里"(here I am)这个结构来表达她的生存困境,但一个关键元素缺失了:"她告诉她的对话者的内容,是她存在,而不是她所在的具体位置在哪儿"(Caps and Ochs 1995:64)。

作者用《建构恐慌》这个标题意指梅格如何以话语方式构建她的恐慌体验——她们的假设是"人们讲述的故事构建了他们是谁以及他们如何看待世界"(Caps and Ochs 1995:8)。但我认为这个标题揭示了关于恐慌的某种更深的层次。正是由于象征思维具有建构性质,以及象征思维可以创造如此之多的虚拟世界这一事实，才使"焦虑"成为可能。梅格不仅在语言上、社会上、文化上（换言之，象征性地）构建了她的恐慌体验，而且恐慌本身就是脱节的象征建构的一种症状。

通过阅读丽莎·卡普斯和埃莉诺·奥克斯对梅格的恐慌经历的讨论，并从符号学角度思考它，我想我已经理解了那次东方之旅中发生的事情，导致我内心恐慌的因素，以及导致恐慌消散的因素。与梅格一样，她认为她第一次体验"焦虑"，是在她正当的恐惧并没有得到社会认可的情况下出现的（Caps and Ochs 1995:31），当我面临我有理有据的恐惧与巴士上面游客们无忧无虑的态度之间的脱节时，我的"焦虑"就出现了。

脱节的象征思维（Symbolic thought run wild）可以创造出与身体原本可能提供的标引式基础完全分离开来的思想。我们的身体，就像所有生命的身体一样，都是指号过程的产物。我们的感官体验，甚至我们最基本的细胞和代谢过程，都是由表征的——尽管并不必然是符号的——关系所调节的（参见第二章）。但是脱节的象征思维可以让我们体验到与一切脱节的"我们自己"：我们的社会背景、我们生活的环境，最终甚至是我们的欲望和梦境。我们变得如此流离失所，以至于我们开始质疑标引关系，不然这种关系就会将这种特殊种类的象征思维奠基在"我们的"身体之中，而我们的身体本身又以标引式的方式奠基于超越它们之上的世界：我思维所以我怀疑我存在（I think therefore I doubt that I am）。

这怎么可能？为什么我们并不是全都生活在持续怀疑的恐慌状态之中？当这只鸟成为清晰的聚焦点的那一刻，我所焦虑的疏离感消失了，这让我获得了一些关于象征思维可以与世界如此彻底分离的条件以及它如何可以复原的条件的见解。无论如何，我都不希望将热带自然浪漫化，或赋予任何人与之相关的特权。这种重新奠基（regrounding）可能发生在任何地方。尽管如此，在城镇混乱边缘的灌木丛中看到那只唐纳雀，让我认识到，只有把自己沉浸在这片特别密集的生态系统中，才能使一片更为广大的、超越只属于人类的领域之上、并且我们所有人——通常——都寓居其中的符号领域得以扩展并变得可见。看到那只唐纳雀，让我能够将彻底分离的感觉置于更广泛的事物之中，从而使我恢复了理智。它将我"重置"到了一个"超越"人类世界的更大的世界之中。我的心灵可以回归到一个更大心灵之中的一部分。我对世界的思维可以再次成为关于世界之思维的一部分。超越人类的人类学要努力掌握这些关联的重要性，同时去理解为什么我们人类如此容易忽视它们。

连续性之上的新颖性

以这种方式思考恐慌，使我能够更宽泛地追问：如何能够更好地将象征思维创造的分离理论化？我们倾向于假设，由于与象征式的相似之物是例外地属人的，因此它是新颖的（至少就地球生命而言），它也必须与它的来源彻底分开。这就是我们所继承的涂尔干的遗产：社会事实具有其自身的新颖的现实性类别，这种新颖的现实性只能根据其他此类社会事实，而不是根据先于它们的任何东西——无论是心理的、生理的还是物理的——来理解（参见 Durkheim 1972：69—73）。但我所经验的彻底分离的感觉，在精神上是不稳定的——甚至在某种意义上否定了生命。这使我怀疑，任何以这种分离为起点的分析方法都有问题。

如果正如我所声称的那样，我们独特的人类思维与森林的思维是一致的，因为两者在某种程度上都是内在于生命的指号过程的产物（参见第二章），那么超越人类之上的人类学就必须找到一种阐释人类思维独特属性的方法，同时又不忽视其与这些更普遍的符号逻辑之间的关系。从概念上解释这种新颖的动态机制及其来源之间的关系，可以帮助我们更好地理解人类与超越我们之上者之间的独特关系。就此而言，我想在这里思考，恐慌及其解决方案教会了我什么。为此，我运用了一系列亚马逊的例子，来追踪相似式过程、标引式过程和象征式过程之间相互嵌套的方式。象征符号的存在取决于标引符号，而标引符号的存在又取决于相似符号。这使我们能够了解，是什么使它们之中的每一个都独一无二，同时又不会忽视它们彼此之间如何保持连续性的关系。

追随着特伦斯·迪肯（Deacon 1997）的研究，我从指号过程边缘的一个违反直觉的例子开始说明。我们可以考虑一只有着隐秘保护色的亚马逊昆虫，它在英语中被称为"拐杖"（walking sticks），因为它细长的躯干看起来很像一根树枝。它的基丘亚语名字是 *shanga*。昆虫学家恰切地称它为"竹节虫"（phasmid）——就像幽灵一样——并将它放在"竹节虫目"（the order Phasmida）和"竹节虫科"（the family Phasmidae）。这个名字很合适。这些生物之所以如此与众不同，是因为它们缺乏区别：它们像幽灵一样消失在背景中。它们是如何变得如此幽灵般的呢？这些生物的进化揭示了指号过程的一些"像幽灵一般的"逻辑属性的重要信息，这些重要信息反过来可以帮助我们理解生命"本身"的一些违反直觉的属性——这些属性在寓居亚马逊的鲁纳人的生活方式中得到了放大。出于这个原因,我将在整本书中贯穿并回溯这个例子。关注这个例子的时候我想着眼理解不同的符号模态——相似式、标引式、象征式——是如何在保有彼此嵌套的连续性关系的同时,还拥有自己独特属性的。

　　竹节虫是何以变得如此隐形,如此像个幽灵的? 这样一只看起来像一根树枝的竹节虫,其外观并不依赖于别人有没有注意到它与树枝的这种相似性——我们通常所理解的相似性运作的方式。相反,竹节虫的相似性是"其潜在的捕食者的祖先没有注意到竹节虫的祖先"这一事实的产物。这些潜在的捕食者没有注意到竹节虫的祖先和实际的树枝之间的差异。在进化的时间里,那些最不被注意的竹节虫的谱系幸存了下来。多亏了所有那些因为与环境不同而被注意到和被吃掉的原始竹节虫,竹节虫才开始变得更像它们周遭树枝的世界。[19]

　　竹节虫变得这么隐形又是如何揭示相似性(iconicity)的重要属性的? 相似性是最基本的一种符号过程,它是高度违反直觉的,因为它关涉到一个无法将两个事物区分开来的过程。我们倾向于将相似符号视为指示事物之间相似性(我们知道它们是不同的)的标志。例如,我们知道浴室门上简笔画的相似符号与可能穿过那扇门的人相似,但它们是不同的。但是,当我们专注于这类例子时,将会遗漏一些更深层次的关于相似性的东西。指号过程并非始于对任何内在相似性或差异性的认识。相反,它始于没有注意到差异。它始于无区分(indistinction)。出于这个原因,相似性在指号过程的边缘(因为如果根本没有注意到任何东西,就没有任何符号学意义)具有一席之地。它标志着思维的开始和结束。随着相似符号的出现，新的解释项——随后的符号将进一步说明它们的对象——便不再产生（Deacon 1997：76，77）；随着相似符号的出现，思想静止了。对某物的理解（无论这种理解多么转瞬即逝）都涉及一个相似符号。它涉及一个与其对象相似的思维。它涉及与该对象相似的形象。出于这个原因，所有指号过程最终都取决于将更复杂的符号转换为相似符号（Peirce CP 2.278）。

当然，符号提供信息。它们告诉我们一些新东西。它们告诉我们差异之处。这就是它们存在的理由。然后，指号过程必须涉及某种不同于相似性的东西。它还必须涉及一种指向其他事物的符号逻辑——一种标引式逻辑。相似性和差异性的符号逻辑之间如何相互关联？还有，根据特伦斯·迪肯（Deacon 1997）的观点，让我们考虑下面的图示论阐释（schematic explanation），以说明希拉里奥和卢西奥试图从树冠的藏身处吓跑的那只绒毛猴，是如何学会将倒下的棕榈树解释为表示危险的符号的。[20] 这只绒毛猴听到的雷鸣般的撞击声，或许会相似式地让她想起过去类似的大树坍塌的体验。这些曾经的大树倒下的声音体验，彼此之间还具有额外的相似之处，例如它们与危险的东西——例如，树枝折断或捕食者接近——同时出现。此外，这只绒毛猴还会将这些过去的危险相互连接起来。一棵倒下的树发出的声音可能预示着危险，一方面，它是一声巨响与其他巨响的相似式联想的产物，另一方面，它是危险事件与其他危险事件之间相似式联想的产物。这两组相似式联想反复相互关联，并鼓励绒毛猴将当前突然出现巨响的体验看成是与之相关联的。但现在这种联想也不仅仅是一种相似。它促使猴子"猜想"大树坍塌一定与其他别的事情有关。正如作为一个标引符号的风向标，被解释为一个指向其自身以外事物（即风吹的方向）的东西那样，所以这种响亮的声音不仅仅被解释为是指向声音的；它也指向某种危险的事物。

所以说，标引性所涉及的不仅仅是相似性。然而标引性的涌现，是相似符号之间的一系列复杂等级结构关联的结果。相似符号和标引符号之间的逻辑关系是单向的。标引符号是相似符号之间特殊层级关系的产物，但反之则不然。标引指涉（Indexical reference）（例如绒毛猴在大树坍塌时采取的行动）是三个相似符号之间特殊关系的更高阶的产物：大树坍塌让人想起其他大树的坍塌；将与此类大树坍塌相关的危险进行关联，让人想起其他此类关联；而这些反过来又与当前大树的坍塌相关。由于相似符号的这种特殊构造，当前坍塌的大树，现在指向了一种并未当下呈现的东西：危险。通过这种方式，一个标引符号从相似式联想之中涌现。相似符号之间的特殊关系产生了一种具有独特属性的指涉形式，这种指涉形式来自于相似式联想逻辑，但又并不与这些相似式联想逻辑共享其连贯性。标引符号提供信息；它们告诉我们一些并非即刻呈现之物的新信息。

当然，象征符号也提供信息。它们做到这一点，既与标引符号相连续，也与标引符号不同。正如标引符号是相似符号之间关系的产物，并且相对于这些更根本的符号表现出独特的属性一样，象征符号则是标引符号之间关系的产物，并且具有其自身独特的属性。这种关系同样也是单向的。尽管象征符号是标引符号之间复杂的层层交互作用所构建的，标引符号却并不需要象征符号。

一个词语(例如 *chorongo*,阿维拉称呼绒毛猴的名字之一)本身就是一个象征符号。尽管这个词可以提供标引式功能——指向某物(或者更恰当地说,指向某个体)——但由于它与其他词的关系,它只是间接地做到这一点。也就是说,这个词与一个对象之间的关系,首先是它与其他词之间约定俗成的关系的结果,而不仅仅作为联结符号和对象(跟符号和标引一样)之用。正如我们可以认为标引指涉是相似式关系的特殊结构的产物,我们也可以认为象征指涉是标引式关系的特殊结构的产物。标引符号与象征符号之间的关系是什么?让我们想象一下学习基丘亚语的情况。一个如 *chorong* 之类的词语是相对而言比较容易学习的词语。人们可以很快学到这个词指的是英语中称之为"绒毛猴"的猴子。因此,这个词的功用并不真正是象征式的。这个"词语"和绒毛猴之间的指向关系主要是标引性的。一只狗学会命令的情况与之类似。狗可以将诸如"坐"(sit)这样的"词语"与一个行为联系起来。因此,"坐"这个词语的功用就是标引性的。狗可以理解"坐"这个单独的词语,无需系统性地理解"坐"。但是,通过记忆单词及其所指的内容,我们在学习人类语言方面究竟能走多远,是有限度的;有太多单独的符号-对象关系需要记下来。此外,死记硬背的符号-对象的相关性,还会让人失去对语言逻辑的把握。拿一个更复杂的词语(比如我在本章前面讨论过的 *causanguichu*)为例,不会说基丘亚语的人可以很快学会这是一个问候语(仅在特定社交语境说出),但是要学会它的含义是什么以及为什么会有这种意义,则需要我们理解这个词语与其他词语或者甚至更小的语言单位之间的关系。

诸如 *chorongo*、*sit* 或 *causanguichu* 这些词语,当然指涉世

界上的事物,但在象征指涉中,词语与对象之间的标引关系,变得从属于此类词语系统之中一个词语与另一词语之间的标引关系。当我们学习一门外语,或者婴儿第一次学习语言时,就会从把语言符号用作标引符号,转变为在其更宽泛的象征语境之中欣赏这些语言符号。特伦斯·迪肯(Deacon 1997)描述了一个这种转变特别明显的实验环境。他讨论了一项实验室长期进行的实验,在该实验中,已经在日常生活中适应了以标引式方式阐释符号的黑猩猩,被训练用象征式的阐释策略取代这种标引式的阐释策略。[21]

首先,实验中的黑猩猩必须将某些符号载体(在这种情况下是具有某些形状的键盘键)解释为某些对象或行为(例如特定食物或行为)的标引符号。接下来,这些符号载体必须被视为是以系统的方式彼此标引式地连接在一起的。最后,也是最困难和最重要的一步,涉及到解释的转变,即对象不再被单个标引符号以直接的方式挑选出来,而是通过表征它们的符号之间彼此联系的方式,以及这些符号关系图显(mapped onto)对象本身如何被认为是相互关联的方式,间接地被挑选出来。这两个层面的标引关联(将对象与对象联结、将符号与符号联结)之间的图显(mapping)是相似式的(Deacon 1997:79—92)。它涉及的是,为了看到联结符号系统与连接一组对象之间的关系之间更全面的相似性,符号可以把对象挑选出来,但由此产生的个别的标引性联想,却并没有被人注意到。

我现在就可以解释象征性造成的分离感了——也就是我此前描述我乘坐巴士时体验的恐慌。我现在可以这么做,是因为我考虑到了与之有关并且与之连续的那些更为根本的指涉形式。

象征性是特伦斯·迪肯称之为"涌现"的一种动态机制的典型例子。对于特伦斯·迪肯来说，一种涌现的动态机制，是指对可能性进行了限制的特定配置产生了在更高层面上前所未有的属性。然而至关重要的是，涌现之物永远不会与其来源及其所嵌套之物分开，因为它仍然依赖于其属性的这些更基本的层面（Deacon 2006）。在我们将象征指涉视为相对于其他符号模态的涌现（emergent）之前，我们可以先思考一下"涌现"在非人类世界中的运作方式，这对我们而言将更为有用。

特伦斯·迪肯指出了一系列相互嵌套的涌现的起点（a series of nested emergent thresholds）。其中一个重要的起点就是自我组织（self-organization）。自我组织涉及在恰切环境下形式的自发产生、维持和传播。尽管相对转瞬即逝和罕见，但在无生命世界中仍然可以找到自我组织。自我组织之涌现的动力机制有很多例子，比如有时在亚马逊河流中形成的圆形漩涡，或者水晶或雪花的几何学晶格。自我组织的动力机制要比物理学中熵的动力机制——例如热从房间的较暖部分到较冷部分的自发流动——更有规律，也更受限，自我组织的动力机制从熵的动力机制之中出现并且依存于熵的动力机制。表现出自我组织的存在物，例如水晶、雪花或漩涡，都不是生命体。尽管它们的名字看似有生命，但是它们并不涉及自我。

相比之下，生命是一个嵌套在自我组织之中并随后涌现的起点。即使由最基本的有机体表征的生命动力机制（Living dynamics），都会选择性地"记住"它们自己特定的自我组织的结构，这些结构以不同方式留存下来，以维持我们现在可以理解为

"自我"（一种被一代又一代人以越来越适应周遭世界的呈现方式重构和传播的形式）的东西。正如我将在下一章中详细探讨的那样，生命动态机制是构成性的符号学。生命的指号过程是相似式的和标引式的。使人类独一无二的象征指涉，是一种涌现的动力机制，它嵌套在更宽泛的生命指号过程之中，它来源于这种更宽泛的生命指号过程并依存于它。

自我组织的动力机制，不同于它们所从出、与之连续并嵌套其中的物理学过程。生命动力机制与自我组织的动力机制具有相似的关系，它们反过来又相互涌现，并且我们也可以说，象征式指号过程与其所从出的更宽泛的相似式指号过程和标引式指号过程之间的关系，也是同样的（Deacon 1997：73）。[22]因此，涌现动力机制在逻辑学意义上和本体论意义上都具有方向性。也就是说，一个以自我组织为特征的世界，并不需要包括生命，一个有生命的世界，也不需要包括象征式的指号过程。但是，一个活生生的世界必须同时也是一个自我组织的世界，一个象征性的世界必须同时也嵌套在生命的指号过程之中。

我现在可以回到象征式表征的涌现属性上了。这种表征形式在相似式指涉和标引式指涉方面都是涌现的，因为与其他涌现动力机制一样，象征符号之间关系的系统结构，并没有在先行的指涉模态中被预先刻画出来（Deacon 1997：99）。与其他涌现的动力机制一样，象征符号也具有独特的属性。象征符号通过它们彼此之间的系统关系来实现它们的指称能力，这一事实意味着，象征符号与标引符号相反，即使在没有指称对象的情况下，象征符号也可以保持指称的稳定性。这就是赋予象征符号独特特征的原因。正是这一点，让象征指涉不仅是关于此时此地的,而且是关于"假若"(what if)的。在象征符号的领域,物质和能量之间的分野可以那么大,因果联系可以如此复杂,以至于指涉需要的是一种真正的自由。而这正是让我们把它看做好像与世界彻底分离的原因(另参见 Peirce CP 6.101)。

　　然而,就像其他涌现的动力机制(例如河流中形成的漩涡)一样,象征指涉同样也与其所产生的更为根本的动力机制密切相关。构造象征符号的方式和解释象征符号的方式都是如此。象征符号是标引符号之间特殊关系的结果,而标引符号又是相似符号以特定方式相互联结的特殊关系的结果。象征式阐释通过将标引关系进行配对(pairing)而起作用,最终通过识别它们之间的相似性而得到阐释:所有思维最终都以一个相似符号结束。因此,象征指涉最终是相似符号之间一系列高度复杂的系统关系的产物。然而,与相似式模态和标引式模态相比,象征指涉具有独特的属性。象征指涉并不排除这些其他类型的符号关系。诸如语言之类的象征系统可以并且通常确实包含相对而言相似式的符号(例如 *tsupu* 这样的"词语"),它们同样也依赖于许多不同层面的相似性、符号之间的所有指向关系,以及符号系统与其表征事物之间的所有指向关系。最后,与所有指号过程一样,象征指涉最终也取决于其所从出的更为基础的物质过程、能量过程和自我组织过程。

　　将象征指涉视为"涌现",可以帮助我们理解和指涉,通过象征符号,如何在越来越与世界分离的同时,又不会完全失去对世界的模式、习性、形式和事件可能的敏感度。

　　将象征指涉(以及延伸的人类语言和文化)视为"涌现",这遵循了皮尔士对于将(人类)心灵与(非人类)物质分开的二元论尝试的批判——这种将（人类）心灵与（非人类）物质分开的二元论路向，被他刻薄地描述为"用一把斧头来做分析的哲学，把终极元素剁成了一堆不相关联的东西"（Peirce CP 7.570）。涌现主义路向则可以提供一个理论和经验的解释，来说明象征性是如何在与物质保持连续性的时候，也同时成为了可能性的一个全新的发生场所（a novel causal locus of possibility）。这种连续57　性使我们认识到某些事物，即便如此独特和疏离，也总是无法与周遭世界彻底分离。这触及了某种重要的事情：一种超越人类之上的人类学是如何寻求将人类特性在其所出自的更广阔的世界之中进行定位的。

恐慌及其消散，揭示了象征式指号过程的这些特性。它们既指出了不受约束的象征思维的真正危险，也指出了如何重新奠基这种象征思维。通过扩展我涌现的自我、通过重新创建象征指涉自身所嵌套其中的符号环境，观察群鸟重新奠基了我的思想。通过我的双筒望远镜的机巧，我与一只鸟标引式地关联了起来，这要归功于我能够欣赏到它的图像现在清晰地聚焦在了我的眼前。这个事件让我重新沉浸在了即便梅格坐在沙发上独自思考时也仍旧没那么容易找到的某种东西之中：一种可知的（可共享的）环境，此时此刻某种存在的确证，就在此时此地触手可及，它超越于我之上，但我同样也可以成为其中的一部分。

恐慌向我们暗示出了激进二元论是什么样子，还有为什么对我们人类来说二元论看起来如此有吸引力。在追踪其难以维系的影响时，恐慌同样也显示出我们对二元论（以及经常与之如影随形的怀疑论）发自内心的批判。在恐慌消散的过程中，我们还可以了解到，人类具有的特殊的二元论倾向是如何消散到其他事物之中的。有人可能会说，无论我们是在哪里发现的二元论，它都是一种看待涌现之新颖性的方式，就好像涌现与其所出自的事物之间是彻底分开的一样。

涌现的真实

那天早上在特纳镇的河岸边观察群鸟的时候，从口语意义上来讲，我已经"迈出了我的头脑"（out of my mind），但我涉足到了什么领域呢？尽管该活动之中更为基本的符号学模式的参与，确实使我恢复了清醒，并且，这个过程使我重新把自己奠基在一个超越于我自身之上的世界之中——这个世界超越于我的心灵、超越习俗、超越人类之上——这种体验驱使我追问，存在于彼处的那个超越象征世界之上的世界是个什么样的世界？换句话说，按照我在此寻求发展的超越人类之上的人类学语境来理解，这种体验迫使我重新思考我们所说的"真实"的意义。

我们通常认为，真实就是实际存在之物。森林里倒下的棕榈树是真实的；它倒下之后留下的被压断的树枝和压碎的植物，就是其了不起的事实性（awesome facticity）的证明。但是，将真实限定为发生的事情——在彼处且受规律的约束——并不能解释自发性或者生命的成长趋势。它也不能解释有生命者所共享的指号过程——这种指号过程从生命世界涌出，并且最终使我们人类自身奠基在这个生命世界之中。此外，这种特征描画将会二元论地重新描述我们将人类心灵限定为孤立存在的所有可能性，而没有暗示出人类心灵、心灵的指号过程以及心灵的创造

58

性,是如何可能从其他东西之中涌现,甚或与其他东西相关的。

皮尔士非常关心这个问题:"如何想象一种更宏大的真实(a more capacious real),让它更符合自然主义的、非二元论的宇宙理解",并且,在其全部的学术生涯中,皮尔士都努力将他的整个哲学写作计划(包括他的符号学)置于一种特殊的实在论(real-ism)之中,这种实在论可以在一个更广的框架内来包含实际存在(actual existence),并且这种更广的框架可以解释实际存在与人类世界和非人类世界中符号的自发性、成长和生命之间的关系。我在此简要介绍一下他的理论框架,因为它提供了一种关于"真实"的视野,这种真实可以同时包含有生命的心灵和无生命的物质,以及许多有生命的心灵从无生命的物质之中涌现的过程。

根据皮尔士的观点,我们可以意识到三个方面的"真实"(Peirce CP 1.23—26)。我们最容易理解的真实的元素,就是皮尔士所说的"第二性"(secondness)①。倒下的棕榈树是典型的第二性。"第二性"是指他者、变化、事件、阻力和事实。第二是"野蛮的"(brutal)(Peirce CP 1.419)。它们把我们从我们习以为常地想象事物之所是的方式之中"震脱"(Peirce CP 1.336)出来。它们迫使我们"以不同于我们一直思考的方式去思考"

---

① 在皮尔士看来,符号现象的三个方面,即符号、对象、解释项,它们并不处于相同地位,而是分成三个级别。符号是第一性的,客体对象是第二性的,解释项是第三性的。其中,客体对象决定符号,符号决定解释项,而客体又通过符号中间接决定解释项。相对于客体对象,符号是被动的,而相对于解释项,符号是主动的。换句话说,客体对象是符号的成因,解释项则是符号的意义。抽去客体对象,符号就失去存在或成立的前提。在这一意义上,符号不得不(转下页)

（Peirce CP 1. 336）。

皮尔士的实在论还包含某种他所谓的"第一性"（firstness）。第一（firsts）"仅仅只是可能，并不必然实现"。在其"自身之如是"（suchness）（Peirce CP 1. 424）中（无论其与其他任何事物关系如何），它们包含那种自发性、属性或可能性的特殊种类的现实性（Peirce CP 1. 304）。有一天，我和希拉里奥在森林里遇到了一堆野百香果，是被一群在森林上空觅食的绒毛猴扔下来的。我们便从徒步旅行中休息了一下，吃掉了这些绒毛猴剩下的食物。敲开水果时，我突然闻到一股刺鼻的肉桂味。当我把水果送到嘴边时，这阵肉桂味已经不见了。这种关于转瞬即逝的气味的体验，就其本身而言，我们无需关注它来自哪里，它是什么样的，或者它连接了什么，这种体验近似于第一性。

最后，第三性是皮尔士现实主义的那个方面，这对本书的论点来说是最重要的。皮尔士从中世纪经院哲学汲取灵感，坚持认为"共相是真实的"。也就是说，习性、规律、模式、关系、未来的可能性和目的——他称之为第三性——具有最终的作用，它们可以在超越人类思维之上的世界产生和表现自己（Peirce CP 1. 409）。这个世界是以"万物趋向于具有习性（habits）"为特征的（Peirce CP 6. 101）：宇宙的一般趋势是熵增加，这是一种习

59

（接上页）与所表达的对象对应，去迁就客体对象的规定。另一方面，符号决定解释项，而本身并不受解释项的左右。符号与客体对象关联时，符号是变量，而客体对象是常量。符号与解释项关联时，符号是常量，而解释项是变量。反过来讲，客体是符号适用的对象，而解释项则是符号产生的结果，是符号的能力。（参见卢德平，《皮尔士的符号学理论：原点与延伸》，来源网址（2022 年 6 月 3 日，ht-tp://www. semiotics. net. cn/index. php/view/index/theory/2914）。——译者

性；在自我组织过程中（例如在河流中形成圆形漩涡或晶格结构）展现出的不太常见的规律性增加，也是一种习性；而生命凭借其预测和运用这些规律的能力，以及在此过程中创造出越来越多的新规律，放大了这种养成习性的趋势。这种趋势使世界具有潜在的可预测性，并使作为一个符号过程（最终是指征性的［inferential］）的生命成为可能。世界具有某种规律性的相似之物（semblance）时，世界才能被表征出来。符号是关于习性的习性。热带雨林及其多层共同进化的生命形式，放大了这种具有习性的趋向性。

所有需要中介（mediation）的过程都表现出第三性。因此，所有符号过程都表现出第三性，因为它们以某种方式作为"某物"和某种"某人"之间中介的第三项（a third term）。然而对我们来说重要的是要强调，尽管皮尔士的所有符号都是第三性的，但并非所有第三性都是符号。[24]普遍性（趋向于具有习性的倾向）不是符号性的心灵强加给世界的特征。符号就在那里。世界之中的第三性是指号过程的条件，而不是指号过程"带给"世界之物。

对于皮尔士来说，万物都在某种程度上展现出第一性、第二性和第三性（Peirce CP 1.286，6.323）。不同种类的符号过程，放大了其中每个过程的某些方面，忽略了其他方面。尽管所有符号本质上都是三元的，因为它们都对某人再现某物，但不同种类的符号要么更多地关注第一性，要么更多地关注第二性或第三性。

作为第三性的相似符号，在通过以下事实为中介的意义上是相对第一性的：它们具有与其对象相同的性质，不管它们与其他任何事物关系如何。这就是为什么像 *tsupu* 这样的基丘亚语的形象"词语"不能被否定表述或屈折表述。存在一种方式使这些词语只作为其"自身之如是"的性质。作为第三性的标引符号,在它们以受其对象作用的存在物为中介的意义上是相对而言第二性的。倒下的棕榈树把绒毛猴吓了一跳。相较而言,作为第三性的象征符号是双重三元的(doubly triadic),因为它们以指涉某种普遍事物(一种涌现的习性)为中介。它们的意义通过它们所具有的关系,以及将要解释它们的约定俗成的符号系统和抽象的符号系统(习性系统)之间的关系展现出来。这就是为什么理解 *causanguichu* 需要熟悉整个基丘亚语。象征性是一种关于习性的习性,这种习性以在这个星球其他地方前所未有的程度产生了其他习性。

60

我们的思想就像世界,因为我们属于世界。[25] 思想(任何种类的)是一种高度复杂的习性,它从世界具有习性的趋势中涌出,并且与此趋势相连贯。通过这种方式,皮尔士的这种特殊的实在论,可以让我们开始构想一种既可以是关于世界如何认知的人类学,也可以是一种超越人类特定认知世界的方式限制之上的人类学。重新思考指号过程则是这项事业开始的地方。

正是通过这种真实延伸而来的视野,我们才可以思考,当那只鸟通过我双筒望远镜的玻璃进入焦点时,我正在摆脱什么体验,以及我在这个过程中踏进了什么体验。正如丽莎·卡普斯和埃莉诺·奥克斯敏锐指出的那样,恐慌之所以如此令人不安,正是因为我与他人的感觉不同步。当思维越来越远离产生它们的更广大的习性领域时,我们就变得孤独。换句话说,象征思维无与伦比的创造习性的能力总是存在着危险,因为这种能力可以将我们从我们深植其中的习性之中拉出来。

　　但活生生的心灵却不是这样被连根拔起的。成长的思维和活生生的思维总是关于世界上的某事，即使那个某事只是未来潜在地起作用。思想的普遍性（它的第三性）的一部分就是，它并不仅仅位于一个单独的稳定自我之中。相反，它构成了一个分布在多个物体上的涌现的自我：

> 只要人是单独的，这个人就不是完整的[；]……他本质上是社会中的一个可能成员。尤其是，一个人的经验如果是单独存在的，那它什么都不是。如果这个人看到了别人看不到的东西，我们就称之为幻觉（hallucination）。必须考虑的不是"我的"体验，而是"我们的"体验；而这个"我们"具有无限可能性。（Peirce CP 5.402）

这个"我们"是普遍的。

　　恐慌扰乱了这种普遍性。伴随着这种恐慌，我的形成习性的思维、其他形成习性的思维、还有我们分享我们所发现的世界之中的习性体验的能力，将这三者联系起来的三元关系崩溃了。不断增长的私人心灵以唯我论向自我展开，这导致了某种可怕的结果：自我的内爆（the implosion of the self）。在恐慌中，自我成为与世界其他事物隔绝的单子式的"第一"；"社会的一个可能成员"，他唯一的能力就是去怀疑，是否存在任何唐娜·哈拉维（Haraway 2003）所称的，与世界更为"肉身性"（fleshly）的联结。总而言之，结果就是一个不断怀疑着的笛卡尔式我思（*cogito*）：一个固定的"我（只）（象征式地）思故我（怀疑我）存在"取代了一个成长的、充满希望的、涌现的、当中具有其所有"不确定的可能性"的"我们"。[26]

这种导致了涌出的"我们"的三元联结(triadic alignment)是通过标引式和相似式的方式实现的。让我们考虑一下卢西奥在射杀了被希拉里奥砍倒的棕榈树吓跑的绒毛猴之后的一连串接连不断的评论:

> 在那儿
>
> 就在那儿
>
> 在那儿
>
> 怎么了?
>
> 在那儿,它缩成了球
>
> 受伤了。[27]

视力不如卢西奥的希拉里奥并没能立刻看到树上的绒毛猴。他低声问儿子:"在哪呢?"就在绒毛猴突然跑动起来的时候,卢西奥迅速回应道:"看! 看! 看! 看!"

命令式的"看!"(基丘亚语"*ricui*!")在这里作为一个标引符号发挥作用,它将希拉里奥的视线指向绒毛猴穿过树枝移动的路径。因此,它将希拉里奥和卢西奥与树中的绒毛猴联结起来。此外,卢西奥命令式重复的节奏,相似式地捕捉了绒毛猴沿着树枝移动的节奏。通过这个希拉里奥同样也可以分享的图像,卢西奥可以"直接传达"他看到受伤的绒毛猴穿过树冠的体验,不管他的父亲是否真的看到了她。

正是这种相似式和标引式的联合,让我在唐纳雀进入我的双筒望远镜焦点的那一刻回到了这个世界。那只鸟坐在那些灌木丛中的清晰图像,将我再次奠基在了这个可共享的真实世界。

即使相似符号和标引符号都没有为我们提供任何对世界的直接把握，情况也一样会是如此。所有符号都涉及中介，我们所有的体验都是经由符号中介的。没有任何身体的、内在的或其他种类的体验或思想是无需中介的（参见 Peirce CP 8.332）。此外，这只真实的唐纳雀以真实的河岸边的植物为食，其中并没有任何本质上的对象性。因为这种动物及其灌木栖息地——就像我一样——是彻头彻尾的符号学生物。它们是表征的产物。它们是与构成热带生命的那些不断增加的习性网络越来越一致的进化过程的结果。不管我是否能够欣赏它们，这些习性都是真实的。通过获得其中一些习性的感觉，就像那天早上我在河边对那只唐纳雀所做的那样，我有可能通过与其他人分享我的这种体验的方式与更广泛的"我们"联结起来。

就像我们的思维和心灵一样，鸟类和植物也是涌现的真实。生命形式，当它们表征和放大了世界的习性时，便创造了新的习性，它们与其他生物的相互作用则创造了更多的习性。因此，生命会滋长习性。热带雨林以其高生物量、无与伦比的物种多样性，以及错综复杂的共同进化相互作用，将这种具有习性的倾向展现到了非同寻常的程度。对于像阿维拉的鲁纳人这样因为狩猎和其他维持生命的活动而与森林密切相关的人们来说，能够预测这些习性至关重要。

亚马逊地区之所以如此吸引我，很大程度上就是因为一种第三性（世界的习性）被另一种第三性（生活在这个世界中并构成这个世界的诸多人类和非人类的符号自我）所表征的方式，这种方式使得更多种类的第三性可以"蓬勃发展"（参见 Haraway 2008）。生命会滋长习性。热带生命将这一点放大到了极致，而沉浸在这个生物世界之中的鲁纳人和其他人，甚至还能将这一点放大得更多。

成长

活着——活在生命之流中——需要让自己与越来越多的涌现的新习性相联合。但活着不仅仅是习性。符号学动力机制（其来源和结果就是我所称之为的"自我"）活生生地蓬勃发展，也是破坏和震惊的产物。心灵（或自我）与无生命的物质不同，皮尔士将无生命的物质描述为"习性已被固定从而失去了形成习性和失去习性的力量的心灵"，心灵（或自我）则"获得了很大程度的获得习性和舍去习性的习性"（Peirce CP 6.101）。

这种选择性地丢弃某些其他习性的习性，导致了高阶习性的涌现。换而言之，成长（growth）需要习得我们周围的习性，但这通常会破坏我们对世界之样貌习性的期望。当马克西射杀的野猪掉进——*tsupu*——河里时，就像受伤的野猪通常会做的那样，马克西认为他已经找到了他的猎物。但是他错了：

> 好愚蠢啊，"它快要死了，"我正想着
>
> 当
>
> 这只猪突然跑走时[28]

本应死去的野猪突然跳起来逃跑，马克西对此感到的困惑，揭示了唐娜·哈拉维（Haraway 1999：184）所说的"感到世界具有独立的幽默感"。正是在这种"震惊"的时刻，世界的习性才会让自身显现出来。也就是说，我们通常不会注意到我们所寓居其中的习性。只有当世界的习性与我们的期望发生冲突时，这个世界的他者性，以及世界作为不同于我们现在所是的存在的现实性，才会被揭示出来。这种破坏后面随之而来的挑战，就是要成长。挑战在于创造一种将这种异己的习性包含在内的新习性，并在此过程中重新塑造我们自己（无论多么短暂），重新将我们与我们的周遭世界联系在一起。

生活在热带雨林中或来自热带雨林，就需要我们有一种为热带雨林多层面的习性赋义的能力。这有时是通过识别那些似乎破坏了它们的元素来实现的。另一次我与希拉里奥和他的儿子卢西奥一起在森林里散步时，我们遇到了一种小型猛禽，在英语中被称为钩嘴鸢(the hook-billed kite)[29]，这只猎物栖息在一棵小树的树枝上。卢西奥开枪，但打偏了。这只鸟被吓坏了，以一种奇怪的方式飞走了。它没有像预期的那种快速飞过树林的猛禽那样飞，而是缓慢地飞走了。卢西奥指着这只鸟离去的方向说：

它刚才慢慢地飞走了

tca tca tca tca

看[30]

Tca tca tca tca。整整一天，卢西奥都在重复这种缓慢、犹豫、有点笨拙地振翅的声音图像。[31]钩嘴鸢笨重的飞行引起了卢西奥的注意。它打破了人们对猛禽应该表现出的那种快速而有力的飞行的期望。同样，鸟类学家希尔蒂和布朗(Hilty and Brown 1986：91)对钩嘴鸢的描述是，具有不同寻常的"宽阔而瘦长的翅膀"并且"定栖且行动迟缓"的鸟类。与其他飞行速度

更快的猛禽相比，这只鸟是异常的。它打破了我们跟猛禽相关的假设，这就是为什么它的习性很有趣。

还有另一个例子：一天早上，希拉里奥打猎回家后，从他的网袋里拿出一株点缀着紫色花朵的附生仙人掌（*Discocactus amazonicus*）。他称之为 *viñarina panga* 或 *viñari panga*，因为正如他所解释的，*pangamanda viñarin*，"它是从叶子中生长出来的"。尽管它像兰花等其他多汁的附生植物一样没有特别的用途，但他认为浸泡过的茎干可能是一种很好的可以用来涂抹伤口的膏药。但由于这种植物的叶子似乎是从其他叶子中长出来的，希拉里奥发现这种植物很奇怪。*Viñari panga* 这个名字来源于一种植物学习性，这种习性可以追溯到进化的过去。叶子不会从其他叶子中长出来。它们只能从位于嫩枝、茎和枝条上的芽里的分生组织生长出来。仙人掌中的祖先群体（也是亚马逊仙人掌的起源）最初失去了层状的光合叶片，并发育出多汁的圆形光合茎。因此，亚马逊仙人掌中相互生长的扁平绿色结构不是真正的叶子。它们实际上是具有叶子功能的茎，因此它们可以生长出彼此。这些叶状的茎，似乎使叶子从茎上发芽的习性成了问题。这就是它们有趣的地方。

整体先于部分

指号过程就像生物学一样，整体先于部分；相似先于差异（参见 Bateson 2002：159）。思维和生命都是以整体为开端的——尽管它们可能非常模糊和不明确。一个单细胞胚胎，无论多么简单和未分化，都与它将发育出来的多细胞生物一样完整。一个相似符号，无论它的相似性（likeness）多么基本，只要它被视为一种相似性，就不能完满地从其自身作为一个整体的相似性中捕捉到它的对象。只有在机器的领域，首次出现的是具有区分的部分，然后才是组装的整体。[32]相反，指号过程和生命，一开始就是整体。

因此，一张图像（image）是一个符号整体，但正是因此，它可以非常粗略地近似于它所再现的习性。一天下午在阿森西奥（Ascencio）家里喝木薯啤酒时，我们听到阿森西奥的女儿桑德拉（Sandra）在不远处的花园里喊道："有条蛇！快来杀了它！"[33]阿森西奥的儿子奥斯瓦尔多（Oswaldo）冲了出去，我紧随其后。虽然最终发现这个生物是一条无害的鞭蛇[34]，但奥斯瓦尔多还是用他砍刀的宽边一击杀死了它，然后砍下它的头埋了起来。[35]我们走回房子时，奥斯瓦尔多指出了一颗小树桩，我刚刚在它上面绊倒了，他注意到我其实前一天就曾经在同一颗树桩上绊倒过，那是我与他的父亲和姐夫在阿维拉以西陡峭的森林山坡上狩猎了一整天后沿着那条路返回时的事。

在与奥斯瓦尔多一起回家的路上，我的走路习性与这个世界的走路习性并不完全吻合。由于疲劳或者微醺（我第一次偶然被那个树桩绊倒，是因为我们在非常陡峭的地形上徒步了十多个小时，我筋疲力尽，第二次则是因为我刚喝完几大碗木薯啤酒），我只是未能将那条路的某些特征解读得十分显著。我的行为就好像没有路障一样。我可以侥幸不被绊倒，因为我的常规步态是一种足以应对手头挑战的解读习性——关于这条路径的图像。只要我们面临的情况给定，那么我走路的方式是否与路径的特征不完全匹配，这就已经不重要了。但如果我们一直在跑步,或者我背负了沉重的辎重,或者天下着大雨,或者如果我醉意更浓,那么这种不适应很可能就会被放大,并且我很可能会重重滑倒,而不是稍微绊倒。

我在带着醉意或疲惫时再现出的森林小径是如此简陋寻常,以至于我根本没有注意到它的不同之处。直到奥斯瓦尔多向我指出之前,我都从来没有注意到树桩,或者我被它绊倒了——两次!我被绊倒已经成了它自己的固定习性。由于规律性,我不完满的行走习性已经假定——如此规律,以至于我可以连续几天反复踢到同一颗树桩——奥斯瓦尔多认为它本身就是一种异常习性。然而,无论它与路径的匹配多么不完满,我的行走方式都已经足够好了。它让我回到家了。

但是在那种"足够好的"习性化的自动行为之中,仍有一些东西丢失掉了。也许走回阿森西奥家的那一天,曾有那么一刻,我变得更像物质——"习性已经变得固定的心灵"——而不是一个正在学习、渴望、生活和成长的自我。

当我们设法注意到意外事件(例如突然出现在我们道路上的树桩,或者马克西的野猪突然复活)时,它可能会破坏我们关于世界之如何的假设。正是这种破坏,这种旧习性的破除和新习性的重建,构成了我们感觉到自己活着并且感觉自己在世界之中。世界向我们揭示自身,不是因为我们具有了习性,而是当我们被迫放弃旧习性,开始接受新习性的时刻,世界才向我们揭示出来。在此,我们才可以瞥见我们也为之做出贡献的涌现的现实——无论经过了多少中介。

敞开的整体

认识到指号过程在何意义上是一种比象征性更为广泛的东西,可以让我们看到我们如何寓居在一个超越人类之上的不断涌现的世界之中。超越人类之上的人类学旨在超越一种习性(象征性)的限制,这种习性使我们成为了我们相信自己所是的特殊种类的生物。我们的目标不是尽量减少这种习性的独特影响,而只是展示一些不同的方式,在这些方式中,作为象征性的整体向着那些可以并且确实在超越我们的世界上散布的许多其他习性敞开。简而言之,我们的目标是重新获得一种我们作为敞开之整体的方式的感觉。

这个超越人类之上的、我们对其敞开的世界,并不仅仅是"在那儿"的某物,因为真实并不仅仅只是存在。相应于此,超越人类之上的人类学要求我们的时间焦点轻微转移,眼光超越现实的此时此地之上。当然,它必须回顾种种限制、偶然性、语境和可能性条件。但是符号的生命,以及解释它们的诸多自我的生命,并不仅仅只是位于现在或过去。它们参与到了一种延伸到未来之可能的存在模式之中。相应于此,这种超越人类之上的人类学旨在关注这类普遍之物未来的现实性以及它们对于处在未来之现在的最终影响。

如果我们的主体,人,是一个敞开的整体,那么我们的方法也应该如此。使人类向超越人类的世界敞开的特殊符号学性质,与人类学能够以民族志和分析的精度对其进行探索的特殊符号学性质,是相同的。象征性的领域是一个敞开的整体,因为它是由一个更广泛的、不同种类的整体所维系并最终实现的。更广泛的整体是一个图像。正如玛丽莲·斯特拉森曾经套用罗伊·瓦格纳（Roy Wagner）的话对我说的那样，"你不会只拥有半个图像"。象征性是一种特殊的、人类特有的感受图像的方式。所有思维都以图像开始以图像结束。所有思维都是整体，无论将它们带到整体的道路有多长。[36]

这种人类学，就像指号过程和生命一样，并不是以差异、他者性或不可通约性为开端的。它也不是从内在的相似性开始的。它始于静止思想（thought-at-rest）的相似性——尚未注意到可能会破坏它的那些最终差异的相似性。相似性（例如 tsu-pu）是一种特殊的敞开整体。一方面，相似符号是单子式的，它对自己封闭，不管其他。无论其对象是否存在，它就像它自己的对象。不管你有没有感觉到 tsupu，我都感觉到 tsupu。然而，就其对他物的代表而言，相似符号也是一个敞开。一个相似符号具有"揭示意想不到之真理的能力"："通过直接观察相似符号，我们可以发现有关其对象的其他真理"（Peirce CP 2.279）。皮尔士举了一条代数公式为例：因为等号左边的项与等号右边的项是相似式的，我们可以通过考察前者而更多地了解后者。等号左边是一个整体。它从整体上捕捉到了等号右边的东西。然而在此过程中，它也能够"以一种非常精确的方式，提出所假设事态的新方面"（Peirce CP 2.281）。这是可能的，这要归功于它代表这种整体性的普遍方式。符号代表对象"并非是在所有方面，而是指涉一类观念"（Peirce CP 2.228）。这种观念，无论多么模糊，都是一个整体。

关注图像所具有的启示力量，表明了一种实践人类学的方法,由之可以将民族志的细节与更广泛的事物联系起来。低地基丘亚人过分强调相似性,这放大并彰显了语言的某些普遍特性以及语言与超越它的事物之间的关系,正如恐慌夸大并因此彰显了其他属性一样。这种放大或夸张可以作为能够揭示有关其对象的某种普遍情况的图像起作用。这些普遍之物(generals)都是真实的,尽管它们缺乏那些假设的共相(人类学恰恰拒绝这些假设的共相)的特殊或固定规范性中的具体性。超越人类之上的人类学恰恰可以处理这些普遍的现实(general reals)。然而,超越人类之上的人类学是以一种特别在世的方式来实现这一点的。它将自身奠基在民族志时刻涌现的平凡努力和困境之中,着眼于这些偶然的日常是如何彰显普遍问题的。

　　我希望,这种人类学可以向一些刚刚形成的、可能会迎头赶上的、新的、意想不到的习性敞开自身。通过向新奇事物、图像和感受敞开自身,这种人类学在其主体和方法之中寻求第一性的新鲜感。我恳请你们自己感受 tsupu,这是我不能强加给你们的。但它也是一种第二性的人类学,因为它希望记录它是如何对这种自发性的作用感到惊讶的,因为这些自发性在一个混乱的世界之中产生了差异,而这个混乱的世界,则是混杂其中的居民参与其中,并试图相互赋义的所有方式之涌现的产物。最后,这是一种关于普遍的人类学,因为这种人类学旨在认识那些能够延伸到超越现在之上,超越个体、物种、甚至具体存在物之界限的我们的契机。这个我们——及其召唤我们去想象和去实现的那个充满希望的世界——是一个敞开的整体。

第二章

活的思想

> 事实上,富内斯非但记得每一座山林中每一株树的每一片叶
> 子,而且还记得每次看到或回想到它时的形状。……但我认为他
> 思维的能力不很强。思维是忘却差异。[①]
>
> ——Jorge Luis Borges, *Funes el Memorioso*

亚美利加(*América*)和路易莎(*Luisa*)在曾经是她们花园
的木质灌木丛中采摘鱼毒根(fish poison roots)[1],事情就发生
在她们的耳边。回到家里,当她们和迪莉娅(*Delia*)一碗又一碗
地喝着木薯啤酒时,路易莎模仿着她是如何通过灌木丛听到家
里的狗——她们最喜欢的普卡尼亚(*Pucaña*)或"红脸";库奇
(*Cuqui*),她逐渐年迈的伙伴;还有慧秋(*Huiqui*)——兴奋地叫
着,"'hua' hua' hua' hua' hua' hua' hua' hua' hua,'"就像它们
平时玩游戏时发出的声音一样。然后她听到它们的吠叫声,
"'ya ya ya ya,'"准备攻击。但随后发生了一件非常令人不安
的事情。狗开始叫,"'aya—i aya—i aya—i,'"这表明它们现在
被攻击了,非常痛苦。

"事情,"路易莎说,"就是这样。然后它们沉默了。"[2]

---

① 中译采用:《博闻强记的富内斯》,博尔赫斯,《小径分岔的花园——博尔
赫斯小说集》,豪尔赫·路易斯·博尔赫斯著,王永年译,浙江文艺出版社,1999
年,第56—57页。——译者

chun
安静

事情怎么会发生这么突然的变化？对于这些女性来说，答案在于想象狗是如何理解，或者更准确地说，是如何无法理解它们周遭的世界的。回顾前两个系列的吠叫，路易莎说，"如果它们遇到大事，它们就会这样做。"这就是它们会做的，也就是说，如果它们遇到了一只大型猎物的话。路易莎记得自己问过自己，"它们在对着一只鹿吠叫吗？"这是有道理的。就在几天前，这些狗追踪、攻击并杀死了一头鹿。我们至今还在吃鹿肉。

但是，究竟什么生物可能对狗而言看着会像猎物一样，然后却转而攻击它们呢？妇女们得出结论，只有一种可能的解释；这些狗一定是把山狮（mountain lion）和赤短角鹿（red brocket deer）弄混了。两者都有黄褐色的毛皮，体量大致相同。路易莎试着想象它们在想什么："它看起来像只鹿，我们去咬它吧！"

迪莉娅简明扼要地总结了她们对狗的困惑的沮丧："太太愚蠢了。"亚美利加解释道："它们怎么会不知道呢？它们怎么会想到［吠叫］，'*yau yau yau*'，就好像它们要攻击它一样？"

每个吠声的含义都很清楚，因为这些吠声是阿维拉人认为他们知道的犬类发声详尽词典之中的一部分。不太明显的是，从狗的角度来看，是什么促使它们以这些方式吠叫呢？想象一下，狗可能无法区分山狮和鹿，也无法判断过这种混淆引致的悲惨后果——狗只是看到了一个又大又黄的东西并攻击它——这种想象尤其需要超越狗的行事，并思考它们的行事是如何受到它理解的周遭世界的刺激的。于是谈话开始围绕"狗如何思考"的问题展开。

本章阐述了这一主张：所有生物，而不仅仅是人类，都会思考；本章还探讨了另一个密切相关的主张：所有思想都是活生生的。本章的内容关于"活的思想"[3]。"思考"是什么意思？"活着"又意味着什么？为什么这两个问题是相关的，我们对它们的处理方式，尤其是从与其他种类的存在者相关的挑战来看，是如何改变我们对关系和"人类"的理解的？

如果思想是活的，如果活的东西都在思考，那么也许这个活的世界便"充满魔力"（enchanted）。我的意思是，超越人类之上的世界并不是一个被人类赋予意义的无意义的世界。[4]相反，意-义（mean-ings）——意义-目的关系（means-ends relations）、努力、意图、目的、意向、功能和意蕴——出现在一个超越人类之上的活生生的思想的世界之中，我们试图定义和控制这些"意-义"的"太人性的"企图并不能穷尽它们。[5]更准确地说，阿维拉周围的森林是"有灵的"（animate）。也就是说，这些森林正是其他涌现之意-义的场所（loci），这些意-义不必然关于人类或起源于人类。当我说"森林思考"时，这就是我想要表达的意思。这种超越人类之上的人类学现在需要转而检验这些思想。

如果思想存在于人类之上，那么我们人类就不是这个世界上唯一的自我。简而言之，我们不是唯一种类的我们。万物有灵论（animism），将"魔力"（enchantment）归诸这些非人类的场所，不仅仅是一种信仰、一种具身化的实践，或者是我们批评西方对自然的机械化再现的陪衬（尽管它也是所有这些）。因此，我们不应该只追问，有些人是如何将其他存在者或存在物表征为有灵的；我们还需要更广泛地考虑是什么使它们变得有灵。

　　阿维拉的人们如果要成功地渗透到创造、连接和维持森林存在者的关系逻辑之中，就必须以某种方式来认识这种基本的灵性（animacy）。因此，鲁纳人的万物有灵论是一种考察世界上活生生的思想的一种方式，它放大并揭示了生命和思想的重要属性。它是一种思考世界的形式，它源于密切投身于那些使得某些"在世界之中的思想"（thoughts-in-the-world）的独特属性变得可见的方式。关注这些投身于世界的活生生的思想，可以帮助我们以不同的方式思考人类学。它可以帮助我们想象一套概念工具，这些概念工具可以用于考察我们的生活是如何被一个超越人类的世界的生活方式所塑造的。

　　例如，狗是自我，因为它们思考。然而违反直觉地证明狗会思考的证据却是，借用迪莉娅的话来说，他们"太太愚蠢了"——如此不加区分，如此愚蠢。森林中的狗被认为会将山狮与鹿混淆，这表明了一个重要的问题：不加区分、混淆和遗忘，为何支配了思想的生命和它们所寓居的自我？活生生的思想之中奇怪但却有效的混淆力量，一方面挑战了我们关于差异和他者性的基本假设，另一方面挑战了同一性/认同（identity）在社会理论中的角色。这一点可以帮助我们重新思考关系性（relationality），使我们超越我们自身的倾向性，也即将我们关于语言关系逻辑的假设应用到所有与诸多自我相关的可能方式上去。

非人类自我

　　女人们当然觉得她们能够解读狗的叫声，但这并不是让她们将自己的狗视为"自我"的原因。使她们的狗成为自我的原因,是因为它们的吠声是它们对周遭世界的解释的表现。正如这些妇女充分意识到的那样,这些狗如何解释周遭世界至关重要。因此,我们人类并不是唯一解释世界的存在。"为之故"(aboutness)——最基本形式的再现、意向和目的——是生物世界之中生命动态机制的内在结构特征。生命本质上是符号学的。[6]

74

这种内在的符号学特征适用于所有的生物学过程。例如以下进化适应的例子:巨型食蚁兽的细长鼻子和舌头。被逼入绝境的巨型食蚁兽,或称 *tamanuhua*(它在阿维拉的名字),可能会是致命的。我在那里的时候,一个阿维拉人差点被一只巨型食蚁兽杀死(参见第六章),据说甚至美洲豹都离它们远远的(参见第三章)。巨型食蚁兽也是有灵性的。一天傍晚,当希拉里奥、卢西奥和我在苏诺河上方山脊上的一根圆木上休息时,我往远处森林瞥了一眼。它的形象今天仍然给我留下深刻的印象:锥形头部的轮廓,粗壮的身体,以及一个巨大张开的扇尾,傍晚的阳光穿过它的毛发。

巨型食蚁兽只以蚂蚁为食。它们通过将细长的鼻子插入蚁群隧道来捕食蚂蚁。食蚁兽鼻子和舌头的特定形状捕捉了其环境的某些特征,也即蚂蚁隧道的形状。这种进化适应在其后代阐释(以非常身体化的方式进行阐释,因为其中不涉及意识或者反思)的意义上是一个符号,因为其后代会阐释这个符号的含义(也即蚂蚁隧道的形状)。这种阐释反过来又体现在随后有机体身体的发展中,其方式结合了这些适应进化。这个身体(及其适应性变化)作为再现环境的这些特征的新符号发挥作用,因为它将反过来在另一代食蚁兽之间做出类似的解释,并最终发展成那一代食蚁兽的身体形态。

几代食蚁兽的鼻子越来越准确地再现了蚁穴的几何形状，更因为那些鼻子和舌头没能准确地捕捉到相关环境特征（例如，蚂蚁隧道的形状）的"原始食蚁兽"谱系也没有幸存下来。于是，相对于这些原始食蚁兽，今天的食蚁兽已经开始展示出对这些环境特征相对增加的"适应性"（Deacon 2012）。它们是对它更细致和详尽的再现。[7]正是从这个意义上说，进化适应的逻辑是一种符号学逻辑。

那么，生命就是一个符号过程。任何动态机制，只要是"……在某些方面或能力上，为某物代表某人"，正如皮尔士（Peirce CP 2.228）定义符号所具有的动力机制那样，都将是活生生的。在了解蚁群的结构方面，细长的鼻子和舌头为未来的食蚁兽（"某人"）代表"某物"。皮尔士对符号学最重要的贡献之一，就是超越对符号的经典二元理解，后者将符号视为代表其他事物的事物。相反，皮尔士坚持认为，我们应该认识到一个关键的第三变量，它是指号过程的一个不可还原的组成部分：符号代表某种与"某人"相关的东西（Colapietro 1989：4）。正如巨型食蚁兽所说明的那样，这个"某人"——或者我更喜欢称之为"自我"——并不一定是人类，它不需要涉及象征指涉、主体性、内在感、意识，或我们经常与"再现"（representation）联系起来的知觉（awarness）（参见 Deacon 2012：465－66）。

此外，自我并不仅限于具有大脑的动物。植物也是自我。它也不与具有物理界限的有机体相连。也就是说，自我可以分布在身体上（一个研讨会、一群人或一群蚂蚁，都可以充当自我），或者它可以是一个身体之内的许多其他自我中的一个（单个细胞具有一种最小自我)。

　　自我既是解释过程的起源又是其产物;它是指号过程之中的一个路标(参见第一章)。一个自我并不会作为"自然"、进化论、制表师、人造的生命精神,或者(人类)观察者而站在指号过程的动力机制之外。相反,自我是从这种符号学动力机制之中产生的,并且也是产生了一个解释先前符号的新符号的过程的结果。正是出于这个原因,将非人类有机体视为自我,并将生物学的生命视为一种符号过程,这是适当的,尽管它通常是高度具身化(embodied)和非象征性的。

记忆与不在场

　　作为"自我"的巨型食蚁兽是一种选择性地"记住"自身形式的形式。也就是说,下一代与前一代相似。它是其祖先的相似式表征。但同时,由于这样的食蚁兽是其祖先的相似物(因此是对它的某种记忆),这样的食蚁兽也不同于其祖先。对于这只食蚁兽来说,具有这样的鼻子和舌头,可能是它对周遭世界的一个相对更详细的再现,(在这种情况下)就它的鼻子而言,与其祖先相比,它的鼻子更适应于蚂蚁隧道。总而言之,这只食蚁兽记忆或再现前几代的方式是"选择性的"。这在一定程度上要归功于那些过去的原始食蚁兽,它们的鼻子不"适应"它们的环境,因此在某种意义上被遗忘了。

　　这种记忆和遗忘的游戏既独特又是生命之核心。任何有机物(植物或动物)的谱系都会表现出这种特征。将其与例如一片雪花进行对比。尽管一片给定的雪花所具有的特定形式是其落

76

到地面时与其环境相互作用的历史偶然产物（这就是为什么我们认为雪花表现出一种个体性；没有两片雪花是相同的），但一片雪花的特定形式却永远不会被选择性地记住。也就是说，一旦它融化，它的形状将不会影响任何随后的雪花从开始到落地的形状。

生命存在者与雪花不同，因为生命本质上是符号学的，而指号过程总是为了某个自我。个体食蚁兽所采取的形式再现了它在未来对其自身的实例化，其谱系已经在进化时间中适应了环境。食蚁兽的谱系有选择性地记住了它们以前对环境的适应；而雪花则没有。

因此，自我是生命所独有的，它是维持和延续个体形式的过程的结果，这种个体形式随着世代迭代，同时开始成长以适应周遭世界，从而呈现出某种使得它维持其自我同一性的闭环，而这种自我同一性的产生是相对应于其所不是者而言的（Deacon 2012：471）；食蚁兽在它们的谱系中再现了先前蚂蚁隧道的再现，但它们本身并不是蚂蚁隧道。就它努力保持其形式而言，这种自我为其自身而行动。那么，一个自我，无论是"以皮肤为界的自我"（skin bound）还是更分散的自我，都是我们可以称之为"行动性"（agency）的场所（Deacon 2012：479-80）。

因为巨型食蚁兽是一个符号，所以它是什么——它的特殊构造，例如，它有一个细长的鼻子，这个事实跟其他一些形状的鼻子相反——如果不考虑它的含义（也就是通过我刚刚描述的巨型食蚁兽越来越适应其周遭相关的环境）就无法理解。因此，指号过程虽然是具身化的，但也总是牵涉到某些超越身体之上的东西。指号过程关于某物之不在场：一个以符号为中介的未来环境,它可能类似于上一代所适应的环境(参见第一章)。

活的符号是对皮尔士称之为"习性"(habit)的谓述(prediction)(参见第一章)。也就是说,活的符号是一种对规律性的期望,对一种尚未出现但很可能会出现之物的期望。鼻子是其所不是者(即有鼻子的食蚁兽将要生活的环境中可能会有蚂蚁隧道)的产物。它们是一种期望的产物——一种对未来会怎样的高度具身化的"猜测"。

这是另一个重要不在场的结果。正如我之前提到的,鼻子和它们与周遭世界相适应的方式是以前所有错误"猜测"的结果——前几代巨型食蚁兽的鼻子与那个蚂蚁隧道的世界具有较少相似性。由于这些原始食蚁兽的鼻子以及其他动物的鼻子一样都不适应于蚂蚁隧道的几何形状,因此它们的形式无法维系到未来。

诸多自我奋力地预测"不在场"之未来的方式,也体现在亚美利加的狗的充满目的的行为之中。妇女们想象着,这些狗一定是因为它们期望的对象是鹿并且它们信任这种预期才吠叫的。也许更准确地说,它们对着它们认为又大又黄的东西狂吠。然而不幸的是,山狮也又大又黄。一个以符号为中介的未来——感知到鹿并且攻击鹿的可能性——开始影响现在。它影响了这几只狗的决定——事后看来"太太愚蠢了"——去追逐那个它们认为是猎物的生物。

生命与思想

只要每个实例都以一种可以反过来被未来实例解释的方式

解释前一个符号,符号谱系就可能会作为一种新兴习性延伸到未来。这同样适用于生物有机体,其后代可能会或可能不会存活到未来,就像本书一样,其观念可能会或可能不会被未来读者的思想采纳(参见 Peirce CP 7.591)。正是这样的过程构成了生命。也就是说,任何种类的生命(无论是人类的生命、生物的生命,甚至有一天还可能是无机的生命)都会自发表现出这种具身化的、行省化的、再现式的、预测未来的动态机制,这种动态机制会捕捉、放大和扩散未来实例化自身之习性养成的趋势。另一种说法是,在可能延伸到未来的这个位置的谱系中,任何代表"为之故"的位置的存在物,我们都可以说它是活的。生命的起源——任何种类的生命,在宇宙任何地方——同样必然标志着指号过程的起源和自我的起源。

它同样也标志着思想的起源。因为生命形式(人类和非人类皆然)本质上是符号学的,因此它们表现为皮尔士称之为"'科学'智能"("scientific" intelligence)的东西。皮尔士所说的"科学的",并不是指一种人类的、有意识的、甚至是理性的智能,而只是一种"能够从经验中学习"的智能(Peirce CP 2.227)。与雪花相反,自我可以从经验中学习,换言之,通过我一直在描述的符号学过程,它们可以成长。这反过来也就是自我思考(selves think)的另一种说法。这种思考并不需要发生在我们沙文主义地称之为"真实时间"(real time)的时间轴上(参见 Dennett 1996:61)。也就是说,在单个以皮肤为界的有机体的生命之中,它不需要发生。生物谱系也思考。几个世代之后,它们同样也可以通过关于周遭世界的经验来学习,因此它们也同样证明了"'科学'智能"。总而言之,因为生命是符号学的,而指号过程是活生生的，所以将生命和思想都视为"活的思想"是有道理的。这种对生命、自我和思想之间密切关系的更深入的理解，正是我在这里试图建立的超越人类之上的人类学的核心。

诸多自我的生态系统

生命的符号性质——生命所采取的形式是活生生的自我如何再现周遭世界的产物这个事实——构成了热带生态系统。尽管所有生命都是符号学的，但这种符号学性质在生命自我的种类和数量无与伦比的热带雨林中被放大并变得更加明显。这就是为什么我想想到一些方法来考察森林的思考方式的原因；热带雨林放大了生命思考的方式，并使我们可以更清楚地了解这种生命思考的方式。

自我表征的世界不仅仅是由事物构成的。它们在很大程度上也由其他诸多符号自我组成。出于这个原因，我开始将阿维拉森林及其周围的活生生的思想网络称为诸多自我的生态系统。这种在阿维拉及其周围的诸多自我的生态系统，还包括鲁纳人以及与他们互动和与森林互动的其他人类，其形态不仅包含森林中诸多类型的生命存在者，而且正如我将在本书结尾讨论的那样，还包括使我们成为活生生的存在者的"灵"（spirits）和死者。

不同种类的存在者如何表征并且被其他种类存在者表征，这定义了阿维拉周围森林中的生命模式。例如，切叶蚁（*Atta spp.*）的群落——通常我们只能在工蚁将它们从树梢上采摘下来并带回巢穴的一长排植物碎片中才能看到它们的存在——会改变它们的活动。在几分钟的时间里，每个分布广泛的蚁群同时吐出成百上千只丰满有翅的繁殖蚁，将它们送入清晨的天空，与其他蚁群的蚂蚁交配。这一事件带来了各种挑战和机遇，而且实际上是由各种挑战和机遇构成的。生活在遥远巢穴的蚂蚁如何协调它们的飞行？捕食者如何利用这个丰富但短暂的间隙？蚂蚁会采取什么策略来避免被吃掉？这些飞翔的身上脂肪堆积过多的蚂蚁，是阿维拉人民以及许多其他生活在亚马逊地区的人们所垂涎的美味佳肴。这也表明它们的价值有多大，它们被简单地称为 *añangu*，蚂蚁。它们用盐烤后很美味，于是它们在有限的时间内被一锅锅地收集起来，并成为重要的食物来源之一。而人们又是如何设法预测每年它们从地下巢穴中钻出来的那几分钟的呢？

蚂蚁何时会飞？这个问题可以告诉我们雨林是如何形成的：一个涌现的、不断扩展的、多层次的喧嚣网络，由相互构成的、活生生的、不断发展的思想组成。因为在赤道热带的这一区域，阳光或温度没有明显的季节性变化，也没有相应的春季开花，所以除了森林生物之间的相互作用之外，没有任何一条稳定的线索可以决定或预测蚂蚁何时会飞。这个事件发生的时间，是对季节性气象规律的协调预测，以及不同的、竞争的和解释的物种之间相互协调的产物。

据阿维拉的人们说，有翼蚂蚁会出现在暴雨（暴雨包括雷鸣、闪电和河流泛滥）之后的平静时期。这段暴风雨时期通常意味着八月左右的一段相对干燥时期的结束。人们试图通过将蚂蚁的涌现与各种生态系统符号相关联（这些生态系统符号跟领地繁衍、昆虫数量增加，以及动物活动的变化相关）来预测蚂蚁的涌现。[8] 当各种指标指向"蚂蚁季"（*añangu uras*）临近的时候，人们整夜里多次前往他们房屋周围的各种巢穴，以检查那些蚂蚁很快就会起飞的迹象。这些迹象包括兵蚁清理巢穴入口的碎片，以及看到一些缓慢出现但仍然有些昏昏欲睡的有翼蚂蚁。

对这些蚂蚁何时会飞感兴趣的，不仅仅是阿维拉人。还有其他生物，例如青蛙、蛇和小型猫科动物[9]，都会被蚂蚁吸引，被蚂蚁吸引的其他动物也会被吸引。它们都在观察蚂蚁，观察那些观察蚂蚁并寻找蚂蚁何时从巢穴中涌出的符号的生物。

虽然飞行的日子与气象模式密切相关，而且这似乎是蚂蚁与其他巢穴之间协调飞行的方式，但当天飞行的确切时刻，是一种在进化过程中沉淀下来的、潜在捕食者可能会或可能不会注意到的反应。蚂蚁在黎明前（正好在 5 点 10 分，当我已经能够计时的时刻）起飞，这绝非偶然。当它们在自己的巢穴中时，巢穴中好斗的兵蚁会保护它们免受蛇、青蛙和其他捕食者的侵害。然而，一旦起飞，它们就会茕茕孑立，它们可能会成为那些黄昏时分仍在外徘徊的食果蝙蝠的猎物，这些蝙蝠会在飞行途中咬掉它们大大的充满脂肪的腹部来攻击它们。

蝙蝠如何看待世界，这对飞蚁来说至关重要。蚂蚁会选择在蝙蝠起飞的时候起飞，这并不是偶然的。虽然一些逗留的蝙蝠仍然在外面，但此时它们至多只会活动二十或三十分钟。当鸟儿出来时（六点日出之后不久），大部分蚂蚁已经散去，一些雌性已经交配，并落到地上建立新的巢穴。蚂蚁飞行的精确时间是生态系统符号学结构的结果。蚂蚁出现在黄昏——白天和黑夜之间的模糊地带——夜间捕食者和昼间捕食者最不可能注意到它们的时候。

人们试图进入构建蚂蚁生命的符号网络的一些逻辑之中，以便在蚂蚁飞出巢穴时的那几分钟捕捉蚂蚁。一天晚上，蚂蚁快要飞起来的时候，胡安尼库向我要了一支烟，这样他就可以吹出注入了他"生命之气"(*samai*)力量的烟草烟雾，以驱散即将到来的雨云。如果那天晚上下雨，蚂蚁就不会涌出。然而，他的妻子奥尔加(*Olga*)敦促他不要驱散雨云。她担心他们去洛雷托市场的儿子，如果遇到下雨他就只有第二天才能从城里回来。他们需要捕捉从房子周围各种巢穴中涌出的蚂蚁。为了确保那天晚上蚂蚁不会起飞，她跑到附近的所有巢穴，踩它们。她说，这样就可以阻止蚂蚁那天晚上出来。

在胡安尼库确信蚂蚁终于要起飞的那天晚上，他敦促我，在我半夜和他的孩子出去检查巢穴之前，不要在巢穴周围踢腿或重踏。然后在凌晨五点之前，离房子最近的巢穴入口约四米的地方，我和胡安尼库放置了一些点燃的煤油灯，还有一些蜡烛和手电筒。有翅蚂蚁会被光吸引到这些光源来。不过灯也被放置得足够远，兵蚁不会认为它们具有威胁性。

81   当蚂蚁开始涌现时，胡安尼库只是低声说话。五点刚过，我们就听到嗡嗡声，有翅蚂蚁开始从巢里飞出来。其中许多是被光吸引，没有飞向天空，而是来到我们身边。然后胡安尼库开始像警笛一样在两个不同音调之间交替吹口哨。后来他解释说，飞蚁把这些理解为它们"母亲"的呼唤。[10]当蚂蚁来到我们身边时，我们用巴拿马草的叶子(dry *lisan* leaves)[11]制成的火把烧掉了它们的翅膀。然后我们很容易就把它们放入了有盖的盆里。[12]

切叶蚁沉浸在诸多自我的生态系统中，这种诸多自我的生态系统塑造了它们的存在;它们在黎明之前涌出,这是解释它们主要捕食者的倾向的结果。阿维拉的人们也试图进入蚂蚁以及与它们相关的许多生物的交流宇宙。这样的策略具有实际的效果;人们能够根据它们捕获大量的蚂蚁。

通过将蚂蚁视为意向性交流的自我(intentional communicating selves),胡安尼库便能够理解将蚂蚁与森林中其他存在者联系起来的各种关联——这种理解肯定不是绝对的,但足以准确地在这些蚂蚁会飞的那一年进行预测。他还能够直接与它们交流,召唤它们赴死。这样做的他实际上进入了森林如何思考的逻辑。这是可能的,因为他(和我们)的思想在很重要的方面就像那些构建森林之所是的活的思想之间关系的重要方面一样:一个密集的、繁荣的、诸多自我的生态系统。

符号密度

在这个密集的诸多自我的生态系统中,如此众多不同符号-生命形式的内在关系,相对于地球上其他地方生命再现的形式而言,导致了一种相对更加细致入微的、对周围环境的整体再现。也就是说,热带雨林的"思维"以相对更详细的方式再现了世界。例如,许多热带树种已经进化为仅在白沙土壤上生长的专门物种。与热带黏土相比,热带白沙土壤营养贫乏,不能很好地保持水分,并且具有可以减缓植物生长的高酸度等特性。然而,并不是土壤本身的条件导致了植物专门生活在白沙土壤里的事实。相反,有这样专门特性的事实,正是它们与另一组生命形式——食草生物或食草动物(Marquis 2004:619)——之间关

82

系的结果。

　　由于这些白沙土壤条件极其恶劣,植物很难以足够快的速度自我修复以维持食草动物造成的养分损失水平。因此,生活在这种营养贫乏土壤中的植物面临着巨大的选择压力,它们发展出了高度专门化的有毒化合物和其他针对食草动物的防御措施(Marquis 2004:620)。

　　然而有趣的是,土壤差异并不直接影响在哪里可以种植哪种植物。费因、梅索内斯和柯莱(Fine、Mesones and Coley 2004)的实验已经表明,将食草动物从土壤贫瘠之地移出,并将土壤肥沃之地的物种移植到土壤贫瘠之地之后,实际上它们要比原来那些适应贫瘠土壤的物种生长得更好。

　　因此可以说,热带植物通过与食草动物的相互作用来再现其土壤环境,放大土壤条件的差异,从而使这些差异对植物变得重要。也就是说,如果不是这些其他的生命-形式,土壤类型的差异不会对植物产生影响。这就是为什么肥沃土壤的植物不需要大量制造极为消耗能量的毒素,并且在实验上要比没有食草动物的贫瘠土壤地块上生长的贫瘠土壤植物生长得更好的原因。[13]

　　在食虫草食动物少得多的温带地区,即使在土壤异质性(即营养丰富的土壤和贫瘠的土壤并存)高于热带地区的地区,植物专门适应于某种土壤类型的情况也很少(Fine 2004:2)。另一种表述这种情况的说法是,与温带地区的植物相比,热带地区的植物形成了对环境特征相对更细微的再现。它们在土壤类型之间产生了更多的区分,因为它们被困在一个相对更密集的、活生生的思想的网络之中。

土壤差异的这种依赖于食草动物的放大效应,不会随着植物停止,而是继续通过诸多自我的生态系统传播。例如,单宁便是一种化学防御,许多亚马逊贫瘠土壤的植物已经开始发展出对抗食草动物的能力。由于微生物无法轻易分解富含单宁的落叶,这种化合物会渗入河流,对鱼类和许多其他有机物具有毒性。因此,与排放大片白沙土壤的河流相关的生态系统已经无法维系尽可能多的动物的生命(Janzen 1974),从历史上看,这对生活在亚马逊地区的人们产生了重要影响(Moran 1993)。所有这些与生态系统相关的生命种类所采取的各种形式不能都还原为土壤的特征。我不是在为环境决定论做辩护。[14]然而,这种多物种的组合,捕捉并放大了土壤条件的差异,因为存在于这个诸多自我的生态系统之中各种自我之间的更多关系(与其他生态系统相关)恰恰具有创造土壤差异性的功能。

83

关系性

简而言之,自我是思想,而这些自我与彼此相关的模态,源于它们构成性的符号本性,以及由此产生的特殊关联逻辑。思考这些自我在这种诸多自我的生态系统之中相互关联的逻辑,带给我们的挑战就是我们需要重新思考关系性——可以说这是我们领域的基本关注点和分析核心(Strathern 1995)。

如果自我是思想,它们相互作用的逻辑是符号学的,那么关系就是表征。也就是说,构建自我之间关系的逻辑与构建符号之间关系的逻辑是相同的。这本身并不是一个新观念。无论我们是否明确认识到这一点,我们都已经倾向于在把社会和文化理论化时,以表征的方式来思考关系。但我们这样做,是基于我们关于人类符号表征如何工作的假设(参见第一章)。就像存在于构成一门语言的传统关系结构之中的单词一样,构成一种文化或一个社会的关系——无论它们是观念、角色或制度——并不先于这些关系相互之间的构成性关系,而基于这个事实,它们又必然会展现出一个特定的闭环系统。

即使是后人类的关系概念(例如布鲁诺·拉图尔的"行为者"[actant]、行动者-网络理论[actor-network theory]的网络,以及唐娜·哈拉维的"建构性相互-作用"[Haraway 2008:32,33]),也都取决于我们在人类语言中发现的源自特殊种类关系属性之关系性的假设。事实上,在某些版本的行动者-网络理论中,连接人类和非人类存在物的关系网络被明确描述为"类语言的"(language-like)(参见 Law and Mol 2008:58)。[15]

但是正如我一直在论证的那样,表征既与我们所预期的不同,也比我们所预期的要更宽泛,因为我们对表征的思考,已经在语言学上被殖民化了。将语言关系扩展到非人类,是在自恋地将人类投射到超越它的事物之上。伴随语言而来的是一系列关于系统性、语境和差异的假设,这些假设源于人类象征指涉的一些独特属性,并不必然相关于"活生生的思想如何能够更普遍地相关"。在此过程中,可能有助于更广泛地了解关系性的其他属性被掩盖了。简言之,我的主张是超越人类的人类学可以通过将关系性视为符号学,而不总是和必然与语言类似来重新思考关系性。

在这方面,让我们考虑一下木蜱与其寄生的哺乳动物之间的关系,这是 20 世纪早期动物行为学家雅各布·冯·尤克斯库尔(Jakob von Uexküll 1982)提出的经典关系。根据冯·尤克斯库尔的说法,蜱虫通过丁酸的气味、温度以及检测哺乳动物皮肤裸露区域的能力来感知被它们吸血的哺乳动物。据他说,蜱虫的经验世界,或他所说的"周遭世界"(*umwelt*),仅限于这三个参数(Uexküll 1982：57，72)。对于冯·尤克斯库尔和许多继续推进他的研究工作的人来说,蜱虫的经验世界是封闭的和"贫乏的",因为蜱虫不会区分许多不同的存在物(参见 Agamben 2004)。但我想强调的是这种简化的生产力,它是活生生的思想和作为活生生的思想产物的诸多自我之间涌现关系的核心。我还想强调一个事实,即它的关系逻辑是符号学的,而不是明显象征性的。

蜱虫并不区分各个种类的哺乳动物。例如,一只狗可能聪明地将捕食性的山狮与潜在的猎物(例如红斑鹿)区分开来,但对蜱虫而言是不存在任何区分的。蜱虫会混淆这两者,还会将这两者与狗混淆。

蜱虫也是寄生虫的载体,由于蜱虫无法区分哺乳动物,并且它们不加区分地吸食哺乳动物的血,这些寄生虫可以从一个物种转移到另一个物种身上。这种不加区分就是一种混淆,而且当然有其限度。如果蜱虫将事物与其他一切事物混淆,那这里就不存在思想,也没有生命;混淆只有在受到限制时,才具有生产性。

对于蜱虫来说,一种哺乳动物(借用皮尔士的术语)是另一种哺乳动物的相似符号。我想强调一下我在上一章中介绍过的这种关于相似符号的观点,因为它跟我们对这个术语的日常理解相悖。当我们研究相似符号(通过相似性来表示的符号)时,

85　　通常会想到可以"将它们视为与我们已知的某些其他不同事物的某些方面相似的东西"这种处理方式。正如我所提到的,我们不会将贴在洗手间门上的男人的简笔画形象,与可能从那扇门进入的男人相混淆。但是在此我却引入了一种更为根本的(也经常被误解的)相似式属性,它是所有指号过程的基础。对于蜱虫来说,哺乳动物是等价的,这仅仅是因为蜱虫并没有注意到它所寄生的存在者之间的差异。

这种相似式的混淆是生产性的。它创造了"种类"(kinds)。在此出现了一类普遍存在者,其成员因其受到蜱虫注意的方式而相互联系,蜱虫并不区分它们。这种普通的"类别"(class)的涌现,对涉及其中的存在者很重要。因为蜱虫混淆了这些温血动物,所以其他寄生虫也可以通过蜱虫在它们("哺乳动物")之间传播。事实上,这正是莱姆病(Lyme disease)从鹿传染给人类的方式。

活生生的存在者的世界既不只是一个连续统一体(continuum),也不是一个等待人类头脑——根据社会契约或内在倾向——归类的分散个体的集合。确实,范畴分类(categorization)可以由社会文化界定,并且它可以导致一种形式的概念暴力,因为它消除了那些范畴的独特性。而且人类语言的力量也确实在于它能够跳出本地语言,从而导致对细节更加不敏感的能力。在谈到一位日本昆虫收藏家时,休·拉弗勒斯(Hugh Raffles)写道:

　　　　收藏了这么多年,现在他有了"虫"(mushi)之眼,从昆虫的视角看待自然万物。每棵树都是其自身的世界,每片叶子都不同。昆虫教会他,普遍名词,例如昆虫、树木、树叶,尤其是自然,会毁掉我们对细节的敏感度。它们使我们在概念上和在身体上都变得暴力。"哦,一只昆虫,"我们这么说,是因为我们只看到了它的范畴,而不是存在本身。(Hugh Raffles 2010:345)

然而在许多情况下,用"虫之眼"来看待世界,实际上涉及到了混淆我们可能会视为不同存在物的东西,而这种混淆不是人类独有的,也不仅仅是破坏性的。

本章题词中提到博尔赫斯笔下的人物伊雷内奥·富内斯(Ireneo Funes),他被一匹野马抛下,头部受伤,导致他再也无法忘记任何事情。他成了"博闻强记者"(*memorioso*)。但诸多活生生的自我,恰恰并不像富内斯,因为富内斯无法忘记"每一座山林中每一株树的每一片叶子"①的鲜明特征。正如博尔赫斯指出的,这不是思维。思想的生命依赖于混淆——一种对注意差异的"忘记"。诸如种类和类别这样的普遍之物(generals),都通过一种基于混淆的关系形式在世界之中涌出,并蓬勃发展。真实不只是独一无二、不同于其他一切的个体。普遍之物同样也是真实的,并且有些普遍之物的涌出,是超越人类之上的活生生的思想之间关系的产物。

86

---

① 中译采用:《博闻强记的富内斯》,博尔赫斯,《小径分岔的花园——博尔赫斯小说集》,豪尔赫·路易斯·博尔赫斯著,王永年译,浙江文艺出版社,1999年,第56页。——译者

无需认知的认知

亚美利加、迪莉娅和路易莎怎么可能猜测到她们的狗在想什么？更普遍地说，我们怎么可能希冀于了解与我们相关的其他活生生的自我？即使我们承认诸多非人类的生命形式都是自我，借用德里达（Derrida 2008：30）的话来说，这种将我们的生命与它们的生命分开，以致它们的生命形式可能更好地被认为是一种"拒绝被概念化的存在"的"深渊断裂"（abyssal rupture），难道不存在吗（9）？这些"绝对他者[们]"（absolute other[s]）（11）难道不正像是维特根斯坦的狮子吗？即使它们会说话，谁又会理解它们呢？托马斯·内格尔（Thomas Nagel 1974）向其他哲学家提出成为一只蝙蝠是什么感觉？（*What is it like to be a bat?*）的问题，托马斯·内格尔自己的回答是关键的；尽管肯定有些东西会像蝙蝠一样——实际上，蝙蝠具有某种自我——但我们永远无法知道。我们只是跟它们太不同了。

诚然，亚美利加、路易莎和迪莉娅永远不会确切知道她们的狗在袭击那只猫科动物之前吠叫时在想什么，但她们可以做出一些很好的猜测。那么，这种关联理论可能会是怎样的呢？它的开端并不是去寻找关于其他存在者的可靠知识，而是这些妇女被迫基于她们的狗的猜测而进行的临时猜测？这种理论不会以唐娜·哈拉维（Haraway 2003：49）所说的"不可还原的差异"（irreducible difference）开始，也不会拒绝将其概念化，或将其逻辑对立面（即绝对理解）作为可寓居的终点。

绝对他者、不可还原的差异、不可通约性（incommensurablity)——这些都被认为是我们的关联理论必须努力克服的障碍。这里存在的根本无法构想的差异——这些差异如此难以想象，以至于皮尔士（Peirce 1992d：24）批判性地称之为"不可认知者"（incognizable）——意味着反向的逻辑：可知性（knowability）建立在内在的自我相似性（intrinsic self-similarity）的基础上。这意味着在其所有奇点（singularity）上，都存在一种"存在自身"这样的东西，如果我们可以采用"虫之眼"来看，我们就会理解这一点。存在者如何相互关联和相互认识，正是通过这些极点（poles）来定义的。

然而，当我们思考"活的思想"时，相似性和差异性就成了解释性的立场（具有潜在的未来影响）。它们不是直接显现的内在特征。"所有的思想和知识，"皮尔士写道，"都是通过符号实现的。"（Peirce CP 8.332）也就是说，所有思考和认知在某种意义上都具有中介。

这对于理解"关联"（relating）具有重要的意义。活的思想构成了思考着、认知着的活的自我，这些活的思想之间的关联，与不同种类的自我通过其可能相关并从而形成关联的那些思想，并没有内在的区别。此外，因为自我是活生生的思想的所在地——动态过程之中涌出的短暂路径点——不存在统一的自我（unitary self）。没有任何一件事可以让一个人"存在"："[一]个人并不是绝对的个体。他的思想就是他在'对自己说'的东西，也就是对处在时间流之中刚刚进入生命的另一个自我述说的东西"（Peirce CP 5.421）。因为所有经验和所有思想，对于所有自我来说，都是以符号学为中介的，内省（introspection）、人与人之间的交互主体性（intersubjectivity），甚至跨越物种的同情和交流,在范畴上都没有绝对不同。它们都是符号过程。对于皮尔士来说,笛卡尔的我思(*cogito*)不是人类独有的,也不只存在于心灵之中,它也不喜欢排他性地或非中介地认识其最亲密的对象:我们通常认为这个自我就是那个正在让我们思维的东西。

　　皮尔士通过让我们想象"红色"在别人眼中会是什么样子来说明这一点。他认为这远非一种私人现象,我们可以非常自信地说,我们对此有所了解。我们甚至可以对"一个从未见过红色但从其他人那里得知它类似于喇叭声的盲人认为红色是什么样子"有所了解:"我可以看到某种类比,这个事实向我表明,我对红色的感觉,不仅跟与他谈话的人的感觉类似,而且他对喇叭声的感觉也跟我的感觉很像"(Peirce CP 1. 314)。[16]皮尔士总结说,自我认识最终就像这些过程:"我的形而上学朋友问我,我们是否可以进入彼此的感觉之中……还不如问我,我是否确定红色在我昨天看来和在我今天看来是一样的"(Peirce CP 1. 314)。内省和交互主体性是以符号学为中介的。我们只能通过符号的中介来了解自己和他人。解释的自我(interpreting self)是否位于另一种身体之中,或者它是否是"在时间流之中刚刚进入生命"的"那另一个自我"——我们自身的心理学自我,这两者之间没有区别,因为一个符号在那个符号学过程中被解释为一个新的符号,由此之中涌出了思想、心灵和我们作为自我的存在(our very being qua self)。

　　这种中介不是使关于诸多自我的知识成为不可能的基础,毋宁说是使其可能的基础。因为没有绝对的"不可认知者"(in-cognizable),也就没有绝对的不可通约性。我们可以知道一个盲人对红色的体验可能会是什么样子,成为一只蝙蝠会是什么

图 5. 对小鹦鹉而言老鹰看起来的样子。作者供图。

样子,或者这些狗在被攻击之前可能在想什么,无论这些理解是多么间接、暂时、不可靠和脆弱。诸多自我联结的方式与思想相互联结的方式相同:我们都是活生生的、不断成长的思想。

　　一个简单的例子可以说明这一点。鲁纳人制造稻草人,或者更准确地说是"吓唬小鹦鹉"(scare-parakeets),目的是把玉米地里的白眼小鹦鹉吓跑。他们通过将两片长度相等的扁平轻木交叉捆绑在一起做成这个东西。他们分别使用胭脂树(*achiote*)[17]和木炭在这些木板上涂红色和黑色的条纹。他们还雕刻木板顶部以形成一个头部,并在上面画出大眼睛,他们有时会在代表尾巴和翅膀的木片末端插入一只真正猛禽的、独特的、带条纹的尾羽(参见图 5)

　　鲁纳人装饰这个稻草人的精致样式,并不是试图从人类的角度"现实性地"(realistically)再现一只猛禽。相反,它试图从小鹦鹉的角度想象猛禽的样子。稻草人是一个相似符号。它代表猛禽,因为它与猛禽都具有对某个个体而言的相似之处——这里的"某个个体"是指小鹦鹉。凭借条纹、大眼睛和真实的尾羽,稻草人捕捉到了对小鹦鹉而言老鹰看起来是什么样子。这就是为什么小鹦鹉(而不是人类)会将这些稻草人与猛禽混淆。这些稻草人成功地将小鹦鹉赶走了,并且阿维拉地区的人们年复一年地制作稻草人也足以证明这一点。我们可以知道一点成为小鹦鹉的感觉,而我们正是通过猜测小鹦鹉的思维方式可能对它们产生的影响来了解这一点的。

充满魔力

在我们的当代分析框架内,很难将生物世界理解为是由活生生的思想组成的。根据马克斯·韦伯(Max Weber,1948a,1948b)对现代世界之祛魅(disenchantment of the modern world)的诊断,这在一定程度上是受到了科学理性主义之传播的影响。随着我们越来越多地以机械论术语看待世界,我们忽略了目的(telos)、意蕴以及手段-目的(means-ends)的关系——简言之,我称之为"意-义"(mean-ings),以突出手段(means)和意义(meanings)之间的密切关系——这些曾经为世界认可的东西。世界变得祛魅,因为世界上再也找不到目的。世界字面上变得毫无意义。随着这种科学愿景扩展并涵盖更多领域,目的(ends)开始与人域和灵域相脱离,变得越来越小,越来越脱离世俗世界。

如果现代知识形式和操纵非人类世界的方式以机械化的世界理解为特征,那么祛魅就是其明显的结果。作为物质对象的机器是实现目的的手段,根据定义和设计,这些目的是外在于它们的。当我们思考一台机器——比如说一台洗碗机时,我们将目的(即它是由某人为某种目的而建造的)排除于其存在的内在本质之外。将这种逻辑应用于非人类的生活世界,将自然视为一台机器,需要类似的一种"放在括号之中"(bracketing)的行为,随后将目的归之于人类、神灵或自然。二元论就是这种"放在括号之中"的结果之一。另一个是我们开始失去关于目的的视野。当我们开始怀疑也许根本就没有目的、因此在任何地方

90

都没有意义时，祛魅将会蔓延到人域和灵域。

但目的并不存在于世界之外的某个地方，而是在其中不断地蓬勃发展。它们是内在于生命领域之中的。活生生的思想"猜测"未来并因此创造出随后会塑造他们自己的未来。构建生活世界的逻辑也不是机器的逻辑。与机器不同，活生生的思想涌出的是整体，而不是由被排除在图像之外的某个人从部分之中构建出来的。如果我们关注鲁纳人与其他种类存在者的接触，正如我在此通过超越人类学之上的人类学所做的那样，那么我们就可以将诸多自我（人类和非人类）视为在符号生命之中的路标——祛魅的场所——而这可以帮助我们想象在我们生活的这个世界上超越我们人类的另一种"蓬勃发展"（flourishing）。

我在这里就生命"自身"的某些属性提出主张。尽管我认识到像生命本身这样的事物是如何在历史上受到限制的——某些概念只能在特定的历史、社会或文化背景下才能被思考（Foucault 1970）——但我想重申我在第一章中充分讨论过的东西。决定我们如此多的思想和行动的语言以及相关的话语制度，并不是封闭的。尽管我们当然必须谨慎对待语言（及其延伸出来的某些在社会中稳定的思想和行动模式）使思想范畴自然化的方式，但我们可以大胆谈论诸如生命"自身"之类的东西，同时并不受到实现这一过程的语言的限制。

因此，非人类自我具有与构成其符号学性质相关的本体论的独特属性。某种程度上，这些对我们来说是可知的。这些属性区分了自我与对象或人工制品。然而属性地（generically）对待非人类（不加区分地把事物和存在者混为一谈）则忽略了这一点。在我看来，这才是科学和技术研究（STS）作为扩大社会科学以考虑非人类的主要方法的最大缺点。

科学和技术研究（STS）通过一种使"行动性"和"再现/表征"等概念未经检验的还原主义形式，将非人类和人类带入了同一个分析框架之中。因此，这些独特的人类实例，成为所有行动性和再现/表征的替身。结果导致了一种二元论形式，这种二元论形式使人类和非人类都获得了与事物相似的属性和与人类相似的属性的混合（参见第一章）。

例如，这种方法的主要支持者拉图尔（Latour 1993，2004）将行动性归因于可以被再现的事物或能够抵抗我们的再现尝试的事物（也参见 Pickering 1999：380-81）。借用皮尔士的术语来说，这些特征只捕捉到了所谓的第二性，即所讨论实体（substance）的现实性或粗略的事实性（参见第一章）——因为任何事物都可能潜在地抵抗再现或被再现——而这只是恢复了科学和技术研究（STS）试图克服的质料/意义的区分。我们仍然首鼠两端，一边是质料（现在作为受动者［agentified］），另一边则是那些再现或错误再现事物的人们（现在他们对他们的全知［omniscience］的感知更为迟钝，确定性也更少），情况往往如此。

但抵抗不是行动性。将抵抗和行动性混为一谈，使我们对实际上确实超乎人类之上存在的那种行动性视而不见。因为目的、再现、意向性和自我仍然需要被解释，并且因为这些超越人类之上涌现和运作的过程，其方式并没有被理论化，因此拉图尔的科学研究被迫回归到仍然运作在超越人类之上的世界的、与人类相似的再现形式和意向性上。然后它们被应用到（如果只是比喻地应用的话）存在物上，否则这些存在物就只能在其第二性中得到理解。

例如，实体（substances）会经历"受动"（sufferings）的考验（Latour 1987：88），有时它们会成功地作为"主人公"（heros）涌现出来（Latour 1987：89）。发动机的活塞比人类操作员更可靠，"因为，通过凸轮，兴趣直接指向（directly interested）（可以这么说）蒸汽出现的恰切时间。当然，它比任何人类存在者都更加具有直接兴趣指向"（Latour 1987：130；楷体字为拉图尔所作强调）。科学家们使用"一套策略吸引人类行动者并引起他们的兴趣，第二套策略吸引非人类行动者并引起他们的兴趣，以便保持人类行动者的兴趣"（Latour 1987：132）。

这种非人类行动性的方法忽略了一个事实，即一些非人类（即那些活着的非人类）也是自我。作为自我，他们不仅被再现，而且他们也再现着。他们可以这样而不必"说话"。他们也不需要"代言者"（Latour 2004：62-70），因为正如我在第一章中讨论的，表征超越了象征符号，因此它超越于人类语言之上。

尽管我们人类确实以多种文化、历史和语言上不同的方式表征非人类生物，这肯定对我们和由此被表征的那些存在者产生影响，但我们也生活在这些自我如何表征我们的世界之中，这一点可以变得至关重要。因此相应地，我的研究关注的是阐发相互作用，不是从属性上处理非人类——也就是把对象、人工制品和生命视为同等的存在物——而是根据那些使它们成为自我的独特特征，来探索非人类的活生生的存在者。

自我（而不是事物）有资格成为行动者。抵抗与行动性不同。与简·伯奈特（Bennett 2010）的观点相反，质料不会赋予生命。自我是一种特定的关系性动态机制的产物，这种动态机制涉及不在场、未来和成长,以及能够混淆的能力(the ability for confusion)。这会随活的思想涌现,并且它对活的思想而言是独特的。

万物有灵论

我想回到本书开篇的那则轶事。回想一下,当我在森林里打猎,人们告诉我一定要仰面朝上睡觉。这样一来,如果美洲豹经过,他会认为我是一个能够回头看的人,会放过我。如果我要是俯面朝下睡觉,人们警告我说,路过的潜在美洲豹很可能会将我视为猎物并攻击我。我的观点是,这则轶事迫使我们认识到美洲豹是如何看待我们的,这对我们很重要,并且如果是这样,那么人类学就不能局限于只追问人类是如何看待世界的。我注意到,通过回应猫科动物凝视我们的目光,我们才让美洲豹具有将我们视为自我的可能性。相反如果我们将目光移开,他们会将我们视为(并且我们实际上可能会成为)对象——字面意思就是"死肉",*aicha*。

语言学家埃米尔·本维尼斯特(Émile Benveniste 1984)观察到,代词我(I)和你(you)通过相互称呼将对话者交互定位为主体,因此他认为这两个词才是真正的"人"称代词。相反,第三人称更准确地说是"非-人称"的(Benveniste 1984:221)。它指的是话语相互作用之外的某种东西。如果我们将这种论证延伸到跨物种之间的相遇,那么美洲豹和人类在这种相互回首凝视对方的行为中,在某种意义上彼此都将把对方看成人。在这个过程中,鲁纳人在某种意义上也变成了美洲豹。

93

事实上，正如我在本书导言中提到的那样，阿维拉的鲁纳人在整个低地鲁纳社区都享有盛誉，也受人畏惧，因为他们能够成为可以变形的美洲豹人。一个被美洲豹当作猎物对待的人，很可能会变成一坨死肉。相反，被美洲豹视为捕食者的人，会成为另一种捕食者。捕食者和猎物——美洲豹（puma）和死肉——是美洲豹认识的两种存在者。与蜱虫一样，美洲豹如何表征其他存在者的方式，使得诸多存在者变成了不同的种类（kinds）。因此，一个人是什么样的存在者就变得相当重要。

在基丘亚语中，*puma* 的意思就是"捕食者"。例如在阿维拉，食蟹浣熊（crab-eating raccoon）（其饮食包括甲壳类动物和软体动物等）的名字是 *churu puma*[18]，蜗牛捕食者。因为美洲豹体现了捕食的精髓，所以它被简称为 puma。遇到这种捕食者后幸存下来的鲁纳人，被定义为"鲁纳美洲豹人"（runa puma）或"美洲豹人"（were-jaguars）（*runa*[鲁纳]一词不仅是一个民族名称；它还意味着"人"[参见第六章]）。一个人没有被美洲豹视为猎物，于是乎才幸存下来。但在这个过程中，一个人也变成了另一种类的存在者，一头美洲豹。而这种新发现的状态会转化为其他语境，创造新的可能性。

Puma（美洲豹）是一个关系性的范畴——在这方面，它与代词我（I）和你（you）不同（参见第六章）。我们可以通过回应美洲豹凝视的目光而成为美洲豹，这等于是说，我们都是某个种类的诸我（Is）——我们都是某个种类的"人"。与其他亚马逊人一样，鲁纳人将美洲豹和许多其他非人类存在者视为具有灵魂的、符号性的、意向性的自我。他们是（借用一个最近复兴的术语来说）万物有灵论者（animists）；对他们来说，非人类是有灵的。他

们是人。

德斯科拉（Descola 2005）和维维罗斯·德·卡斯特罗（Viveiros de Castro 1998）等学者目前正在将万物有灵论变成理论，万物有灵论与其早期的社会进化论甚或种族主义变体完全不同，它为批评西方机械论地再现"自然"提供了重要辅佐。然而身处"西方"的我们对再现自然这些批评方式，只是追问了其他人类是如何将非人类视为有灵的。在这方面，这些研究进路与诸如列维-布留尔（Lévy-Bruhls）的《土著如何思考》（*How Natives Think*）（1926年）等处理万物有灵论的经典研究方法别无二致。美洲豹的例子为这种研究计划带来了麻烦；如果美洲豹也表征我们，那么我们就不能只追问为什么我们人类之中的一些碰巧通过这种方式表征美洲豹。

在我看来，万物有灵论拥有某种关于世界属性的更深刻的认识，这就是为什么用它来思考，是超越人类之上的人类学的核心。它捕捉了生命之中涌出的灵性（animation），因此我的这部著作标题是"森林如何思考"。鲁纳人的万物有灵论源于与符号学自我作为诸多自我（semiotic selves qua selves）在其所有多样性中互动的需要。它奠基于一个本体论事实：超越人类之上，还存在诸多其他种类的思维自我（thinking selves）。

我当然承认那些我们称之为万物有灵论者的人们很可能将灵力（animacy）归于所有种类的存在物（例如石头），但根据本书列出的框架，我不会认为它们是活生生的自我。如果我要从一种特定的万物有灵论世界观中建立一个论点，如果我要通过比如说鲁纳人想的、说的或做的是什么来传递我的所有论点，那么这种不一致可能是个问题。但我要做的并不是这些。我试图向

94

超越人类之上的事物敞开人类学,这种尝试部分涉及探寻关于世界的普遍主张的方法。这些主张并不必然符合某些特定的人类(比如万物有灵论者、生物学家或人类学家)的观点。

《森林如何思考》,而不是《土著如何思考森林》(*How Natives Think, about Forests*)(cf. Sahlins 1995):如果我们将我们的思考局限在思考其他人如何思考,那么我们最终将会始终通过认识论来限制本体论(第一章提出了解决这个问题的方法)。我在这里提出了一个关于自我的普遍性的主张。这种普遍性的主张——它不完全是一种民族志的主张,因为它不受民族志语境的限制,尽管它部分地以民族志的方式提出、探索和捍卫——就是,活生生的存在者就是自我的场所(loci)。我凭经验提出这个主张。它生发自我对于鲁纳人与非人类存在者之间关系的研究,而这些关系以民族志的方式显露出来。这些关系放大了世界的某些属性,这种放大会感染和影响我们关于世界的思考。

有人可能会说,动物人(the animal person)就是万物有灵论者的宇宙模型,而对我们来说,它是机器。从本体论上讲,每个人都有其自己的真理:动物是人,世界上的有些事物确实类似于可以分割的机器(这就是还原论科学如此成功的原因)。但我这本书的目标并不是想说哪一种观念是对的,也不是想指出每一种观念的失败之处,而是想看看奠基在某些预设之上的某些种类的参与(engagement)(这些预设本身是从这些参与之中产生的)是如何放大世界的意想不到且真实的属性的,当我们认识到这一点,我们就可以运用它,超越人类之上地思考。

鲁纳人的万物有灵论是实用主义导向的。作为与森林存在者亲密接触（在很大程度上）是为了吃掉它们的人，鲁纳人面临的挑战就是要找到进入这个庞大的诸多自我的生态系统的方法，以运用其中的丰饶性。这就需要我们适应我们与其他自我共有的意想不到的亲和力，同时认识到区分寓居森林的诸多种类的自我之间的差异。

视角主义 (perspectivism)

就像许多亚马逊人一样，阿维拉的人们通过理解他者的方式实现这一点，维维罗斯·德·卡斯特罗（Viveiros de Castro 1998）将其描述为"视角性的"（perspectival）。这种立场假设了诸多自我之间的基本相似性——所有种类的自我都是诸我（Is）。但它也提供了一种解释不同种类存在者的独特品质的方法。这就涉及两个相互关联的假设。首先，所有有感觉的存在者（sentient beings）（无论是灵、动物还是人类）都将自己视为人。也就是说，他们主观的世界观与鲁纳人看待自己的方式相同。第二，虽然所有存在者都将自己视为人，但其他存在者如何看待他们的方式，取决于观察和被观察的存在者的种类。例如，阿维拉人说，我们所认为的腐肉的恶臭，对秃鹫来说的感觉就像是从热气腾腾的锅中散发出的木薯块茎的甜美蒸汽。秃鹰由于其物种的特定习性和性情，居住在与鲁纳人不同的世界之中。然而，因为他们主观性的观点是人的观点，所以他们看待这个不同的世界的方式，就像鲁纳人看待他们自身世界的方式一样（Viveiros de Castro 1998：478）。[19]

视角性地看待事物的倾向，渗透到了阿维拉的日常生活中。[20]例如,有一个神话解释亚马逊竹鼠(Amazon bamboo rat)[21]为何发出如此响亮的叫声,讲的是这种生物曾经问过一根倒下的原木,从它的位置上看,女性生殖器长什么样。由于这些原木就在女性穿过花园时首选的道路上,因此竹鼠认为原木对于知道这一点会更有优势。[22]原木指着竹鼠茂密的胡须回答说:"跟你的嘴一样。"听到这话,竹鼠回应道,"哦,别啊,"[23]然后爆发出了淫荡的笑声,这笑声与竹鼠独特的响亮、悠长而又似乎无法控制的断奏声以及竹鼠的拟声名字 *gunguta* 有关。[24]对阿维拉人来说,这段神话之中的幽默涉及的性暗示与视角主义逻辑一样多。

在阿维拉以及其他鲁纳人的社区,还有另一种常见的视角主义的玩笑形式,它发生在两个人同名时。因为我的名字和阿维拉的一个男人同名,所以流传的笑话就是,他的妻子嫁给了我。他的姐姐开玩笑地称我为 *turi*(姐姐的兄弟),我称她为 *pani*(兄弟的姐姐)。同样,一个和我妹妹同名的女人叫我哥哥,一个和我妈妈同名的女人叫我儿子。在所有这些情况下,共有的名字使我们能够拥有一个共有的视角。尽管我们的世界如此不同,但它使我们能够建立一种深情的关系。

视角主义当然是一种历史偶然的审美取向——根据维维罗斯·德·卡斯特罗的观点,我们可能能在这个意义上将其描述为"文化"——但它也是一种生态系统偶然的放大效应,为了以某种方式理解符号学自我,同时也承认他们与我们的连续性和差异。这是对处于诸多自我的生态系统之中的生存挑战的回应,这种诸多自我的生态系统的关系网络的延展,远远超出人类之上,它从与森林存在者的日常相互作用之中涌出。

阿维拉的人们试图了解寓居森林的各种自我是如何"看"的,并想象不同视角之间如何相互作用,以此来理解寓居森林中的这些不同自我。一个男人很高兴地向我解释了巨型食蚁兽是如何利用蚂蚁的视角来愚弄蚂蚁的;当巨型食蚁兽将舌头伸入蚁巢时,蚂蚁将其视为树枝,毫无防备地爬上去。在与动物的相互作用之中,鲁纳人在许多方面都试图模仿巨型食蚁兽。他们试图捕捉另一种有机体的视角,并将之作为更大整体的一部分。这就是制作稻草人所涉及的内容。这种做法也被用于某些捕鱼技术。文图拉的父亲过去常常将 *shangu*(生姜的远亲)[26] 的果实粉碎,来把他的手涂成深紫色,这样长丝鳍甲鲇鱼(armored catfish)[27] 就不会注意到他的企图——把手藏在河中岩石和巨石下面来捕捉它们。

要想了解食蚁兽如何吃蚂蚁,或如何制造会吓跑小鹦鹉的稻草人,或如何在不被鲇鱼识别的情况下捕捞鲇鱼等诸如此类的生态学挑战,就需要关注其他有机体的视角。这种关注来源于蚂蚁、小鹦鹉、长丝鳍甲鲇鱼,以及"事实上构成雨林的所有其他生命形式都是自我"这个事实。他们是谁,以及他们是什么,彻彻底底都是他们所再现/表征和解释周遭世界的方式以及该世界中他者再现/表征他们的方式的产物。简而言之,他们是具有某个视角的自我。这就是使它们有灵的原因,这种灵性使世界充满魔力。

97

思维之感

阿维拉的人们乐于找到一个包含多种视角的观点。一则阿

维拉神话巧妙地捕捉到了视角主义美学的这一方面。神话开始
于一名主人公在他房子的屋顶上修补屋顶。当一只食人美洲豹
靠近他时，主人公向美洲豹喊道："女婿，用根棍子戳进茅草，帮
我找出茅草里的洞。"从屋内某人的优势视角，很容易发现茅草
中的泄漏，因为阳光会穿透它们。然而，由于屋顶如此之高，从
屋里的位置修补这些洞是不可能的。另一方面，屋顶上的人可
以很容易地修补这些洞，但却看不到它们。因此，当一个人在修
补屋顶时，他会要求屋子里面的人用一根棍子从洞里戳进去。
这种方法的效果就是以特殊的方式对齐了内部视角和外部视
角；只能从内部看到的东西突然变得对外部的人可见，通过将这
两种视角视为更大事物的一部分，人们便可以开始做些事情了。
因为主人公称呼美洲豹为女婿，并把美洲豹"看"成女婿，因此受
到赞誉的美洲豹就会感到有义务履行这个角色的职责。美洲豹
一进去，主人公就会关上门，房子的结构就突然变成了一个困住
这只美洲豹的石头笼子。

　　视角主义立场当然是一种实用工具，就像那根用来连接内
外视野的棍子一样，但它也提供了某种别的东西。它允许一个
人在那个空间徘徊，就像一个萨满一样，一个人可以同时意识到
这两种视角以及它们是如何被某种更大的东西联系起来的，就
像那个突然关闭的陷阱一样，突然将它们包围起来。阿维拉人
对这种意识之时刻的关注，是亚马逊多元自然视角主义（multi-
natural perspectivalism）的标志。当这种多元自然视角主义被
视为对其萨满教成分更普遍的分析剃刀（a more generic analyt-
ic shorn）时，这种关注就消失了（参见，例如，Latour 2004）。

　　我认为在这个视角主义的神话情节中，主人公通过一个包

围他们的优势,统一了这些不同的视角,捕捉、品味和提供了某
些关于生命"本身"的东西。它捕捉到了一些关于森林思维逻辑
的东西。在涌现而出的时刻,它捕捉到了这种活生生的逻辑的
生命感。简而言之,它捕捉到了思考的感觉是什么样子的。

关于这类通过某种包围它们的、更大的东西来看待内部视
角和外部视角的经验,我们考虑一下皮尔士对学习同时向相反
方向移动双手(以使它们在空中沿着平行的圆形路径移动)的经
验的讨论:"要想学会这样做,首先必须注意运动不同部分的不
同动作,当关于这个动作的一个普遍概念突然出现时,学习这个
动作就会变得非常容易"(Peirce 1992c:328)。

就像皮尔士举的那个例子一样,当一个自我"突然"开始
"看"到不同的视角,这有助于生成将它们结合在一起的更普遍
的整体视角,诱捕美洲豹的神话捕捉到了这种感觉是什么样子
的。因此,它让人想起了格雷戈里·贝特森(Bateson 2002)所称
的"双重描述"(double description),他认为这是生命和思想的核
心。在思考"双重描述"时,我借鉴(但简化)了惠、卡诗曼和迪肯
(Hui,Cashman and Deacon 2008)对这个概念的分析。格雷戈
里·贝特森通过双目视觉,阐明了他所说的"双重描述"的含义。
通过识别相似之处并系统地比较每只眼睛所见事物之间的差
异,执行"双重描述"的大脑开始将这每一种输入解释为更高逻
辑层面上包含更多事物的一部分。某种新奇之物涌现而出:对
深度的感知(Bateson 2002:64—65)。

贝特森追问:"螃蟹与龙虾、兰花与报春花以及所有这四者
与我的关系是什么?我与你的关系呢?我们六者,与一个方向
上的那只变形虫,以及后面另一方向上的精神分裂症患者

(schizophrenic)之间的关系呢?"(Bateson 2002:7)他的回答是:双重描述在使这些存在物成为其自身所是,以及其自身如何连接的形式生成动力机制上起作用。在一种"原始蟹"(proto-crab)身上产生了一系列大致相似的腿,随着进化时间的推移,这些腿之间的适应性差异(一些腿发展成了蟹钳等等)使得整个有机体能够更好地"适应"环境或再现其环境。正如当大脑比较眼睛视角的差异复制时涌出了深度一样,螃蟹作为一种有机体,其适应特定生态位的整体形态(例如,使其能够在海底侧身行走)随着进化时间的推移而涌出,这是对其逐渐分化的腿部复制的具身化阐释。两者都涉及双重描述。

龙虾也以一种形式涌现,这种形式是一种双重描述的具身化产物,涉及附属物的差异复制。通过不同的遗传机制,兰花和月见草花的独特整体形状(每一种都适应于其各自的传粉者)在每种情况下也同样来源于涉及花瓣差异复制的双重描述。当我们像格雷戈里·贝特森所做的那样去比较螃蟹和龙虾,以及比较它们与那对植物时,我们也会进行双重描述;我们认识到它们的相似之处,并且系统地比较它们之间的差异,以此来揭示在使每种有机体成为其所是的过程中起作用的双重描述。然后,当我们比较我们使用双重描述来实现这一点的方式和双重描述在这些生物形式涌现时的运作方式时,我们会看到我们的思维形式属于这个生物世界并且与这个生物世界肖似;更重要的是,正是由于这种高阶的双重描述,才使得双重描述本身成为一个概念对象涌现出来。

从世界上涌出的双重描述之中发展双重描述,使双重描述作为一种心灵的生成模式变得明显,从而为我们提供了以在世界上行之有效的双重描述来思考会是什么感觉的附加体验。或者,借用本书的术语来说:跟随森林一道思考,使得我们能够看到我们是如何像森林一样思考的,这些方式揭示了活生生的思想本身的一些森林属性,以及我们如何经验这些属性。

　　一种萨满式的视角主义审美,培育并反思了这一过程。在诱捕美洲豹的神话中,"突然……涌现了"一种更高阶的优势,这种更高阶的优势将内部视角和外部视角通过某种更为庞大的事物的要素连接了起来。这使听众能够经验到新思想涌出时的感觉;它捕捉到了思维的感觉。在阿维拉,这种思维之感在萨满形象中被拟人化,这是亚马逊自我的精髓,因为所有的自我,作为自我,都被认为是萨满(参见 Viveiros de Castro 1998),并且所有自我都像森林一样思考。

活的思想

　　生命和思想不是不同的事物。思想如何通过与其他思想联结而成长,这在范畴上跟自我如何与他人相关联并无不同。自我是符号。生命就是思维。指号过程是活生生的。世界因此是有灵的。就像阿维拉的鲁纳人那样,他们进入了活生生的思想的复杂网络之中,并且试图利用这个活生生的思想的复杂网络之中的元素,他们被活的思想的逻辑所淹没,以至于他们关于生命的思想也开始实例化成了活的思想的某些独特性质。他们开始运用森林的思想来思考,而且有时他们在揭示思想本身的某些森林属性的方式之中,甚至经验到了自己正在与森林的思想一道思考。

100

认识活的思想以及它们所产生的诸多自我的生态系统,强调的是存在某种生命特有的东西:生命会思考;石头没有。在此,我们的目标并不是要给某种至关重要的生命力命名,也不是要创造一种新的二元论来取代那些将人类与其他生命和世界分离开来的旧的二元论。相反,我们的目标是要理解生命和思想的某些特殊属性,当我们将人类和非人类及其相互作用按照质料性或者按照我们的诸多(通常是隐匿的)基于象征符号的语言的关系性假设理论化时,就模糊了这些属性。

对于格雷戈里·贝特森来说,使生命独一无二的是,生命的特征在于"一个不同"可以有很多种方式"造成一个不同"(Bateson 2000a:459)。由于存在一层一层的活生生的再现/表征关系,土壤的差异可以对沉浸在复杂符号生态系统之中的植物造成不同影响。这些差异也可以对其他生命形式产生不同影响。指号过程显然涉及差异;通过捕捉世界上的差异,思想和生命得以成长。正确区分某些差异——狗需要能够区分山狮和鹿——是至关重要的。

但是对于活的思想来说,差异并不是一切。蜱虫不会注意到山狮和鹿之间的区别,这种混淆恰恰才是有用的。考察其他种类的自我寓居世界和使世界有灵的方式,鼓励我们重新思考我们建立在差异之上的关系性观念。诸多自我之间相互关联的方式类似,并不必然与我们称之为"语言"的系统之中词语彼此相互关联的方式。关联既不是基于内在差异,也不是基于内在相似性。我在本章探索了一个在先的过程,这个过程在我们通常认识到差异或相似性之前,它取决于一种混淆形式。了解混淆(或遗忘、或无区分[indifference])在活生生的思想之中所起的作用,可以帮助我们发展出一种超越人类之上的人类学,这种超越人类之上的人类学可以考察生命和思维之中核心的、并不由差异量(quanta of difference)构成的许多种动力机制。

第三章

盲的灵魂

> 从昏睡中苏醒，
>
> 从苏醒又进入昏睡；
>
> 生死交替轮回；
>
> 层层深入？①
>
> ——Ralph Waldo Emerson, *The Sphinx*

学校教师十岁的小叔子拉蒙（*Ramun*）将他瘦骨嶙峋的身体从希拉里奥的门框里伸出来，认真地喊道："普卡尼亚（*Pucaña*）！"到现在，我们很肯定已经出事了。普卡尼亚和库奇（*Cuqui*）仍然没有回家。我们还不知道她们已经被一只猫科动物杀死，但我们已经开始怀疑这种可能性。慧秋刚才还掉队了，后脑勺有个大洞。希拉里奥耐心地用我急救箱里的一些外用酒精清洗她的伤口。拉蒙仍然盼望普卡尼亚会出现。于是他再一次叫出了她的名字。当她没有出现时，拉蒙转向我们说："它-叫什么-名字（what's-its-name）。我在叫的那个它变成了屎。"亚美利加回答说："她一定变成了屎。这是美洲豹干的。他们只是把她们拉成了屎。"[1]

沿着我们的脚步回到那些妇女们收获鱼毒和听到狗最后吠

---

① 中译采用豆瓣网，Z 译，《希神斯芬克斯》，《爱默生诗歌精选》，拉尔夫·华尔多·爱默生，来源网址（2022 年 2 月 4 日）：https://www.douban.com/note/708880479/?_i=3985080GyKnoXx。——译者

声的错落有致的森林和休耕地，我们终于找到了她们的尸体。这些狗确实被一只猫科动物杀死了（如果不是完全吃掉的话），这家人后来断定这是一只美洲豹干的，而不是女人们最初想象的被那些狗误认为是鹿的山狮。慧秋熬不过一夜。

像普卡尼亚或像我们一样的自我，都是转瞬即逝的生物。他们可以寓居在模棱两可（ambiguous）的空间中——不再是完全相互作用的、可以获得命名的主体，而且，像普卡尼亚一样，他们也可能对他们的名字做出反应，或者还没有转变成无生命的物体（比如死肉 *aicha* 或美洲豹的粪便）。就此而言，他们也不能完全寓居于那个最后的寂静空间之中；*chun* 是路易莎用来形容那个最后的寂静空间的词语。更确切地说，诸多自我可能会被困在某个界于生与死之间的地方，在"它-叫什么-名字"（基丘亚语是 *mashti*）[2]的某个两可的空间之中，某个几乎无名的两可的空间——既不完全在这里和我们一起，也不完全在某个其他地方。

本章的主题有关空间和变换的种类、触发 *mashti* 这个词语的契机及其困难，还有 *mashti* 这个词语所捕捉到的悖论。本章关于自我能够解体的不同方式，以及这种自我的解体对生活在诸多自我的生态系统之中的存在者所带来的挑战。这种解体有许多形式。当然，还有有机体死亡的灾难。但也还有许多种非具身化的方式，以及许多自我可以从一个整体还原为另一个自我的对象般的部分的方式。最后，当自我失去了感知和互动于其他自我作为自我的能力时，自我也可能会以许多种方式崩溃。

这一章同样也关于自我、对象及其共同的结构，尤其关于自我如何创造对象，以及自我如何成为对象。本章还关于生命这个事实带给我们的困难，以及超越人类之上的人类学可以从这些困难之中学到什么，这是因为这些困难在阿维拉地区这种特殊的诸多自我的生态系统之中以诸多特殊的方式得到了放大。

尽管正如杰斯珀·霍夫梅耶（Jesper Hoffmeyer 1996：viii）所说的那样，地球上生命的开端的确再现了"某物"变成"某人"的那一刻，尽管在"某人"出现之前，某物并不确然存在。与其说在诸存在者感知诸事物之前，诸事物并不存在，不如说在地球上出现活的思想之前，没有任何事物作为对象或者作为另一自我与自我之间建立了关联。对象，就像自我一样，也是指号过程的结果。它们是从超越人类之上的符号学动态机制之中涌出的。

因此，这一章关乎生命造成的自我的各种解体。它关于斯坦利·卡维尔（Stanley Cavell 2005：128）所说的"日常生活"中的"小小死亡"（little deaths）——正是许多死亡将我们从关系之中挣脱出来。死亡是生命如此核心的部分，这正体现了科拉·戴蒙德（Cora Diamond 2008）所说的一种"现实性困境"（difficulty of reality）。这是一种根本矛盾，有时它会以其完全的不可理解性压垮我们人类。另一重困境加剧了这种矛盾：这种矛盾有时甚至对某些人来说是完全不起眼的。这种缺乏认识造成的分离感，也是现实性困境的一部分。在这个巨大的诸多自我的生态系统中，一个人必须作为一个自我与许多其他种类的自我建立联系，然后试图杀死他们，狩猎活动恰恰将这样的困境摆上了台面；整个宇宙都回荡着这种内在于生命的矛盾（图6）。

105

图 6. 从狩猎场带死去的动物回家，孩子们好奇地抚弄着它们，成年人刻意地无视它们。作者供图。

超越肌肤之界的生命

　　构成一个自我的质料和意义的特定配置，具有一种短暂的存在。普卡尼亚和其他狗在被美洲豹杀死的那一刻就不再是真正意义上的自我了。活生生的自我就位于这些脆弱的身体周围。然而，说一个自我是有位置的（localized），并不意味着它必然或完全存在于一个身体之内，"关在一个有血有肉的盒子里"，正如皮尔士评论的那样（Peirce CP 7.59；另见 CP 4.551），或借用格雷戈里·贝特森的表述（Bateson 2000a：467），"以皮肤为界"。生命同样延伸到了某个特定自我的具身化位置的界限之上。它可能存在于某种符号学谱系中，这要归功于其他自我是如何以对这些紧随其后的其他自我而言重要的方式来再现自我的。

那么，超越个体死亡之上的，还存在着一个"生命的种类"。事实上，生命的普遍性，及其传播到未来的潜力，都取决于这种个体死亡所敞开的空间（参见 Silverman 2009：4）。我住在阿维拉时，文图拉的母亲罗莎（Rosa）去世了。但她并没有完全停止存在。据她儿子说，她进入到了灵师（the spirit masters）——拥有和保护森林动物的存在者（参见第四至六章）——世界的"里面"（*ucuman*），她嫁给了一位灵师。她留给"上面"世界（*jahua-pi*），也就是我们日常经验的世界的，只剩下她的"皮肤"。根据文图拉的说法，他的母亲去往"灵"的世界时"只是丢掉了她的皮"[3]，这张皮是留给她的孩子在葬礼上埋葬她的东西。在她的旧皮肤之上，罗莎作为一个永恒的适婚新娘，继续活在灵师的世界里。

我们最终都将不再是自我。然而构成我们认为是我们自我的独特配置的痕迹，可能会延伸到我们以皮肤为界的终有一死的身体之上，以此方式，"我们"可能会在我们"皮肤"终结之后仍然以某种形式存在。正如我在第二章中论证的，自我是指号过程的结果。它们是解释项形成的具身化场所——经由这个过程，一个符号被另一个符号所解释，这个过程又产生了新的符号。因此，自我是有可能延伸到未来的符号，只要后来的自我有它自己的具身化场所，就可以将其再现为符号学过程的一部分，因此，未被充分非具身化的生命，也有可能会超越于任何以皮肤为界限的自我之上，尽管它现在的位置可能在这个皮肤界限之内。正如我将论证的那样，死亡是自我超越其当前具身化界限的各种方式的核心。

自我同时具身化和超越身体地存在。它们具有位置,但它们却超越了个体,甚至超越了人类。捕捉自我超越身体之上的这种方式之一,就是说自我具有灵魂。在阿维拉,灵魂——或者人们使用源自西班牙语的术语称之为 *alma*——标志着符号自我在与其他这样的自我相互作用之中共同构成的方式。灵魂在与其他具有灵魂的自我的相互作用之中,以一种模糊我们通常识别各种类存在者之界限的方式涌现出来。

拥有一个 *alma*,是使阿维拉的鲁纳人寓居于诸多自我的生态系统之中的关系成为可能的原因。因为根据阿维拉人的说法,动物"意识到了"(conscious)[4]其他种类的存在者,它们具有灵魂。例如,狗、刺鼠(一种大型可食用的森林啮齿动物)与野猪都被认为是典型的猎物(基丘亚语中的死肉[*aicha*]),由于它们具有"意识到……"(become aware of)(或注意到)[5]那些跟它们相关的捕食者或猎物等存在者的能力,所以它们拥有灵魂。刺鼠能够发现它的捕食者狗的存在,因此它具有灵魂。这种关系能力被具体化了;它在身体之中具有一个物理位置。刺鼠的胆囊和胸骨是它的意识器官。通过这些意识器官,刺鼠可以发现捕食者的存在。人们对其他存在者的意识也是定位于躯体的(somatically localized)。例如,肌肉抽搐会提醒人们,有访客或危险动物(例如毒蛇等)存在。

作为关系性质的灵魂位于身体的特定部位,当这些部位被吃掉时,灵魂就可以传递给他者。狗被定义为具有意识、拥有灵魂的存在者,因为它们能够发现刺鼠和其他猎物。它们可以通过摄取刺鼠发现狗存在的器官来增强它们的意识——这一点可以通过它们侦查猎物能力的增强来衡量。出于这个原因,阿维拉人有时把刺鼠的胆汁或胸骨喂给他们的狗。

按照同样的逻辑,他们还通过摄取动物的身体部位来增加对其他存在者的意识。因为有时在鹿的胃中会发现难以消化的增生物牛黄石,这种牛黄石就被认为是鹿对捕食者的意识的来源,猎人有时会吸食其刮屑,以便更容易捕捉鹿。阿维拉的一些人喝了美洲豹的胆汁,变成了鲁纳美洲豹人;这有助于他们获得捕食者的视角,有助于他们的灵魂在死后进入美洲豹的身体。

和阿维拉人一样,皮尔士将灵魂视为自我之间相互交流和相互共有(communion)的标志。他认为灵魂在与其他这样的自我的构成性相互作用之中,获得了内在于一个活的符号自我之中的某些普遍属性。[6]因此皮尔士并不认为"灵魂的宝座"(seat of the soul)必然定位于一个身体之中,尽管它总是与一个身体相关,它是主体之间符号学解释项的产物:"当我将我的思维和感觉传达给一个完全与我同感(in full sympathy)的朋友时,我就意识到了他的感受,可是难道我不是既生活在他的大脑中也生活在我自己的大脑中吗——从最字面的意思上看?"(Peirce CP 7.591)。在皮尔士看来,灵魂不是一个存在于单一位置的事物,而更像一个词语,因为灵魂的多重实例可以同时存在于不同的地方。

活生生的思想超越了身体。但这个事实也具有其自身的问题。比如,自我如何能够超越它们所寓居其中的身体的界限?这些自我最后会在何时何地终结? 生命如何超越身体的问题,让自我与有限性这个事实在某种程度上总是纠缠在一起。这是一个普遍问题。这是内在于生命的问题,也是这种诸多自我的生态系统以某种方式放大了的问题,这个得到放大的问题可能

108

会允许超越人类之上的人类学得以了解，死亡是如何内在于生命的。

在阿维拉，这个问题在人们与鲁纳美洲豹人之间的相互作用中变得尤为突出。美洲豹人是两可的生物（ambiguous creatures）。一方面，他们是他者——野兽、恶魔、动物或敌人——但另一方面，他们是仍然保持着强大情感联系和对与他们相关的生者具有责任感的人。

这种两可的立场带来了严峻的挑战。文图拉最近去世的父亲变成的美洲豹，杀死了他儿子的一只鸡。这件事激怒了文图拉，让他怀疑他父亲（现在是只美洲豹）是否还继续将他视为儿子。因此，文图拉走到他家附近的树林里，对他父亲大声喊话，而他父亲就在附近的某个地方，栖息在一只美洲豹的身体和视角之中：

> "我不是别人，"我告诉他。
>
> "我是你儿子。"
>
> "就算我不在家，
>
> 你也要看好我的鸡。"[7]

他继续批评他父亲没有表现得更像一只真正的美洲豹，与其抢鸡，不如在深林中自己狩猎："你不去山里，就为了干这事吗？""要是你还想杵在这附近，"文图拉继续说道，"你得……给我抓点什么来。"不久后——"时间不长——我想只用了三天左右"——文图拉父亲变成的美洲豹终于开始履行他的责任："就像这样，他给了我一只他抓到的极好的刺鼠。"

文图拉是这样从他父亲那里得到"礼物"的。首先，在他家附近的某个灌木丛中，文图拉发现了杀戮的地点。他观察到美洲豹"踩出了"一块空地，"直到它闪闪发亮"。从这片闪亮的空地上，文图拉沿着美洲豹将尸体拉过灌木丛所留下的踪迹走去。

> 然后我就看到
>
> 这，
>
> 这里是头，一颗被砍掉的头。
>
> ……
>
> 然后，我看向四周，看到一串内脏

109

> ……
>
> 然后美洲豹把它拖向了更远的地方

文图拉用手比划着，描述了他最终发现的猎物。

> 整只东西，从这儿往上都被吃了。
>
> 但两腿还是好的。

他父亲变成的美洲豹不仅为他的儿子留下了主要的肉块，而且还把它们包了起来，就像在婚礼上送给被邀请的亲戚的熏肉礼物一样。

> 树叶盖着它。
>
> 里面包好了，
>
> 他把它留下了。

美洲豹的礼物是一具被吃掉一半、去掉了内脏的刺鼠尸体——一具不再被识别为自我的身体，现在变成了包好的肉块。

美洲豹人是一种两可的生物。人们永远无法确定他们是否真的还是人类。他们会忘记履行关系的责任吗？当他们在森林中遇到所有那些比他们更凶残的异类时,他们难道不会同时又变成那种我们应对其负责的人吗?

一天外出打猎时,胡安尼库(Juanicu)遇到了一只美洲豹。他用小型装弹猎枪射向它,这种枪对大型猫科动物其实并不是很有效。以下就是他如何用一连串相似式的声音图像来重述这个事件的:

> *tya*
> (成功开枪了)
>
> *tsi'o* —
> (这声音表示美洲豹被打中了)
>
> *tey'e* —
> (弹药击中了目标)
>
> *hou'u* —*ʰ*
> (美洲豹又喊了一声)

紧接着,胡安尼库又快又轻地模仿了铅弹击中美洲豹牙齿的声音:

> *tey tey tey tey*

这一枪打碎了美洲豹的牙齿并切断了他的一些胡须。美洲豹跑掉后,胡安尼库捡起了一些被炸飞的胡须,"曜"(*huo*)地塞进口袋,捡起美洲豹吃掉一半的猎物,回家了。

那天晚上,美洲豹还在他身边。"他让我做了个梦,"胡安尼库告诉我,"一整夜的梦。"在那些梦里,胡安尼库那死去已久的同伴(*compadre*)来到了他的身边,和他生前长得一模一样,只是张嘴说话时,牙齿被打碎了:"你怎么可以对同伴做这种事?"他问胡安尼库,"我现在还能吃什么?"胡安尼库的同伴顿了顿,喘着粗气,"$h^h a$—,"就像美洲豹的样子,然后他继续说,"像这样,我就不能吃东西了。像这样我会死的。""而这,"胡安尼库继续说,"就是他告诉我发生了什么的方式……你晚上做梦时,灵魂就是这样告诉你的。"停顿了很久之后,胡安尼库补充道:"我对他开枪了,我把他送走了。"[8]

　　鲁纳美洲豹人是一种奇怪的生物;他把自身显现为一个同伴,但腿脚却像美洲豹。胡安尼库通过仪式的亲属关系与他绑定,但他对射击它并不后悔。与胡安尼库交谈的鲁纳美洲豹人是一个自我;他开枪射中的这同一个人却是一个物。[9]

　　在希拉里奥和他家人关于杀死他们狗的美洲豹的身份的对话中,美洲豹的这种矛盾本性也出现了。在拉蒙呼叫普卡尼亚几个小时后,家人们发现,她的尸体跟库奇的尸体一道散落在森林里,从该地区发现的足迹和她们后脑勺的咬痕,家人们得出结论,是一只美洲豹杀死了她们。

　　但他们仍然不知道的是,哪种种类的美洲豹应该对此负责。他们怀疑这是一只鲁纳美洲豹人,而不仅仅是一只普通的"森林美洲豹"(*sacha puma*),但这本身并不是一个完全令人满意的答案。正如一位家庭成员所说,"谁变成的美洲豹会这样打扰我们?"晚上他们得到了回答。每个人都梦到了希拉里奥死去的父亲。亚美利加梦见她的公公戴着帽子走到她面前,让她把他给的一大包野味存起来。路易莎梦见她能看到她父亲的睾丸,而且他的肠子从他的肛门里脱了出来。那天晚上晚些时候,她还梦见了两只小牛,一只黑色,一只花色,她推断,这一定属于她的父亲,现在他自己就是森林来生领域的灵师之一(参见第六章)。

111　　希拉里奥的儿子卢西奥不在家。他没有从家人那里听到袭击的消息,直到袭击发生的第二天才回到家里。但那天晚上他也梦见了他的祖父,"就在那儿和我有说有笑"。对他来说,这确定了这只美洲豹的身份:"所以他一定是我死去的爷爷——所以四处游荡的一定是他。"一定是他祖父的灵魂在这只美洲豹的身体里,在房子附近的灌木丛中游荡,用美洲豹的眼睛看世界,把家里的狗当成猎物。

卢西奥梦到的不是一只凶猛的美洲豹,而是他慈爱的祖父。他和他的祖父在一起,有说有笑。[10]笑声,就像哭泣和打哈欠一样,具有传染性。它激起他人的笑声,并以这种方式通过一种相似式的种类将他们团结在一起,成为一个具有共同情感的人(参见 Deacon 1997: 428 29)。借用皮尔士的话来说,它将它们团结在一种"反应的连续性"(continuity of reaction)之中(Peirce CP 3.613)。当他们一起大笑时,卢西奥和他的祖父,曾有那么一刻,在相互交流的相互共有之中(in communicative communion)形成了一个单一的自我。

但据希拉里奥和他的家人所知,这只美洲豹——心爱的祖父——无缘无故地袭击了这些狗。当他们的亲戚不遵守亲戚去世后规定的禁忌时,一些鲁纳美洲豹人会攻击狗。但这不是这里的情况。而这一点让攻击变得难以理解。对于卢西奥来说,这只美洲豹人"不善"。对于希拉里奥来说,他是一只"恶魔",一个 supai。他问道,"不然还能是什么?""是的,"路易莎解释道,"变成了恶魔。"总是质疑、总想知道为什么的亚美利加并不专门向哪个人发问:"他曾经是一个人,又怎么会变成这样的生物?"

正如亚美利加所暗示的,灵魂是和我们一样的人,他们在梦中与我们互动。然而作为森林中的美洲豹,它们可能会变成另一种类的存在者——一种不再能够分享或关心的存在者,一种还没有死去的存在者,一个没有灵魂的存在者,一个非人(nonperson)。

卢西奥梦中与他心爱的祖父的接触,和森林中那只恶魔般的美洲豹的存在,其实是一回事。"我做那个梦的原因,"卢西奥想,"他一定是来看我的。"亚美利加赞同。美洲豹人应该在山上,远离人们居住的地方。正是因为卢西奥的祖父从他的森林住所出来,他的灵魂和他孙子的灵魂才能在卢西奥做梦的那个晚上一起欢笑。这在某种程度上也解释了对狗的攻击。

那天晚上晚些时候,在他父母家中,卢西奥回忆起最近一次在森林里与一只美洲豹的相遇,结合当时的情况和他做的梦,他得出结论,这也是他祖父的一次显现。卢西奥想过,要杀死这只美洲豹。他回忆说,他将其描述为一个"物"而不是一个"人",认为其是"可杀的"(Haraway 2008:80)。他使用了无灵魂的代词 *chai*(那),其缩写形式为 *chi*,而不是有灵魂的 *pai*,在基丘亚语中,*pai* 用于标记第三人称,无论性别或人类身份如何:

> *chillatami carca*
>
> 就是那个!

他自己的枪出了故障打偏了,他很生气:"该死!"

卢西奥并不后悔自己曾经试图杀死这只美洲豹,即使得知它藏有他祖父的灵魂。他的祖父在卢西奥的梦中,从不仅仅只是第三人称——他实际上是同一种类的我们,与卢西奥一起欢声笑语——对他而言变成了一个"物"。

终极之死

　　生与死的界限从来都不是完全分明的。然而，有些时候，人们需要这样做出区分。当一个人死去，他或她的灵魂——或诸灵魂，因为这些灵魂，就像皮尔士所说的灵魂一样，可以是多重的，并且可以同时存在于不同地方——离开身体。和卢西奥祖父的灵魂一样，它可以进入美洲豹的身体，也可以"爬上"（si-can）基督教的天堂，还可以成为主宰动物领域的灵师之一。

　　剩下的就是 *aya*。阿维拉基丘亚语中的 *aya* 有两重意思。从某种意义上说，它只是指无灵魂的尸体，是罗莎留给文图拉和她的其他孩子埋葬的皮囊。另一种意义上，它指的是死者游荡的鬼魂，失去了身体和灵魂。灵魂赋予意识和随之而来的与其他存在者产生共鸣和同情的能力。*Aya* 没有灵魂这个事实，使它对人特别有害。它变成了 *shican*，即"另一种类"[11] 的存在——一个"不再能够爱人"的存在，正如一个人向我解释的那样。[12] 这一点对于他与家人的关系来说尤其真实。他不再把亲戚认作自己所爱之人。*Aya* 还与他们死后生出的婴儿疏远，这是一种双重疏远，因为他们与这些婴儿之间的关系更加脆弱。因此这些婴儿很容易患上由他们引起的疾病。虽然 aya 没有意识和灵魂，但他们经常在生前常去的地方游荡，无望地试图重新融入生者的世界。通过这样做，他们通过被称为 *huairasca* 的一种 *mal aire* 给家人带来疾病。

　　Aya 寓居在一个混乱的空间。我们知道他们已经死了，但

他们认为他们仍然还活着。因此,在一个人死去并被埋葬后的两到三周,就会举行一个称为 *aya pichca* [13] 的仪式盛宴,为生者消除仍然存在的 aya 带来的危险,从而彻底分离有生命的自我的领域与无生命的自我的领域。这个仪式从傍晚开始一直持续到第二天早上。然后会有一顿特别的饭菜(参见第四章)。这样的 *aya pichca* 是在罗莎的丈夫、文图拉、安琪莉西亚(Angelicia)和卡米洛(Camilo)的父亲豪尔赫(Jorge)去世后举行的。仪式第一部分从傍晚开始,持续了整个晚上,直到黎明之前。它是在豪尔赫离开的房子里举行的一场酒会。

尽管在阿维拉的哀悼仪式中经常伴随着一些哭泣和独特的圣歌般的哀号,但大部分情绪是欢乐的。事实上,豪尔赫还被当作活人对待。当豪尔赫的女儿安琪莉西亚到他家时,她站在他曾经躺过的床边,拿着一瓶自酿的香醋(*vinillu*)说:"来,喝这甜水。"[14] 其他人随后会让他喝下一碗又一碗的鱼汤。当邻居把一瓶香醋放在长凳上时,另一瓶掉了下来。这使得有人评论说,现在有点醉的豪尔赫开始打翻瓶子了。当我们正要去附近的卡米洛家时,安琪莉西亚的丈夫塞巴斯蒂安说:"好的,爷爷,您等着,我们很快就来了。"[15]

尽管人们对待豪尔赫的方式总是仍然把他当作生者亲密社交圈的一份子——和他开玩笑、和他说话、和他分享食物和饮料、暂时休假,然后回来让他沉浸在最后的通宵派对中——这个仪式的目的实际上是为了让豪尔赫的 *aya* 确定且永远地离开,与他埋在花塔拉库河(Huataracu)附近的胎衣(*pupu*)相聚,他出生时他的父母就住在那里。[16] 只有当那个以 *aya* 为标志的空的自我的剩余物(empty remnant of self)与标志豪尔赫作为一个独特的具有具身化位置的自我涌现出的轨迹重合时，他的鬼魂才会停止其危险的游荡。

我们彻夜未眠，在豪尔赫床边喝酒玩笑。随着日光临近，在豪尔赫通常会去打猎的时候，人们的情绪发生了变化。有人走过来往我们的脸上涂"胭脂树种子磨成粉的颜料"（achiote）。一点点这种红橙色的油彩就像一种斗篷，让我们作为人类自我的本性，对豪尔赫的 aya 隐形。豪尔赫不再能够将我们视为人，他将意识不到我们的在场，这样他就不会从他的安息之所跑偏。

这是非如此不可的。Aya 对生者来说极其危险，与它们直接的主体间遭遇，例如看到它们或与它们交谈，都可能导致死亡。因为这样的相遇需要从这些非生命、非自我的视角来"看"世界。这反过来又意味着我们的自我彻底瓦解——这样我们就无法生存。

我们的脸现在涂上了 achiote，我们把装满豪尔赫财物的篮子带到外面，把它们放在豪尔赫的 aya 与他胎衣团聚必经的小路上。值得注意的是，孩子们也在场，他们被鼓励与豪尔赫交谈，就好像豪尔赫还活着一样，用"来，我们走吧"这样的短语敦促豪尔赫继续往前走。与此同时，豪尔赫的近亲们离开这条小道，躲在森林里。以这种方式，现在无法认出他的家人、朋友和邻居的豪尔赫的 aya，被 aya chini（这是一种巨大的不规则的无刺荨麻品种）[17] 的叶子做成的扇子扇着送上了路。当豪尔赫的 aya 离开时，有些人感到了一阵微风吹过。他的母鸡，放在他的一个篮子里，开始变得害怕，这表明了正在离去的 aya 的在场。

傍晚时分，豪尔赫虽然死了，但对活着的亲人来说，他仍然是一个人，他的亲人们那天晚上和他一起吃喝玩乐，谈笑风生。

但是晚上结束时,豪尔赫已经被排除在了这个共食的领域(realm of commensality)之外。他被永远地送到了死者所在的隔离了社会和关系的领域之中。

自我分配

去主体化不仅是由于自我在死亡之中具身化的位置在物理上消失了。还有一些重要的方式,可以使得仍然活着的自我不再被其他自我视为自我。尽管阿维拉人将狗视为就其自身而言的自我,但他们有时也将狗视为工具。他们有时将狗比作枪支,含义就是这些"武器"狗是人类狩猎能力的延伸。阿维拉人非常小心地遵守一些有助于他们狩猎工具的特殊的预防措施。例如,他们要确保将他们杀死的动物骨头丢弃在附近洗涤和饮水的溪流之中,以免杀死这些动物的枪支或陷阱"被毁了"(hua-glirisca)。

狗也受到这种潜在的污染。希拉里奥的家人小心翼翼地不给狗喂食他们在遭到袭击前一周杀死的鹿的大骨头。相反,骨骼被恰当地丢弃在河流中。在这种情况下,因为狗——而不是枪或陷阱——杀死了鹿,它们也可能"被毁了"。希拉里奥说,它们的鼻子"会被堵住"[18],它们将不再能够意识到森林中的猎物。那么在某些情况下,狗就像枪一样。它们扩展了人类自我的轨迹,成了其延伸之物——武器。

人也可以成为类似物的工具。它们可以成为更大整体的一部分,成为更大自我的附属物。在一次酒会上,二十出头的纳西莎(Narcisa)告诉我们,她前一天在她家附近的树林里遇到一头母鹿、一头公鹿和它们的小鹿。鹿是令人垂涎的猎物,纳西莎希望能杀死一只。但是有几个问题。首先,女性通常不携带枪支,她很遗憾自己没有武器。"该死!"她惊呼道,"要是我有那个东西"——也就是一把霰弹枪——"那就太好了!"[19]第二,她的丈夫手边有枪,就在附近,但没有看到鹿。然而幸运的是,纳西莎在前一天晚上,正如她所说,"做了美梦"。这使她认为他们能够得到其中一只鹿。

纳西莎面临的挑战是如何才能试图提醒她丈夫注意鹿的存在,同时不要惊扰鹿注意到她的存在。她试图用力"大喊",但同时悄悄用增加单词的长度代替音量的增加:

"'Aleja—ndru,'我悄悄喊道。"

她绷紧的喉咙吸收了声音的音量,却没有降低她信息的紧迫性。她希望以这种方式让鹿听不见。但她的尝试失败了:

像这样呼喊后

母鹿注意到了

然后慢-慢地,转身[准备跑掉]

更准确地说,纳西莎试图让鹿不要注意到她的尝试,只失败了一部分。与母鹿相反,雄鹿"完全没有注意到任何事情"。

纳西莎面临的挑战是,如何有选择地与她丈夫交流有关鹿的信息,而不引起鹿的注意,这表明行动性在不同自我之间的分配方式,以及这些自我之中的一些自我是如何在此过程中失去行动性的。纳西莎是这里的主要行动者。做梦是一种优先于经验和知识的形式,做梦的人是她,而不是她的丈夫。纳西莎"做了美梦"是一件重要的行动。她丈夫射杀动物的能力只是这一点的近似延伸。

纳西莎的行动性是原因所在——她的梦才是最重要的——但她的意向性只有通过将自己延伸至对象才能成功实现。没有枪,她无法射杀鹿,而且由于在阿维拉通常是男人携带枪支,因此她必须让丈夫参与其中。但在这种情况下,他并不是一个真正的人,而是像一把枪一样,变成了一个对象,一个工具,一个纳西莎可以通过它延伸她自己的部分。

纳西莎希望在这种情况下,自我和客体的分配应该如下所示:纳西莎和亚历杭德罗(*Alejandro*)应该在一种"反应的连续性"(continuity of reaction)之中作为一个单独的个体联合起来,共同作为捕食者杀死一只鹿,这里这只鹿被认为是只捕猎对象。换句话说,纳西莎和亚历杭德罗应该成为一个涌现的单一自我,这两个自我通过对周遭世界的共同反应而成为一体(参见Peirce CP 3.613)。对于这样一种"存在的连续性"(continuity of being)(Peirce CP 7.572),正如皮尔士所说,创造了"一种松散紧凑的人,在某些方面比个体有机体的人更高"(Peirce CP 5.421)。这个涌现的自我不需要被平均分配。纳西莎会成为这个行动性的场所,而亚历杭德罗就像希拉里奥的狗一样,会变成一支武器——纳西莎通过他们来扩展她的行动性。

但事情并没有这样发展。反应的连续性以自身为导向,不是沿着物种界限,而是沿着性别界限,这些跨越物种界限的方式扰乱了纳西莎所希望朝向特定捕食者/猎物的分配。母鹿注意到了纳西莎。公鹿和丈夫都完全没有注意到任何事情。这并不是纳西莎想要的结果。在此,纳西莎和母鹿是有知觉的自我,最终通过作为一个更高阶的单一自我的存在连续性,不合宜地

(inconveniently)统一在一起。在"完全没有注意到任何事情"的情况下,雄性变成了对象。

超越某人自我的观看

亚历杭德罗和雄鹿仍然没有意识到那些跟他们一起在场的其他自我。这是危险的。如果跨物种的相互作用,依赖于识别其他存在者的自我的能力,那么失去这种能力对一个存在者来说可能是灾难性的,比如这两个陷入了捕食网络(这一网络构建了这种诸多自我的森林生态系统)的雄性。在某些情况下,我们都被迫认识到居于此宇宙的其他种类的心灵、人或自我。在这个纠缠亚历杭德罗和雄鹿的特殊自我的生态系统中,自我必须认识到其他自我的魂魄(soul-stuff),才能与他们互动。

也就是说,在这个诸多自我的生态系统中,为了保持自我,所有自我都必须认识到寓居于宇宙之中的其他灵魂自我的魂魄(soul-stuff)。我选择了灵魂失明(soul blindness)这个词,来描述各种令人衰弱的灵魂丧失(soul loss)形式,这种灵魂失明导致某个自我无法在这个诸多自我的生态系统中意识到其他具有灵魂的自我,也无法与他们产生联系。我采用了斯坦利·卡维尔(Cavell 2008:93)的术语,他用这个术语来想象一个人可能无法将他人视为人类的情况。[20]因为在这种诸多自我的生态系统中,所有自我都具有灵魂,灵魂失明不仅仅是一个属人的问题,这是一个属于宇宙的问题。

在阿维拉的这个诸多自我的生态系统中,灵魂失明是以一种孤立单子式唯我论状态(无法超越自身或自身种类)为特征的。当任何类型的存在者失去识别寓居于宇宙的其他存在者自我（魂魄）的能力时，它就会出现，并且出现在许多领域。我在这里列举了几个例子来说明这种现象的范围和普遍性。例如，所谓的狩猎灵魂（the hunting soul）[21]可以让猎人意识到森林中的猎物。萨满可以偷走这个灵魂，其结果就是，受害者再也无法发现动物。失去了这个灵魂，猎人就变成了"灵魂失明"的。他们失去了将猎物视为自我的能力，因此无法再将动物与其生活环境区分开来。

猎物灵魂的丧失也使狩猎变得更容易。那些在梦中杀死动物灵魂的人，第二天就可以轻松猎杀它们，因为这些动物现在没有了灵魂，已经变得灵魂失明了。它们不再能够发现捕食它们的人类。

萨满不仅可能偷取猎人的灵魂，他们还可以偷取能让他们的对手产生幻象的植物死藤水（*aya huasca*）的灵魂，使这些植物变得灵魂失明；摄取它们便不再能够对其他灵魂的行为具有优先认识。

萨满用来攻击他的受害者的无形飞镖，是由包含他的灵魂的生命之气（*samai*）推动的。当飞镖失去这种气息时，它们就会变得灵魂盲目；它们就不再针对某个特定的自我，而会漫无目的地旅行，没有意向性，对碰巧在其路径上的任何人造成伤害。豪尔赫的 *aya* 就是灵魂失明的，其方式与萨满飞镖很相似，它缺乏与活着的亲人建立起规范社会关系的能力，因此它被视为是危险的。

成年人有时会通过拉扯孩子的一簇头发直到发出咔哒声来惩罚孩子。这些孩子会变得暂时灵魂失明；他们变得茫然，无法与他人互动。

头顶,尤其是囟门[22],是生命之气和魂魄通过的重要门户。灵魂失明也可以通过囟门抽取生命之气来实现。迪莉娅(Delia)将杀死这些狗的美洲豹描述为"用一个 *Ta'* 咬在了它们动物性的头冠(arimal-following crowns)上"。[23] *Ta'* 是一个相似式的副词,一个声音形象,描述了"两个表面接触的那一刻,其中一个表面通常显然是由一种比另一方背后更高的力量操纵"(Nuckolls 1996:178)。这种描述准确捕捉到了美洲豹的犬齿撞击并穿透狗的头盖骨的方式。阿维拉人认为这种咬伤致死与这部分身体允许主体间性的方式具有很大的关系。因此,这些狗的死亡是完全丧失其"猎物追踪"的能力的结果——灵魂失明彻底和瞬间施加的作用。

对于人们在诸多充满意志的存在者所寓居的那个世界之中生存而言,关于他人动机的一些观念是必要的。我们的生活取决于我们是否有能力相信我们对其他诸多自我的动机所做的临时猜测并采取相应行动。[24]阿维拉人不可能在这种诸多自我的生态系统中、在不与寓居森林的无数生物相互关联的情况下狩猎,或以其他任何方式相互联系。失去这种相互关联的能力,将会使鲁纳人从这个关系网络之中脱离出来。

捕食

在诸多自我的生态系统之中狩猎,是一件棘手的事情。一方面,分享食物和饮品,尤其是分享肉类,在整个亚马逊流域,对于建立作为社群基础的各种人际关系而言至关重要。成长中的孩子应该吃足够的肉,他们的祖父母和教父母也应该定期收到肉作为礼物。来帮忙开林建房的亲人、同伴、邻居,也需要好肉招待。分享肉食是阿维拉社会关系实现的核心。然而,分享和消耗的肉,在某一时刻,也是一个人。一旦认识到动物的人格(personhood),就总有混淆狩猎与战争、共食(commensality)与同类相食(cannibalism)的危险。[25]

为了注意到生活在这种诸多自我的生态系统中的各种存在者并将其联系起来,这些不同存在者必须被视为人(persons)。但要将它们当作食物,它们最终必须成为对象,死肉。如果被猎杀的自我是人,那么人不也终将成为去人化的掠食对象吗?事实上,美洲豹有时会攻击森林中的猎人。巫师也可以伪装成捕食的猛禽。这就是为什么正如文图拉所说,永远不要试图杀死跑进房子的刺鼠,因为它肯定是一个亲戚,变成了捕食巫师的逃跑猎物,变成了猛禽的形态。捕食指出了当自我成为对象或将其他自我视为诸多自我的生态系统中的对象时所涉及的困难。

正如我提到的,有时人们吃掉动物,不是作为肉来吃掉,而是作为自我来吃掉,以便获得一些它们的自我。男人喝美洲豹的胆汁变成了美洲豹,他们用刺猬和其他含有灵魂的身体部位来喂养猎犬。这些实体被生吃,以保存被吃掉的生物的自我。正如卡洛斯·福斯托(Carlos Fausto 2007)指出的,这相当于一种同类相食。反之,当人要共食(也即人们不是与被食用者相互共有,而是与食用者相互共有)时,这时被食用者就必须变成为对象。去主体化的过程(例如烹饪)是这个步骤的核心,在这方面阿维拉的鲁纳人就像许多其他亚马逊人一样,会彻底煮熟他们的肉,避免出现一些生食的烹饪过程(例如烤肉)(Lévi-

Strauss 1969）。

诸多自我的生态系统是一个关系代词系统；谁指代的是我或你，谁成为它，都是相对的，并且可以改变。[26]谁是捕食者、谁是猎物，这取决于语境，阿维拉人非常乐于注意到这些关系有时是如何被逆转的。例如，一只美洲豹试图攻击一只大型陆龟（*yahuati*），它的犬齿被龟甲壳夹住，不仅被迫放弃猎物，还被迫放弃了已经折断并留在龟背壳上的牙齿。现在没了牙齿，美洲豹无法捕猎，很快就开始挨饿。当美洲豹最终死去时，这只热爱腐肉的壳里还刺着美洲豹犬齿的陆龟，开始吃它从前的捕食者腐烂的肉。美洲豹就这样变成了它从前猎物的猎物。这种典型的我之所以如此，只是因为我与它之间的关系——与 *aicha* 或猎物的关系。当这种关系发生变化时，当陆龟变成美洲豹时，美洲豹就不再是捕食者了。美洲豹并不总是美洲豹；有时陆龟才是真正的美洲豹。成为什么种类的存在者，是一个人如何看待其他种类的存在者，以及其他种类的存在者如何看待这个人的产物。

因为在这个诸多自我的生态系统宇宙中，跨物种之间的关系具有如此势不可当的捕食性，所以那些不完全适应这种捕食性的生物才显得特别有趣。我们可以关注异关节总目哺乳类（the mammalian order Xenathera）[1]的这种存在者，其中包括看

---

①　异关节总目（Xenathera）又称"贫齿总目"。原始真兽类之一，是现存最古老的真兽类，保存了真兽类原始特征和独特特征（例如脊柱候补的胸椎和腰椎上有附加关节）。由于从真兽诞生初期就已经分化了出去，其成员之间差异较大，包括少数有鳞甲的犰狳、行动最缓慢的树懒，以及舌头最长的食蚁兽等。——译者

似完全不同的生物,例如树懒、食蚁兽和犰狳。这个目在林奈分类体系中的另一个名称是"无齿"(Edentata)。恰当地说,这个词在拉丁语中意思是"变得没有牙齿",它暗指使这一群体对生物学家和阿维拉人来说都能成为一个种类的最显著特征之一:其成员缺乏"真正的"牙齿;它们没有乳牙,也没有犬齿、门牙和前磨牙。这个目的成员只有钉状牙齿,如果这种钉状牙齿能称得上是牙齿的话(Emmons 1990:31)。

牙齿是捕食者状态的中心标志。希拉里奥曾经告诉我们,有一头巨大的美洲豹,很多年前阿维拉人设法杀死了它。它的犬齿有小香蕉那么大,据他说,村里妇女想象着这些犬齿一定杀死了很多人,看到它们就哭了起来。由于犬科动物具显了捕食本质,人们用美洲豹的犬齿蘸辣椒放在孩子们的眼睛里,这样他们也将成为美洲豹。没有了犬齿,美洲豹就不再是美洲豹了。人们说,美洲豹会在牙齿磨损殆尽时死亡。

正是在这种语境下,"无齿"目的成员才如此突出。相传,小食蚁兽(susu)很容易就与树懒(indillama)打起架来,它说:"你有牙,但你手却很细。如果我有牙,我会比现在更胖。"树懒有退化的钉状牙齿;树栖小食蚁兽,就像比它大的陆地表亲巨型食蚁兽(tamanuhua)一样,完全没有牙齿。尽管它们没有牙齿,但食蚁兽是强大的捕食者。一只树栖食蚁兽可以轻易杀死一条狗,而且还不疲倦。众所周知,它在落到地上之前可以承受住许多次射击,一旦它落在地上,猎人就经常不得不用棍子敲打它的头才能杀死它。巨型食蚁兽本身就被认为是美洲豹。虽然它没有牙齿,但它锋利的爪子可以致命。我住在阿维拉时,胡安尼库差点被一只巨型食蚁兽杀死(参见第六章)。据说连美洲豹都害怕

巨型食蚁兽。根据文图拉的说法，当一只美洲豹遇到一只睡在
121 树干之间的巨型食蚁兽时，他会示意大家安静，说："嘘，不要敲
[树干]，大姐夫在睡觉呢。"[27]

　　因为犰狳没有真正的牙齿，它们也不容易适应通过创造对
象来自我延续的捕食者-猎物生态循环。与食蚁兽相比，犰狳完
全没有攻击性，也绝不可以将它们解释为具有威胁性的捕食者。
路易斯·埃蒙斯(Emmons 1990：39)是这样描述它们的无害本
性的："[它们]以滚动或疾驰的步态小跑，有点像发条玩具一样，
用鼻子和前爪抽吸和抓挠，似乎除了一只脚或两只脚之外，就注
意不到任何别的东西了。"

　　犰狳用它们自己的灵师——*armallu curaga*，或犰狳之
王——来拥有它们、保护它们。相应地，进入这位犰狳之王的家
的入口是一条隧道，就像犰狳洞穴一样。相传阿维拉人在森林
中迷路，最终被犰狳之王找到，还请他回家吃饭。当食物端出来
时，那个人看到的是成堆的、刚煮熟的、热气腾腾的犰狳肉。相
反，这位灵师却将这种食物视为煮熟的南瓜。就像南瓜一样，犰
狳具有一层坚硬的"外皮"。从我们的角度来看，这种动物的肠
子就是这种动物的肠子，但犰狳之王看到的却是一团缠绕在一
起的种子，被南瓜中心的纤维状和黏稠的果肉包裹着。

　　和他统领的犰狳一样，犰狳之王没有牙齿，令这个阿维拉人
惊讶的是，犰狳之王只是通过鼻子吸入煮熟的食物散发出的蒸
汽，就"吃掉了"他面前的食物。他吃完后，剩下的食物在这个阿
维拉人看来仍然是完好无损的肉块。但是犰狳之王已经吃掉了
它们所有的生命之力，令这个阿维拉人沮丧的是，那些切割好的
剩肉被灵师当成排泄物丢掉了。

森林中的灵师（例如 *armallu curaga*）就像美洲豹一样具有捕食性，他们有时被认为是恶魔。然而，犰狳之王并没有像美洲豹和其他恶魔那样吃肉喝血，而是只"吃"生命之气，因为它缺乏作为"真正"捕食者标志的牙齿。与拉蒙想象普卡尼亚通过美洲豹的身体变成屎不同，这个奇怪的捕食者没有吃肉的牙齿。因此，他并不会真正拉屎，那种去主体化的过程永远不会完成。这位灵师真正排泄出来的物体，他就涂在自己脸上当面漆。

灵师把他的犰狳养在他的花园里，就像种南瓜的人一样，他轻拍它们，以确定它们是否"成熟"到可以食用的程度。犰狳之王对迷路的人很友善，邀请他将其中一个"南瓜"带回家。但每当这个人试图抓住一个"南瓜"时，它就会溜走——连带着藤蔓、树叶和所有东西都溜走了。

人们有时会试图利用这样一个事实，即这种捕食者与猎物的关系可能是可逆的。男人有时通过符咒（*pusanga*）来吸引和诱捕动物（有时是女人）。当男人使用这些符咒时，他们想掩饰自己的意图。因此，这些符咒中最重要的符咒由蟒蛇头骨和牙齿制成，就很合适了。蟒蛇和美洲豹一样，是令人恐惧的捕食者。但与美洲豹不同的是，蟒蛇通过吸引和诱捕的过程来捕捉猎物。它导致动物和人都在森林中迷路。处于一种催眠状态的受害者开始绕着越来越向内盘旋的圆圈游荡，直到他们最终到达蟒蛇藏身的地方，等着用她的拥抱压碎他们。蟒蛇正是猎人想要成为的那种捕食者：一种最初并没有被人认出会那样捕猎的捕食者。

在用作狩猎咒语或用作爱情咒语成分的各种有机体之中，胡安尼库称之为 *candarira*[28] 的金属蓝色鞭毛虫，无疑是最具视觉冲击力的。有一次我和他一起在树林里收集藏品，我拉开一片落叶，发现一对闪闪发光、令人眼花缭乱的细长甲虫正无休止地绕着彼此兜圈。根据胡安尼库的说法，这些昆虫碾碎的粉末可以放入想要吸引的女性的食物或饮料中。被这种咒语吸引的女人会疯狂追随施咒的男人。昆虫同样也可以放在狩猎袋中，将野猪吸引到猎人身边。它们永不停歇地绕着彼此兜圈，就像衔尾蛇一样，这些昆虫将捕食者和猎物合而为一了，从而使两者的角色变得混淆。这就是诱捕；猎物现在成了捕食者，而最初的捕食者在其捕食模式中加入了这种明显的逆转。诱捕捕捉到了并不总是平等的主体和对象之间通过捕食的宇宙网络相互创造彼此的平等方式。

当一个年轻人的妻子怀孕时，也会发生类似的逆转情况。在阿维拉，这样的男人被称为 *aucashu yaya*，意思是"尚未完全成人的存在者之父"（*auca* 指的是那些被认为是野蛮人以及未受洗的人）。胎儿需要精液的持续贡献和它所包含的魂魄才能成长。正如希拉里奥解释的那样，"当精液"在性交过程中"传递时，灵魂也会传递"[29]。在怀孕过程中导致的魂魄损失削弱了男性。罗莎丽娜（*Rosalina*）曾向她的邻居抱怨说，自从儿子的妻子怀孕后，她的儿子变得非常懒惰，无法打猎。她的儿子因灵魂丧失而对森林中的其他自我灵魂失明。阿维拉人称这种中间状态（compromised condition）为 *ah^{h}uas*。准爸爸会像怀孕妻子一样经历孕吐，当孩子出生时，他们必须通过各种限制来模拟一段时间的产翁。他们在整个孕期也会变得更具攻击性并且更容易打架。

这些准爸爸失去了成为有效捕食者的能力。他们变得灵魂失明。这种情况在整个诸多自我的森林生态系统中都能感受到。动物会突然拒绝进入准爸爸的陷阱,当这些男人在共同的钓鱼之旅中将鱼毒放入水中时,鱼的产量会非常低。

猎物也认识到了这种新的状态,不再害怕这些猎人。动物们感觉到这些猎人气势汹汹,但却不害怕他们,它们变得愤怒和好斗。更重要的是,即使是胆小的食草动物,也开始将这些曾经强大的猎人视为猎物。森林中通常温顺而警惕的动物(例如鹿和灰颈林秧鸡[pusara])会突然变得愤怒,有时甚至还会攻击这些人。文图拉对我回忆说,他妻子怀孕时,森林里的鹿突然向他冲过来——而且还是在两次不同的场合! 其中一只鹿甚至踢到了他的胸口。

文图拉的妹妹安琪莉西亚(Angelicia)春天在陷阱里抓到了一只小浣熊,她决定把它当宠物饲养。我寻思着要抱抱这小家伙,就问她浣熊是否会对我有攻击性。得知我单身的时候,她笑了笑,然后调侃道:"只有当你是个 aucashu yaya 的时候才会呢……"

准爸爸的这种虚弱和灵魂失明的状况可以被人们运用于一些场景。在成群的白唇野猪穿过阿维拉地区的那些日子里,猎人们将这些男人带到森林中,并把他们作为咒语来吸引这些动物。当野猪突然变成捕食者时,会疯狂地冲向这些虚弱和灵魂失明的受害者猎物,一直躲着准备伏击的那些受害者的同伴会跳出来杀死野猪。

再则,通过诱捕过程,捕食者和猎物的角色被颠倒了。无法感知森林中其他自我的准爸爸变成了一个对象。对野猪来说,他是 aicha——死肉,对他的同伴来说,他是工具,是咒语。捕食

124 者与猎物的关系总是层层嵌套的，这对咒语发挥作用也很重要。在一个层面上，自我对象关系的逆转（准爸爸现在被他曾经的猎物捕捉）嵌套在另一个重新定位捕食方向的更高层面的关系之中；在此鲁纳人作为一群一致行动的猎人形象中的某种自我分配——被恢复为真正的捕食者，而野猪变成了肉，这要归功于准爸爸暂时的去主体化状态。

狩猎符咒一般会吸引那些被认为是"健壮奔跑者"（*sinchi puri*）的动物。这些动物包括貘、鹿和雉鸟（curassows）。这也符合狩猎和爱情咒语的目标是让完全属意的自我来到男人身上的观念。相反，大部分时间静止且移动缓慢的树懒，并不会被符咒吸引。因此，符咒用于被认为具有很多显著"行动性"的存在者。只有非常灵活的存在者——那些具有高度明显意向性的存在者——才可能被引诱。正是由于其能动性，以猎物能够像捕食者一样行事的能力为标志，才允许它们受到引诱。猎物的肉，*aicha*，在它变成死肉之前必须是活的。

在这方面看来有趣的是，几乎所有阿维拉的狩猎符咒和爱情符咒都来自动物。[30] 然而，有一个值得注意的例外：*buhyu panga*，一种属于天南星科的半附生小藤蔓。[31] 它具有以下不寻常的性质：当它的叶子被撕成碎片时，它们会在水面跳舞。[32] 这个名字指的是叶子的运动方式——就像在河流汇合处嬉戏的粉红色亚马逊河豚（*buhyu*）。就像河豚的牙齿一样，这种植物也可以成为符咒的成分。因为叶子的碎片相互吸引并在水面上"粘在一起"（*llutarimun*），这种植物可以吸引猎物或女人，并把猎物或女人带到那个施符咒的人身边。一般来说，狩猎符咒和爱情符咒为了达到吸引人的目的，只把动物产品作为成分，因为这些产品来自移动的有机体。*Buhyu panga* 是一片可以自行移动的叶子，它是可以佐证这一规则的一个例外。

就像捕食者/猎物的区别一样，在这种诸多自我的生态系统中，性别作为一个不断变化的代词标记发挥着作用。当我在森林里打猎或采集植物时，我的鲁纳同伴会多次发现猎物，然后告诉我在后面等着，他会举着枪在前面跑，准备开火。有很多次，当我静静等他回来时，他追逐的猎物反而会靠近我。我有好几次这样的经历。高高的树冠上，成群结队的绒毛猴会掉头向我转来。这些卷尾猴会跳过我头顶上方的树枝。一只独角鹿会从我身边飞奔而过，一小群有领野猪会冒险靠近我，我几乎都可以触摸到它们。当我追问，为什么这些动物会来找我，而不是去找猎人时，回答是，我没有武器，就像女人一样，所以动物并不把我看成是具有威胁性的捕食者，它们也不会被我的在场吓到。

125

陌生化人类

涉及深入沉浸到异邦社会的生活方式（语言、习俗、文化）的民族志田野调查，历来是批判性地自我反思的人类学首选的手段。通过一个常常让人感到痛苦和迷失方向但最终解放的过程，我们将自己沉浸在一种陌生的文化中，直到我们熟悉它的逻辑、意义和情感。通过这样做，我们曾经认为理所当然的东西（我们自然而熟悉的做事方式）在我们回到家时反而变得看起来很奇怪。通过踏入另一种文化，田野调查使得我们能够暂时走出我们自己的文化。

人类学使得我们能够超越我们的文化，但我们永远不会完全离开人类。我们应该进入的总是另一种文化。相反,阿维拉人陌生化的自我反思手段、鲁纳人的人类学漫游形式,都并非基于去到不同的文化中旅行,而是基于采用另一种不同种类的身体。是自然(而不是文化)在此变得奇怪了。身体是多重的和可变的,人的身体只是自我可能寓居其中的多种身体中的一种。通过这种把人类陌生化的形式,哪一种人类学将会出现呢?

由于进食需要如此明显的身体嬗变过程,这种反思性形式通常涉及摄入。有些阿维拉人开玩笑地将可食用的切叶蚁称为人的蟋蟀(*runa jiji*)。猴子吃蟋蟀,当人们吃蚂蚁时——吃掉整只,有时甚至吃生的、松脆的外骨骼等等——人们在某种意义上也就变成了猴子。另一个例子:许多印加属(genus *Inga*)(豆科-含羞草科)的森林和栽培树木在基丘亚语中被称为 pacai。它们出产可以从树上取下来食用的可食用水果。这些种子周围的果肉蓬松,白色,水汪汪,甜美。另一种豆科植物是 *Parkia balslevii*,它也属于同一亚科,其果实形状表面上类似于 pacai。这棵树的果实也可以食用,但它的枝条很高,果实不容易够得到。相反,当它们过熟或腐烂时,就会掉到地上。果肉开始发酵,变成棕色和糖浆状,就像变味的糖蜜一样。这棵树被称为 *illahuanga pacai*,即秃鹫的 pacai。从秃鹫的视角看,腐烂的食物是甜的;鲁纳人吃秃鹫的 pacai 时,他们采用秃鹫的视角;他们开始享受腐烂的水果,就好像它是新鲜的一样。

将昆虫视为合适的食物,或将腐烂的东西视为甜食,这是其他种类的身体所做的事情。当我们吃蚂蚁如蟋蟀,或把腐烂的秃鹫的 pacai 当成甜食吃时,我们正在走出我们的身体,进入其他存在者的身体,在这样做的过程中,我们从主观的"我"的视角看到了一个不同的世界，这是另一种类的具身化视角。有那么一刻，我们能够生活在一种截然不同的本性之中。

过度地对如何放置视角感兴趣，这催生了一种近乎禅宗的正念(Zenlike mindfulness)，也就是一个人在任何特定时刻的精确的存在状态。在此正如路易莎所记得的那样，这些正念，就是当她的狗被丛林中的美洲豹杀死的那一刻她的确切想法。她那些想法的庸常与同时发生的攻击形成了鲜明的对比。[33]

> 我在这里但我的想法在别处，
>
> 我在想，"我该去玛丽娜家，还是干点别的？"
>
> 我的心在别处，想着，
>
> "为了去那里
>
> 我得尽快
>
> 穿上一条裙子。
>
> 但我再也没有什么好衣服可以换了，"我想……

路易莎的正念就是这个白日梦，通过延伸她自己——尽管正如她所说——她不在场，而是在别处。她通过将自己的想法定位到另一个不同的这里，来把自己定位在"这里"：美洲豹袭击狗的地点。

那次袭击发生在一个废弃花园的私密的女性领域，亚美利加、迪莉娅和路易莎经常来到这些过渡性的休耕地和森林之中，采集鱼毒、*chunda* 棕榈果和其他果实。通过入侵这个领域，美洲豹已经徘徊在它恰切的领地之外，到了森林深处。路易莎一时气呼呼地问道："苏诺河岸边没有山脊吗？""那样的山脊，"她恳切地说，"才是美洲豹的正确位置。"[34] 因为杀死狗的美洲豹

无疑一直在注视着这些妇女,因为她们经常来到她们的私密花
园和休闲场所,亚美利加、迪莉娅和路易莎被激怒了。她们觉得
美洲豹出现在这个私密领域是入侵性的。迪莉娅指出,在这样
的地方不应该受到捕食者伤害。亚美利加是这样描述美洲豹对
她们私密空间的侵犯的:

> 啥野兽会漫游
>
> 在我们旧居周围
>
> 只为了要听我们撒尿?
>
> 在我们撒尿的那些地方,美洲豹只是四处走来走去。

想象某人处于一个非常私密的时刻,若被另一个人的眼睛
看到了,这是非常令人难受的。这也是一种陌生化的形式,令人
高度不安,因为它突出了孤立自我的脆弱本性,令其还原成了一
个与他人隔绝并且暴露在一个强大捕食者面前的自我——灵魂
失明的自我。

盲的灵魂

在我们对自己的灵魂视而不见的过程中"看到"我们自己,
这会是什么样子?希拉里奥在黎明前喝着冬青茶时,跟他的侄
子亚历杭德罗讲述了一个关于消灭朱里朱里恶魔(*juri juri de-
mons*)失败的阿维拉神话,这个阿维拉神话探索了这种可怕的
可能性。我应该指出,这个神话以一种奇怪的方式与西班牙对
1578 年起义的报道(参见导言)相似,根据这个报道,在这场起
义中所有西班牙人都被杀了,除了一个年轻女孩因为一个当地

人想娶她而幸免于难。

　　在一只树蜥的帮助下，人类在一颗牧豆木(*chunchu* tree)[35]的高处找到了朱里朱里恶魔的最后一个藏身处。他们用一大堆辣椒把树围起来，然后放火想要烧掉恶魔。所有恶魔都坠落而死，除了一个。当最后的这个朱里朱里恶魔最终倒在地上时，她变成了一个美丽的白人女性。一个年轻人同情她。他们结了婚，开始组建家庭。在给他们的孩子洗澡时，恶魔开始偷偷吃掉孩子们（"从他们的头顶 *tso tso* 地吸出他们的大脑，"亚美利加插了话，这让希拉里奥很恼火）。一天，丈夫因为被虱子折磨，从魔法造成的睡眠之中醒来了。他天真地让他的妻子从他的头发中挑出虱子。她坐在他身后，她现在对他来说是不可见的（因为这个位置让他无法回头），开始用手指梳理他的头发。然后男人开始觉得有些奇怪。

> 他的脖子
>
> 变得灸——热[36]

128

然后，他以一种实事求是的方式，超脱于情感地观察到：

> "我在流——血
>
> 看起来似乎
>
> 我受——受了伤"

然后，男人以一种没有任何情绪的平淡声音总结道：

> "你在吃我"

　　"这并不是，"希拉里奥解释说，"说他在生气或怎样。"他只是在陈述——"就像这样"——他被活生生吃掉的简单事实。

　　　而他只是睡着了……

　　　她让他睡着直到死去。

　　这个男子被活生生吃掉,但却无法从主体性的视角经验这一事件。他永远无法真正"看到"坐在他身后吃他的妻子。他无法回应她凝视的目光。相反,他只能从一个外部非具身化的场景经验他自己的死亡。他只能通过这个动作产生的物理结果,从逻辑上推断他受伤了,然后他被活生生吃掉。他已经对他自己作为一个自我完全"失明"了。他不觉得痛,也不受苦;他只是感觉到了他脖子的炙热。直到后来他才意识到,这是他自己的血液从头部流下来造成的。他的恶魔妻子使他从自己身体之外经验到了他自己的死亡。在他的生命变得模糊之前——"从昏睡中苏醒,/从苏醒又进入昏睡;/生死交替轮回;/层层深入?"——在他从无动于衷的紧张症候进入到睡眠之中,从睡眠进入死亡之前,他成为了他自己的对象。他变得惰怠,没有感情。他唯一的觉知(无论多么模糊)就是这个事实。这是对这个行动性变得与感觉、目的、思维、具身化和本地化的自我脱节开来的世界的反乌托邦式一瞥。这就是自我的最后终点:彻底的灵魂失明,意味着一个生命祛魅的世界,一个没有自我、没有灵魂、没有未来、只有结果的世界。

跨物种的混杂语言

> 凡称述**你**的人都不以事物为对象。因为,有一物则必有他物,**它**与其他的**它**相待。**它**之存在必仰仗他物。而诵出**你**之时,事物、对象皆不复存在。**你**无待无限。言及**你**之人不据有**物**。他一无所持。然他处于关系之中。①
>
> ——Martin Buber,*I and Thou*

　　狗应该知道它们被杀那天在森林里会发生什么。在我们埋葬狗的尸体之后不久,亚美利加回到房子里与迪莉娅和路易莎进行了一次谈话,亚美利加很想知道为什么她家的犬类同伴无法预知它们自己的死亡,还有为什么她,它们的主人,没有意识到它们的命运:"当我在火边时,它们没有做梦,"她说。"那些狗只是睡着了,它们通常才是真正的造梦者。通常当它们在火边睡觉时,它们会吠叫,'*hua hua hua*'。"我学到了,狗会做梦,通过观察它们做梦,人们可以知道它们的梦是什么意思。如果像亚美利加所暗示的那样,她们的狗会在睡梦中吠叫"*hua hua*",这表明它们正在梦到追逐动物,因此它们第二天会在森林做同样的事情,因为这个是狗追逐猎物时的吠叫方式。相反,如果当晚它们叫"*cuai*",这将是一个确定的信号,表明美洲豹会在第二

---

　　① 中译采用:《我与你》,马丁·布伯著,陈维纲译,商务印书馆,2015年,第7页。黑体着重为作者所加。——译者

天杀死它们,因为这就是狗在被猫科动物攻击时发出的叫声。[1]

然而那天晚上,这些狗根本没有吠叫,因此令它们的主人大吃一惊的是,它们没能预言自己的死亡。正如迪莉娅所说,"因此,它们本不应该死。"当人们意识到他们用来理解他们狗的解梦系统已经失败时,便引发了一场认识论危机;妇女们开始怀疑自己是否能知道任何事情。亚美利加显然很沮丧,她问道:"那么我们怎么能知道呢?"每个人都无可奈何地笑了,路易莎思忖:"这是如何可知的呢?现在,即使人们要死,我们也无法知道。"亚美利加简单地总结道:"这本不应该为人所知。"

原则上,狗的梦想和欲望都是可知的,因为所有存在者(不仅仅是人类)都作为自我(也就是作为有观点的存在者)与世界和其他自我互动。要了解其他种类的自我,一个人只需学习如何适应于他人的各种具身化的观点。所以"狗如何做梦"这个问题非常重要。不仅因为所谓的梦的预测能力,而且因为若想象狗的思维是不可知的,会让人质疑我们是否还有可能知道任何种类的自我的意图和目标。

取悦其他存在者的观点模糊了区分各种类自我的界限。例如,在共同生活和相互理解的相互尝试中,狗和人越来越多地参与到一种共享的跨物种的习性(shared trans-species habitus)之中,这种习性不会遵循我们可能在自然和文化之间做出的那种区分;具体而言,将鲁纳人和他们的狗联系起来的等级结构,既基于人类能够利用犬类的社会组织形式,也基于将阿维拉人与他们村外混血白人世界联系在一起的亚马逊上游殖民历史的遗产。

跨物种交流是一件危险的事情。它必须以各种方式进行,

一方面避免人类自我彻底转变——没有人想永远成为一条
狗——另一方面避免我在前一章称之为"灵魂失明"(这是这种
转变的唯我论反面)所表现的那种单子式孤立的自我。为了减
轻这种危险,阿维拉人战略性地使用了不同的跨物种交流策略。
这些策略揭示了一些重要的事情,即需要超越人类并且要以不
消解人类的方式应对这种做法带来的挑战。这些策略也揭示了
指号过程内在逻辑的一些重要内容。反过来,理解这些,对于我
正在发展的超越人类之上的人类学而言至关重要。为了梳理出
其中的一些特性,我选择了以下微小而棘手的民族志难题,作为
一种具有启发性的工具,以便于集中我的研究:为什么阿维拉人
会按字面意思解释狗的梦境(例如,当狗在睡梦中吠叫,这是一
种预示它会在第二天的森林里以同样方式吠叫的预兆),但在大
多数情况下,他们会用比喻来解释自己的梦(例如如果一个男人
梦见杀死一只鸡,那么他次日会在森林里杀死一只鸟作为
猎物)。

133

太人性

　　鲁纳人、他们的狗和森林中的许多存在者共同生活其中的
诸多自我的生态系统,远远超越于人类之上,但它也同样是"太
人性的"[2]。我用这个术语来指代我们和其他人的生命都陷入
我们人类编织的道德网络之中的各种方式。我想要表明,一种
通过研究我们与那些超越我们之上的存在者之间的关系来探求
更广泛理解人类的人类学,也必须通过它们受到独特属人事物
影响的方式来理解这种关系。

　　第一章中我曾论证,象征指涉是独特属人的。也就是说,象征是(在这个星球上)人类独有的东西。道德同样也是独特属人的,因为道德地思考和道德地行动需要象征指涉。它要求我们有能力暂时从世界和我们在世界之中的行为抽身疏离,反思我们未来可能的行为模式——我们可以认为这些行为可能对我们以外的其他人有益。这种抽身疏离是通过象征指涉来实现的。

　　在此,我的意图并不是要达成关于"恰当的道德体系可能是什么"的普遍理解。也不是要声称与他人良好相处——唐娜·哈拉维(Haraway 2008：288－89)称之为"蓬勃发展"——必然需要理性的抽象或道德(即便对善的思考必然需要理性的抽象或道德)。但要想象一种超越人类之上的人类学,这种超越人类之上的人类学不止是把人类性质投射到任何地方,我们必须在本体论上对道德进行定位。也就是说,我们必须准确了解道德在何时何地开始存在。坦率地说,在人类尚未踏足这个地球之前,没有道德,没有伦理。道德不是构成我们与之共享这个星球的非人类存在者的组成部分。从道德上评估我们人类发起的行为可能是合适的。但非人类的情况并非如此(参见 Deacon 1997:219)。

　　相反,价值是更广泛的非人类生活世界所固有的,因为它是内在于生命的。有些事情对活生生的自我及其成长的潜能而言是好的,有些是坏的(参见 Deacon 2012：25，322),请记住我所指的"成长"是通过经验而学习的可能性(参见第二章)。因为非人类生命的自我可以成长,所以考虑我们的行为对它们良好成长——"蓬勃发展"——的可能作用,是适当的。[3]

　　与象征性一样,说道德是独特的,并不意味着它与产生它的东西分离了。道德代表一种涌现连续性与价值的关系,正如象征指涉代表一种涌现连续性与标引指涉的关系一样。价值超越了人类。它是活生生的自我的构成特征。我们的道德世界可以影响非人类存在者,正是因为有些事情对他们来说是好的,有些事情对他们来说是坏的。而其中一些对他们有利或不利的事情也是一样,如果我们能学会倾听这些与我们的生命纠缠在一起的存在者,那么我们也许就会有所领悟,这对我们来说既有可能是好的,也有可能是坏的。

当我们开始思考这个包含我们的我们如何是一个涌现的自我(它可以在其未来的构成之中融入许多种类的存在者)时,情况尤其如此。我们人类是多重非人类存在者的产物,这些非人类存在者已经塑造了我们之为我们,并将继续塑造我们自己。从某种意义上说,我们的细胞本身就是自我,它们的细胞器在遥远的过去曾经是自由生活的细菌的自我;我们的身体是巨大的诸多自我的生态系统(Margulis and Sagan 2002;McFall-Ngai et al. 2013)。这些自我就其自身而言都不是道德行为的场所,即使具有涌现属性(例如人类道德思维的能力等属性)的更大自我可以包含它们。

正如唐娜·哈拉维暗示的,多物种的相遇是培养道德实践的一个特别重要的领域。其中,我们清楚地面临着她称之为"意蕴他者性"(significant otherness)(Haraway 2003)的处境。在这些相遇中,我们面对的是一种根本上(意蕴)为他者的他者——我要补充的是,这种他者是不可通约的或"不可认知者"(incognizable)(参见第二章)。但在这些相遇中,我们仍然可以找到与这些根本不同于我们的他者建立亲密(意蕴)关系的方法。这些自我之中的许多不是我们的自我,同样也不是人类。也就是说,它们不是象征符号式的生物(这意味着它们也不是道德判断的场所)。因此,它们迫使我们寻找新的倾听方式;它们迫使我们超越我们的道德世界来思考,以便帮助我们想象和实现更加公正和更加善好的世界。

一种更有能力的道德实践,一种专注于寻找在一个其他自我寓居的世界之中的生活方式的实践,应该成为我们想象并寻求产生其他存在者的可能世界的一个特征。只是如何着手去做,如何决定鼓励什么样的蓬勃发展——并为所有蓬勃发展所依赖的许多死亡腾出空间——本身就是一个道德问题(参见Haraway 2008:157,288)。道德是我们人类生活的组成部分;这是人类生活的诸多困难之一。这也是我们可以通过超越人类之上的人类学能够更好理解的东西;我们必须一起思考指号过程和道德,因为没有象征,道德就无法涌现出来。

限定词"太"(all too)(与"有区分的"[distinctive]相对)不是价值中立的。它带有自己的道德判断。这个词意味着此处存在一些潜在的麻烦。本章和下面章节通过向鲁纳人所沉浸其中的许多太人性的殖民历史遗产之中的各种复杂的方式敞开自身来研究这一点,这些殖民历史遗产很大程度上影响了亚马逊这一地区的生活。简而言之,这些章节开始向涉及权力的问题敞开自身。

狗-人纠缠

在许多方面,阿维拉的狗和人都生活在独立的世界之中。

人们经常忽略他们的狗，一旦它们长大，它们的主人甚至不一定会喂它们。就狗而言，它们似乎在很大程度上忽略了人。在屋子下的阴凉处休息，跟在隔壁的母狗后面偷偷溜走，或者就像希拉里奥的狗在被杀前几天所做的那样，自己猎杀一只鹿——狗基本上过着自己的生活。[4]然而它们的生命也与人类主人的生命紧密相连。这种纠缠不仅仅关涉到家庭或村庄的有限背景。它也是狗和人与森林的生物世界以及与阿维拉以外的社会政治世界相互作用的产物，这两个物种都被殖民历史的遗产联系在了一起。狗-人关系需要同时从这两极来理解。这些关系所奠基其上的等级结构同时（但不等同于）是一种生物学事实和殖民事实。例如，捕食关系刻画了鲁纳人和他们的狗与森林以及白人世界的关系的特征。

通过一个被布莱恩·哈尔（Brian Hare 2002）和其他人称为"系统发育的濡化"（phylogenetic enculturation）过程，狗已经深入到了人类社会世界，以至于它们在理解人类交流的某些方面（例如不同形式的指向食物的位置）超越了大猩猩。以正确的方式成为人类，是阿维拉的狗的生存核心。[5]因此，人们努力引导他们的狗走上这条道路，就像他们帮助年轻人走向成年一样。就像他们教导孩子如何正确生活一样，人们也会建议他们的狗。为了做到这一点，人们让狗摄取一种植物和其他物质的混合物（例如一种被统称为"tsita"的刺豚鼠的胆汁［agouti bile］）。其中一些成分含有致幻剂和毒性。[6]通过以这种方式给狗提供建议，阿维拉人试图给狗施加一种他们认为狗应该具有的人类行为的风俗（ethos）。[7]

就像鲁纳成年人一样，狗也不应该偷懒。对于狗来说，这意味着与其追逐鸡和其他家畜,不如追逐森林里的猎物。此外,狗和人一样,也不应该暴力。这意味着狗不应该咬人或大声吠叫。最后,狗和它们的主人一样,不应该把所有的精力都花在性上。我曾多次观察到人们给狗服用 *tsita*。文图拉家发生的事情,在很多方面都很典型。根据文图拉的说法,在他的狗蓬特罗(*Puntero*)发现雌性之前,他是个很好的猎人,一旦他开始性活跃,他就失去了对森林动物的感知能力。因为魂魄在性交过程中通过精液传递给了发育中的胎儿,就像我在第三章中讨论的准爸爸一样,他会变得灵魂失明。就这样,某天一大早,文图拉和他的家人抓住了蓬特罗,用一根藤条把他的鼻子堵住,然后把他绑了起来。文图拉随后将 *tsita* 倒在了蓬特罗的鼻子上。一边这样做,他一边说出了以下内容:

> 追逐小啮齿动物
>
> 它不会咬鸡
>
> 迅速追赶
>
> 它应该说,"*hua hua*"
>
> 它不会说谎

　　文图拉跟他的狗说话的方式极其不寻常。这一点我稍后再谈。现在,我只会给出一个普遍概释。在第一句话中,"小啮齿动物"是指狗应该追逐的刺豚鼠。第二句话是告诫狗不要攻击家畜,而要狩猎森林动物。第三条短语鼓励狗去追逐动物,但不要跑在猎人前面。第四句话重申了一条好狗应该做的事情:寻找猎物,因此发出"*hua hua*"的吠叫声。最后一句话指出了一些狗也会"撒谎"的事实。也就是说,即使没有动物在场,它们也会发出"*hua hua*"的吠叫声。

当文图拉倒出液体时，蓬特罗试图吠叫。但因为他的鼻子　　137
被绑住了，他无法这样做。最终被释放后，蓬特罗跌跌撞撞地走
了一整天。这样的治疗会带来真正的风险。许多狗无法在这种
磨难中幸存，而这更凸显了狗是如何依赖于其所表现出的人类
品质来维持其自身身体的生存的。在鲁纳社会中，不存在"作为
动物的狗"（dogs-as-animals）的空间。

然而，狗不仅仅是"变成动物的人"（animals-becoming-peo-
ple）。他们还可以获得美洲豹的性质，这是典型的捕食者的性
质。正如美洲豹一样，狗也是肉食性的。他们的自然倾向（当他
们没有屈服于驯化后的懒惰时）就是在森林里捕猎动物。即使
给狗喂食植物性的食物（例如棕榈心），阿维拉人也会在他们面
前称其为肉。

人们也将狗视为潜在的捕食者。在西班牙征服期间，西班
牙人曾用狗来攻击阿维拉鲁纳人的祖先。[8]今天，这种犬类捕食
本性在被称为 *aya pichca* 宴席的某种特殊仪式餐中还可以见
到，我在上一章中讨论过这一点。这顿饭由煮熟的棕榈心组成，
是在死者鬼魂被送回他或她的出生地后的一大早吃的，以期与
胞衣团聚。长长的管状的棕榈心在这顿饭后仍然保持完整，它
象征人的骨头（相反，当棕榈心作为日常膳食时，它们会被切
碎）。[9]作为骨头的象征，这顿饭供应的这些棕榈心是死者尸体
在一种"葬仪内食"（mortuary endo-cannibalistic）盛宴中的替代
品，与亚马逊其他地区（也许历史上阿维拉地区也是如此；参见
Oberem 1980:288）由在世亲属吃掉死者骨头的其他盛宴并无
不同（参见 Fausto 2007）。在我们送走豪尔赫的鬼魂后举行的

宴会上,在场的人们强调,在任何情况下,狗都不能吃棕榈心。将棕榈心视为肉的狗,本质上是捕食者,因为它们就像美洲豹和食人族一样,可以将人类视为猎物。[10]

因此,狗可以获得类似美洲豹的属性,但美洲豹也可以变成犬科动物。尽管它们作为捕食者的角色很明显,但美洲豹也是森林中动物灵师这种灵魂存在者的顺从的狗。根据文图拉的说法,"在我们眼里的美洲豹,实际上是一只[动物灵师的]狗"。

值得注意的是,在阿维拉,这些将美洲豹当作狗饲养的动物灵师通常被描述为强大的白人庄园主和牧师。[11]人们将这些动物灵师拥有和保护的这些猎物比作白人在牧场饲养的牛群。因此从某种意义上说,阿维拉鲁纳人与许多其他将人类的社会性和非人类的社会性(sociality)理解为一回事的亚马逊人并没有太大的不同。也就是说,对于许多亚马逊人来说,人类社会中的社会原则与构成森林动物和"灵"的社会的社会原则并无不同。这种观点发展出了两个方向:非人类社会性对人类社会性的理解,就像人类社会性对非人类社会性的理解一样多(参见 Descola 1994)。然而,阿维拉一直是更大的政治经济体的一部分,同时它也完全沉浸在森林的诸多自我的生态系统之中。这意味着鲁纳"社会"还包括更广泛的殖民地(现在是共和党的舞台)中鲁纳人与其他人之间的紧张关系。结果,延伸到森林的非人类的社会性,也同样受到了那些太人性的历史的影响,鲁纳人已经世世代代纠缠其中。而这就是为什么生活在森林深处的动物灵师是白色的(关于此处的"白色"究竟是什么意思,进一步的讨论请参见第五章和第六章)。

美洲豹人——鲁纳美洲豹人——同样也是狗。正如文图拉

向我解释的那样,他提到了他最近去世的父亲,当一个"具有美
洲豹"(*pumayu*)的人死去时,他或她的灵魂就会去森林里"变成
一条狗"。美洲豹人变成动物灵师的"狗"。也就是说,他们变得
服从于这些动物灵师,就像阿维拉人在为庄园主和牧师的田园
工作时进入的服从关系一样。因此,鲁纳美洲豹人同时也是鲁
纳人,一个强大的猫科捕食者,以及一个白色动物灵师的驯服
的狗。

　　除了象征同时是捕食者和猎物、支配和顺从的鲁纳人的困
境之外,狗是人们在村庄之外世界中的行动的延伸。因为它们
充当侦察兵,通常比它们的主人更早发现猎物,所以狗在森林中
扩展了鲁纳人的捕食事业。他们也和人类一样,同样受到美洲
豹捕食的威胁。

　　除了帮助人们建立与森林存在者的联系之外,狗还让鲁纳
人能够接触到村庄以外的另一个世界——在阿维拉领土附近拥
有牧场的白人-梅斯蒂索人混血(white-mestizo)殖民者的王国。
在阿维拉,狗的食物严重不足,因此它们通常很不健康。出于这
个原因,它们很少能够产生可繁衍的后代,阿维拉人必须经常求
助外人来获取狗崽。因此,一种人类诱发的犬类繁殖失败,使人
们依赖这些外来者繁殖他们的狗。另外,他们也倾向于采用殖
民者使用的狗名。从这方面看,普卡尼亚和慧秋是例外。更常
见的狗名例如马奎萨(*Marquesa*)、奎特尼亚(*Quiteña*)甚至庭威
萨(*Tiwintza*)(来自希瓦罗人的地名,标志着1995年厄瓜多尔
与秘鲁发生领土冲突的地点)。这种使用殖民者喜欢的狗名的
做法,是狗如何始终将鲁纳人与更广泛的社会世界联系起来的
另一个指标,即使它们也是驯化社交性(domestic sociability)的

139

产物。

　　作为连接森林和外部世界的纽带,狗在很多方面都类似于作为"基督徒印第安人"(Christian Indians)的鲁纳人,他们在历史上一直充当白人城市世界和野蛮人的森林世界(或非基督教的"未经征服的"土著,尤其是瓦奥拉尼人[Huaorani])之间的调解人(Hudelson 1987;Taylor 1999:195)。[12]直到大约1950年代,鲁纳人实际上被强大的庄园主招募——具有讽刺意味的是,就像西班牙征服时用来追捕鲁纳祖先的獒犬一样——以帮助他们追踪和攻击瓦奥拉尼人的定居点。[13]而且,作为牧场主,他们继续帮助殖民者与森林相接触,例如帮他们狩猎。

　　我还应该指出,阿维拉人从殖民者那里获得的狗的种类,大多不属于任何可识别的品种。在厄瓜多尔大部分讲西班牙语的地区,这种狗被贬低性地描述为 runa(例如在 un perro runa 一词中的情况)——也就是杂种狗。相反,在基丘亚语中,runa 的意思是人。它被用作标志主体位置的一种代词标记——因为所有自我都将自己视为人——并且它仅在诸如民族志、种族歧视和身份政治等对象化的实践中被实例化为一个民族的名称(参见第六章)。然而,基丘亚语中的这个"人"一词,已经在西班牙语中用来指代杂种狗。[14]对许多厄瓜多尔人来说,runa 指的是那些缺乏某类文明状态的狗,那些没有文化(sin cultura)的狗。根据这种殖民原始主义逻辑,某些种类的狗和某些土著人群体(即说基丘亚语的鲁纳人),已经成为这条从动物性到人类性的想象路线的标志。

　　跨物种的关系,通常关涉到一种重要等级结构的组成部分;人类和狗是相互构成的,但对相关的两方而言,它们的相互构成方式从根本上是不平等的。[15]狗的驯化始于大约一万五千年前(Savolainen et al. 2002),这部分取决于以下事实:狗的祖先是高度社会化的动物,生活在完善的统治等级结构之中。驯化过程的一部分涉及以这样一种方式取代这个等级的顶点,即狗会在它们的人类主人身上留下新领导者的烙印。人与狗的关系取决于犬类社会性和人类社会性相互融合的方式,并且在某种程度上,它们总是以持续建立的支配和服从关系为前提(Ellen 1999:62)。在殖民和后殖民的情况下(例如阿维拉人沉浸其中的情况),这种相互融合获得了崭新的意义。狗顺从它们的人类主人的方式,就像鲁纳人在历史上被迫顺从白人庄园主、政府官员和牧师一样(参见 Muratorio 1987)。然而这个位置并不是固定的。低地鲁纳人,与他们的一些高地土著基丘亚人相比,对于国家当局一直保持着相对较高程度的自治权。因此,他们和他们的犬类伙伴之间的关系也像他们与强大的捕食者美洲豹一样,而不仅仅是服从于动物灵师的狗。

在某种程度上,采用另一种类存在者的观点,意味着我们"成了"与那种存在者"共在"的另一种类(参见 Haraway 2008:4,16—17)。然而这种纠缠是危险的。阿维拉人试图避免我一直称之为"灵魂失明"的那种单子式孤立状态,在这种状态下他们失去了意识到寓居于宇宙中的其他自我的能力。[16]然而,阿维拉人想要这样做,同时也并不能完全消解掉他们在这个宇宙中作为人类存在者的地位所特有的那种自我。"灵魂失明"和"成为一个-他者-与-另一他者-共在"(an-other-with-an-other)是在诸多自我的生态系统中各种寓居方式的相反的极端。因此,模糊种间界限和保持差异之间存在着恒常的张力,其挑战就在于要找到符号学方法来有效地维持这种张力,同时避免被拉到任何一个极端。[17]

做梦

做梦是一种有优先性的交流方式,通过灵魂,做梦使得完全不同种类的存在者之间的接触成为可能,所以它是这种谈判的重要场所。阿维拉人说,梦境是灵魂散步的产物。在睡梦中,灵魂与身体(它的"拥有者")分离[18],并与其他存在者的灵魂互动。梦境不是对世界的评论;它们就发生在世界之中(也参见Tedlock 1992)。

阿维拉人讨论的绝大多数梦境,都是关于狩猎或森林中的其他遭遇的。大多数梦境都得到了隐喻的解释,并建立了一种家庭领域和森林领域之间的对应关系。例如,如果一个猎人梦见杀死了一头家猪,他第二天就会在森林里杀死一只野猪。夜间相遇是两个灵魂之间的相遇——猪的灵魂和鲁纳猎人的灵魂之间的相遇。因此,夜间在家里杀死猪的表象,会使其森林中的表象在第二天遇到时失去灵魂。现在这种生物已经灵魂失明了,它很容易在森林中被找到并被猎杀,因为它不再能识别出其他可能以捕食者身份与它相对抗的自我。

隐喻的梦是一种经验各种存在者之间某种生态联系的方式,以这种方式,人们认识到了它们的差异并继续维持这种差异,同时并不会失去相互交流的可能性。这是因为隐喻能够将不同但相似并且因此相互关联的存在物联合起来。它在指向一种连接时,同时也识别出了一种断裂。在正常清醒的情况下,鲁纳人将森林中的野猪视为野生动物,尽管他们在梦中将它们视为家猪。但事情变得更加复杂了。拥有和照料这些动物(在鲁纳人的清醒生活中表现为野猪)的动物灵师,将它们视为家猪。所以当人们做梦时,他们能够从灵师的视角"看"这些动物——把它们看作家猪。更重要的是,动物灵师被认为是占主导地位的存在者种类。从这些灵师的视角看,野猪和家猪之间的隐喻关系,字面的基础就是"动物-作为-家畜"(animal-as-domesti-cate)。但什么是字面的转变,什么是隐喻的转变呢? 对于动物灵师来说,我们所认为的"自然"(也即"真正的"森林动物)根本不是基础(ground)(参见 Strathern 1980:189);野猪真的是家猪。因此人们可以说,从动物灵师(这是一个占主导地位的动物灵师,因此也是一个具有更重分量的动物灵师)的视角看,猎人梦到猪,这个梦境是字面的基础,而他第二天在森林里遇到野猪则是建立在这个字面基础上的一个隐喻。在阿维拉,"字面"意味着特定领域内部世界习以为常的解释。相反,隐喻被用来支持寓居于不同世界中的存在者的既有观点。因此,"图形"(fig-ure)和"基础"之间的区别,可以根据语境而改变。恒常不变的是,隐喻在寓居于不同领域的各种存在者之间建立了一种视角差异。通过同时将两个存在者的视角联系起来,它认识到了这些存在者所寓居其中的不同世界,隐喻则成了鲁纳人施加在内在于他们与其他种类存在者相互作用的方式中的模糊倾向之上的一个关键刹车。

142　**犬之命令**

　　回忆上一章所述,梦境证实了杀死狗的捕食者的身份。希拉里奥死去的父亲变成的美洲豹是罪魁祸首。但亚美利加的问题仍未得到解答。狗为什么没能预言自己的死亡? 她觉得狗的梦境应该揭示出了在森林与美洲豹相遇的真实本质。

　　亚美利加怎么可能知道她的狗做了什么梦? 为了解决这个问题,重要的是首先得更详细地了解阿维拉人如何与他们的狗交谈。与狗交谈是必要的,但也很危险;鲁纳人不想在这个过程中变成狗。在这种微妙的跨物种谈判中,某些交流方式很重要,我现在要对这些方式进行分析。

　　正是由于在构成了诸多自我的森林生态系统的跨物种的解释等级结构之中相对动物处于优先地位,鲁纳人才觉得他们可以很容易理解犬类发声的含义。[19]然而在正常情况下,狗却不能理解人类语言的全部范围。正如我之前指出的,如果人们想让狗理解他们,就必须给这些狗服用致幻药物。也就是说,他们必须将他们的狗变成萨满,这样它们才能穿越将它们与人类分隔开来的界限。我想更详细地回顾一下文图拉教导他的狗如何行事的场景。他一边把迷幻药混合物倒在蓬特罗的鼻子上,一边转身对他说:

　　　1.1 *ucucha-ta tiu tiu*

　　　rodent-ACC chase (啮齿动物–[宾格]追逐)[20]

　　　追逐小啮齿动物[21]

1.2 *atalpa ama cani-nga*

chicken NEG IMP bite-3FUT（鸡［否定命令式］咬—［第三人称将来时]）

它不会咬鸡

1.3 *sinchi tiu tiu*

strong chase（强追）

迅速追赶

1.4 *"hua hua" ni-n*

"hua hua" say-3（*"hua hua"*说—［第三人称]）

它要说*"hua hua"*（狗追逐动物时的吠叫声）

1.5 *ama llulla-nga*

NEG IMP lie-3FUT（［否定命令式］谎言—［第三人称将来时]）

143

它不会说谎（也即是，狗不应该在没有追逐动物时发出追逐动物时应该发出的吠叫声）

我现在可以解释为什么这是一种非常奇怪的说话方式了。[22] 在教育他们的狗时，阿维拉人直接用第三人称来称呼它们。这似乎类似于西班牙语说"你"（*usted*）的系统，其中第三人称语法结构用在第二人称的语用语境中以传达状态。然而基丘亚语缺乏这样的谦辞系统。尽管如此，鲁纳人还即兴创作基丘亚语。他们以新的方式使用语法结构的情况，在第1.2行中最为明显。在基丘亚语中，*ama* 通常用于第二人称否定式祈使句以及否定式虚拟语气，但从不与这里使用的第三人称将来时的标记结合在一起使用。我将这个异常的否定式命令句称为"犬之命令"(canine imperative)。[23]

　　这就是挑战之所在：为了让人能够与狗交流，狗必须被视为一个有意识的人类主体（也即是，作为你们［Yous］，甚至作为您们［Thous］）；但狗必须同时被视为对象（它们［Its］），以免它们回嘴。这就是为什么文图拉使用这种犬之命令来间接地称呼蓬特罗。[24]似乎这也正是在此过程中，蓬特罗的鼻子为什么要被绑住的部分原因。如果狗回嘴了，人就会进入犬类的主体性之中，从而失去了作为人类的优先地位。把狗拴起来，实际上是在否认它们作为动物的身体，从而使得人类的主体性在狗之中涌现出来。因此，犬之命令允许人们能够安全地呼唤这个部分个体化涌出的人类自我，而另一部分去个体化的犬之自我则被暂时淹没。[25]

　　这种交流尝试所揭示的狗与人之间充满权力的等级结构关系，类似于人与动物灵师之间的关系。就像人能听懂他们的狗一样，动物灵师也能很容易地听懂人的语言；鲁纳人只需与他们交谈即可。事实上正如我多次观察到的那样，在森林里人们直接呼唤这些灵魂。然而在正常情况下，人无法轻易理解动物灵师。就像狗需要致幻剂混合物 tsita 来了解人类表达的方方面面一样，人们也会摄入致幻剂，尤其是死藤水，这样他们就可以与这些灵正常交谈。他们利用这个机会巩固与灵师之间的义务纽带，以便灵师允许他们猎杀灵师们的动物。建立这种联系的一种重要方式，就是通过灵师的女儿。在致幻剂的影响下，猎人试图与她们建立爱的联结，以便帮助自己通过她们的父亲获得野味。

　　这些灵之爱人(spirit lovers)和鲁纳人之间的关系，与鲁纳人和他们的狗之间的关系非常相似。人们以第三人称教导他们的狗,此外狗的鼻子被系上,使它们无法回应。出于相关的原因,灵之爱人从不允许她的鲁纳伴侣直呼她的名字。她的真名,只能由灵师领域的其他存在者说出,绝不能出现在她的人类爱人面前。正如一个男人告诉我的,"男人从不会问她们的名字"。取而代之的是,男人只能用"女士"(señora)的头衔称呼他们的灵之爱人。在阿维拉,这个西班牙语用于指代和称呼白人妇女,无论其婚姻状况如何。通过禁止鲁纳男人直接对她们说话,灵师的女儿们可以保护她们作为灵(在某种意义上,也作为白人)的优先视角。这类似于人们与他们的狗的交流方式,即为了保护自己作为人类的优先地位。[26]因此在所有层面上,目标就是能够跨越不同物种的界限进行交流,同时不会破坏它们的稳定性。

物种间言谈

人们使用间接交流形式(例如犬之命令)来限制可能会模糊各种类存在者之间区别的过程。然而,他们在与狗交谈时使用的语言,同时也是这种模糊过程的实例。因此,我开始将其视为一种"跨物种的混杂语言"(trans-species pidgin)。就像某种混杂语言一样,它的特点是减少了语法结构。它没有完全变形,并且表现出最小的从句嵌入和简化的人称标记。此外,混杂语言经常出现在殖民接触的情况下。考虑到在阿维拉,狗与人的关系是如何跟鲁纳人与白人的关系纠缠在一起的,这种殖民效价(colonial valence)似乎特别合适。

鲁纳人与狗的交谈（其方式类似于胡安尼库的美洲豹同伴
说话和喘气的方式［参见第三章］）融合了人类领域和动物领域
的交流模式之中的诸多元素，表明了它作为跨物种混杂语言的
地位。使用基丘亚语语法、句法和词汇的同时，这种"混杂语言"
展示了人类语言的元素。然而，它也采用了预先存在的跨物种
的狗-人习语的元素。例如，*tiu tiu*（第 1.1 行）专门用于刺激狗
去追逐猎物，从不用于人与人之间的对话（引用除外）。为了与
其副语言的身份保持一致，*tiu tiu* 在这里没有变形（参见第一
章）。这种物种间的混杂语言也融入了狗语的元素。*Hua hua*
（第 1.4 行）就是犬类词典中的一项。鲁纳人仅通过引用就将其
纳入到他们的话语中。也就是说，它们自己永远不会吠叫。
Hua hua 从来没有屈折变化，因此没有完全融入人类语法。*tiu
tiu* 和 *hua hua* 都涉及重复，也就是声音的相似式迭代。这也是
一种重要的符号学技术，鲁纳人试图通过它，进入非人类的、非
象征的指涉模式。[27]

　　鲁纳人-狗跨物种的混杂语言也像"妈妈语"（mother-
ese）——据称这是成人看护者与婴儿交谈时使用的独特语言形
式——因为它表现出语法简化，并且用于不具备完整语言能力
的主体。这是它表现出殖民效果的另一种方式。正如我们所
知，在许多殖民和后殖民语境（例如阿维拉的情况）中，当地人站
在殖民者面前，被当做孩子站在成年人面前一样。以下就是这
种情形呈现在阿维拉的一个例子。农业部（Ministerio de Agri-
cultura y Ganadería）的一名工程师与他的妻子和孩子一起造访
阿维拉，此行是为了赋予阿维拉具有法律地位的"人格"
（*personería jurídica*），即其作为国家承认的土著社区（*comu-*

na）。许多人告诉我，他是来给他们"建议"的，为此他们使用了动词"*camachina*"——这个词也用于描述成年人如何"劝诫"儿童和狗。在与我谈话的过程中，工程师反过来将阿维拉居民称为"*los jóvenes*"（青年、儿童），无论其年龄大小。他和他的妻子——恰如其分地，她是一名教师——认为将阿维拉鲁纳人塑造成适当的（也即是成熟的、成年的）厄瓜多尔公民，是他们的公民义务。事实上，他们坚持以国歌作为年度社区会议的开场，并且在漫长的会议中，他们大部分时间都在阅读和解释厄瓜多尔宪法的部分内容，并仔细指导村民通过政府规定的指导方针来民主选举社区领导人。拥有诸如总统、副总统、司库和秘书等头衔之后，这些领导人在理想的情况下将同时在微缩的社区中复制国家的官僚机构，并且充当村庄与国家之间的纽带。正如我在本书最后一章所探讨的那样，阿维拉的"自我"的轮廓，既是人类与非人类之间关系的产物，也是这些亲密（并且通常是家长式）相遇的产物，由此，一个更大的民族国家开始体现在他们的生活之中。

146

形式的限制

　　人-狗跨物种的混杂语言，就像妈妈语一样，是面向语言能力存在问题的存在者的。尽管阿维拉人不遗余力地让他们的狗理解人类语言，但他们与狗的交流方式也必须以其具有高度象征性的指涉模式，符合那些通常无法理解人类语言的物种的迫切需要。在那次不愉快的旅途（参见第一章）中，陪我乘坐巴士穿越安第斯山脉进入东部行政区的我的表妹瓦妮莎，终于和我一起造访了阿维拉。然而在到达希拉里奥家不久,她不幸被一只幼犬咬在了小腿上。第二天下午,这条新来的母狗(它是最近由希拉里奥的一个儿子从苏诺河对岸带来的,这个儿子在那里为殖民者工作)再次咬了她。希拉里奥的家人对这种行为感到非常不安——这只狗的"人性"危在旦夕,进而影响到了她主人的"人性"——因此希拉里奥和他的另一个儿子卢西奥给这只狗用了致幻剂混合物 *tsita*,并继续"给她建议",就像文图拉告诫蓬特罗的方式一样。这一次,他们抓住这只被下了药的狗,把她的嘴牢牢绑住,把她的鼻子放在前一天她咬过瓦妮莎的地方。他们一边这样做,希拉里奥一边说:

> 5.1 *amu amu mana canina*
> [她,瓦妮莎,是个]主人,不能咬主人

> 5.2 *amu amu amu imapata caparin*
> [她是个]主人,主人,主人,不能够吠叫

> 5.3 *amuta ama caninga*
> 它不会咬主人

在这里,正如第5.3行所示,希拉里奥使用了与文图拉相同的否定式"犬之命令"的结构。然而在这种情况下,这个短语和它所嵌入其中的一系列话语,跟与狗交流时使用的一种认真的非语言和非象征性的努力纠缠在了一起。不过否定性的犬之命令——"它不会咬人"——以这样一种方式回应与这只狗说话的挑战,即,在致幻剂的影响下,狗可以理解但不回应,重演咬瓦妮莎的行为成了否定式的犬之命令的另一种形式,但这不是在象征式语域(symbolic register)中,而是在标引式语域(indexical register)之中。因此,它应对了一个不同但同样重要的挑战:如何在没有语言的情况下说"不要"(don't)。

关于如何在没有语言的情况下说"不要"的这一挑战,格雷戈里·贝特森指出,在包括狗在内的许多哺乳动物中可以看到一种有趣的交流特征。它们的"游戏"运用了一种悖论。例如,当狗一起玩耍时,它们的行为就好像它们在打架一样。它们互相咬着玩,但方式并不痛苦。"游戏中的轻咬(nip),"贝特森观察到(Bateson 2000e:180),"表示咬,但它不表示咬的含义。"这里有一个奇怪的逻辑在起作用。他继续说,"就好像这些动物在说,'我们现在所做的这些行动并不表示它们所代表的那些行动会表示的。'"(Bateson 2000e:180)从符号学角度思考这一点的话(我在这里遵循了特伦斯·迪肯的研究[Deacon 1997:403—5]),虽然在象征式语域中通过否定进行交流相对简单,但在非人类交流典型的标引式交流方式中,却很难做到这一点。当唯一保险的交流方式是借助相似性和相邻性时,你如何告诉狗不要咬人?你如何在不超越严格相似式指涉形式和标引式指涉形式的情况下,否定相似性或相邻性的关系?象征性地说"不要"是很简单的。因为象征领域在一定程度上脱离了符号关联的标引链条和相似链条,所以它很容易适应这种元陈述(meta-statements)。也就是说,通过象征模式,在"更高"解释层次上否定一个陈述是相对容易的。但是你又如何能以标引式的方式说"不要"呢?唯一能够如此的方法,就是重新创建"标引"符号,但这次重新创建的"标引"符号没有标引效果。唯一能以标引方式传达实际有效的否定式犬之命令"不要咬人"(或者以其鲁纳人跨物种的混杂语言的谦辞形式来说,"它不会咬人")的方法,就是再现咬人的行为,但以某种方式将咬人的行为与其通常的标引关联分离开来。游戏中的狗会咬人。在此这个"咬"是真正的咬的一个标引符号,但它是以一种自相矛盾的方式成为标引符号的。尽管它是真实的咬及其所有实际效果的一个标引符号,但它也迫使其他可传递的标引链条中断了。因为"咬"的不在场,

148 一个新的关系空间出现了,我们可以称之为"游戏"。轻咬是咬的一个标引符号,但它并不是咬本身之为标引的标引符号。通过重现对我表妹的攻击,希拉里奥和卢西奥试图进入这种犬类游戏的逻辑之中,尽管它受到标引指涉的形式属性特征的限制。他们强迫狗再咬瓦妮莎一次,但这次她的鼻子被绑住了。他们正是在试图打破"咬"及其含义之间的标引式关联,并以这种方式,通过跨物种的混杂语言的习语(目前这种习语已经远远超出了语言的范围),告诉他们的狗"不要"。

　　动物是否能理解人类语言以及动物在何种程度上能够理解人类语言,这些问题从来都不是能完全弄清楚的。如果狗可以很容易地理解人类,那就没有必要给它们致幻剂了。我想说的一点是,跨物种的混杂语言确实是一个中间地带(广义参见White 1991;也参见 Conklin and Graham 1995)。仅仅想象动物如何说话,或将人类语言施加于它们,都是不够的。我们还面临动物用来相互交流的符号模式的特定特征给我们带来的限制,并被迫对此做出回应。不管这种回应是否成功,这种尝试都说明阿维拉人敏感地意识到了非象征式符号模式所带来的形式约束(参见 Deacon 2003)。

难题

我想暂时回到本书的导言,并从上一章再次提到的那个讨论开始,关于永远不要把目光从森林中遇到的美洲豹身上移开的告诫。回应美洲豹凝视的目光,会鼓励这个生物把你当作一个平等的捕食者——一个你(You),一个您(Thou)。如果你把目光移开,它很可能会把你当作猎物,即将死去的肉,一个它(It)。在这里,在这种非语言交流中,地位也是通过使用直接或间接的非语言交流方式跨越物种界限来传达的。这也是犬之命令运行区域的一个参数。根据阿维拉人的说法,美洲豹和人类享有某种平等地位。他们可以潜在地跨物种地吸引彼此的凝视,但至少在某种程度上是发生在主体间性的空间之中。出于这个原因,一些人认为,如果他们吃了很多辣椒,他们可能会击退在森林中遇到的美洲豹,因为眼神接触会灼伤美洲豹的眼睛。相反,与更高层次的生命进行眼神交流是非常危险的。例如,一个人应该避免与在森林中游荡的恶魔(*supaiguna*)接触。直视它们会导致死亡;通过回应它们的凝视,人们就进入了它们的领域——非生者(the nonliving)的领域。[28]

在阿维拉,这种视角的等级结构反映在交流方式之中。当一个存在者可以接受另一个存在者的主体性视角时,就会产生字面意义上的交流。"更高等级的"存在者可以比较低等级的存在者更轻易地做到这一点,因为显然人们可以理解狗的"谈话",或者灵可以听到人们的恳求。然而,"较低等级的"存在者却只能借助于他们优先的、可以让寓居于不同领域的存在者的灵魂

149

相互接触的交流工具(例如致幻剂),从更高等级的存在者的视角看世界。如果没有这些特殊的交流工具(例如致幻剂),那么较低等级的存在者就只能通过隐喻(也就是,通过一种在区分的同时建立联系的习语)来理解更高等级的存在者。

我们现在可以解决我在本章开始时提出的难题:如果隐喻在鲁纳人的梦境之中,以及在其他可以识别各种类存在者之间差异的情况下如此重要,那么鲁纳人为什么要从字面意义上来解释他们的狗的梦境呢?

在一个隐喻式的人类梦境中,人们认识到他们的感知方式与动物灵师的感知方式之间存在着鸿沟。通过梦境,他们才能看到森林的真实面貌——森林是主宰它的动物灵师的家庭花园和休憩地。然而,这总是与他们在清醒生活中将森林视为野生森林的方式并列。阿维拉人从字面意义上解释狗的梦境,这是因为他们能够直接看到他们的狗的灵魂如何经历事件的表象,这要归功于他们享有与狗相比的优先地位。相反,就他们自己灵魂的梦境般的漫步(这涉及与主宰的存在者及其控制下的动物之间的互动)而言,人类就通常不会享受这种优先视角。这就是为什么他们的梦境表现出了一种隐喻的鸿沟。

跨物种的混杂语言

就阐释狗的梦境而言,当狗和人聚集在一起,共同作为跨越了他们物种界限的单一情感领域中的一部分时,那道将各种类型存在者分离开来,并为人们谨慎遵循的鸿沟,至少有那么一会儿崩塌了。事实上,狗和人此时是作为一个涌现的和高度转瞬即逝的自我,分布在了两具身体之上。[29] 亚美利加的认识论危机揭示了这件事情的脆弱性和风险。狗的梦境不仅仅属于狗。它们也是鲁纳人——狗的主人和偶然"宇宙航行"(cosmonautical)的同伴——的目标、恐惧和愿景的一部分,鲁纳人伸手触及他们的狗的灵魂,与寓居森林世界以及之外的存在者相接触。

我在本章中讨论的各种纠缠,不仅仅是文化上的,也不完全是非文化上的。它们无处不是生物学的,但它们却不仅仅与身体有关。狗真的变成了人(从生物学上,以历史上特定的方式),鲁纳人真的变成了美洲豹;这是遭遇猫科动物符号学的自我而幸存下来所必需的。这些与他者"共同成为"(becoming with)的过程,改变了"活着"(be alive)的意义;他者同样也改变了作为人类意味着什么,就像他们改变了作为狗甚至作为捕食者的意义一样。

我们必须注意涉及不同种类的自我之间的互动(这些不同种类的自我处于非常不同而且往往不平等的位置上)之中那些危险的、临时的和高度脆弱的沟通尝试(简言之,政治)。这些尝试与权力问题密不可分。正是因为在对狗说话时可以称呼"您"(Thou),所以狗有时必须和人绑起来看:"每一个它(It)都受他人的约束"。调节这种它与您之间的紧张关系,是与其他存在者一起生活所固有的一个持续存在的问题,阿维拉人努力在寓居他们宇宙中的许多其他种类存在者的"关系之中"找到自己的位置。

鲁纳人和狗之间跨物种的混杂语言,不仅仅相似式地融合了狗的吠叫声,而且它们不仅仅发明了新的人类语法来胜任这项危险的任务,即以一种可以跨越物种界线听到而无需回应的方式说话。它们还符合某种更抽象的、适用于任何种类自我（无论其状态为人类、有机体，或者甚至只要是地球上的［terrestrial］)[30]的指涉可能性，这涉及某些种类符号形式的限制。当希拉里奥试图在没有语言的情况下说"不要"时，他只能以一种方式这样做。他和他的狗陷入了一种形式之中———一种不仅维持了人类和动物，同时还超越了人类和动物的被实例化的形式。为了分析这些类型的形式，我将在下一章分析它们是如何渗透到生命中，在适当的限制条件下，它们又是如何毫不费力地在完全不同种类的领域之中传播的，以及分析它们是如何获得一种特殊的社会有效性的。

第五章

形式毫不费力的有效性

> 只有从寺外来的人才会感受到寺院的修行气氛,身在其中的
> 人实际上是不知不觉的。①
>
> ——Shunryu Suzuki, *Zen Mind*, *Beginner's Mind*

一天晚上,当我住在文图拉家时,我梦见我站在一个像是某个身材魁梧的殖民者拥有的那种大牧场的围栏外,就在阿维拉领土之外,去洛雷托的路上。里面有只有领野猪跑来跑去。突然,它就停在了我面前。我们俩只是站在那里,看着对方。我们的亲密感让我有了一种怪异而新奇的感觉,一种与这个遥远生物产生意想不到共鸣的感觉。我顿悟了。我抓住了什么。我想,我发现了对那只有领野猪的一种爱。但我也想杀了它。在我摸索了一阵从一个村民那里借来的一把破枪之后,我终于成功开枪了。我把它软软的身体抱在怀里,回到文图拉家,很自豪我现在有很多肉食可以和他的家人分享。

那天晚上我的梦境与前一天发生的事情纠缠在一起,当时我和文图拉从森林散步回来。文图拉感觉到了什么,示意我安静等待,他则跑上前去查看,准备好上了膛的枪。当我等待时,一只有领野猪向我走来。我们都僵住了,我们的眼睛紧紧盯着

---

① 译文采用:《禅者的初心》,铃木俊隆著,梁永安译,海南出版社,2010年,第111页。——译者

对方,然后它跑掉了。

　　这种经验及其梦幻般的回响,捕捉到了人与森林存在者亲密接触的时刻,以及狩猎这些存在者所暗示出来的一些矛盾。阿维拉人和其他与非人类存在者密切接触的人一样,将许多动物视为潜在的人,有时他们会与这些人进行"人际"互动(参见Smuts 2001)。那天下午我在森林里与野猪相遇,无论多么转瞬即逝,都暗示了这类跨物种亲密关系的可能性。它提醒我们,动物和我们一样,都是自我;它们以某种方式表征世界,并根据这些表征而行动(参见第二章)。然而,狩猎既需要认识到这一点,也需要将这些单一自我视为普遍对象;毕竟其目标是将它们变成肉块以供消费和交换(参见第三章)。

　　然而,文图拉对我梦境的看法并没有强调我所感受到的将动物视为自我与随后需要去主体化地杀死它们之间的紧张关系。作为一名经验丰富的猎人,文图拉已经开始擅长协调这些关系。相反,他感兴趣的是这个梦境揭示的我与动物灵师(拥有猪的灵)的关系。这些森林存在者的灵师,通常被认为是欧洲牧师或有权势的白人庄园主,就像那个住在通往洛雷托路上的殖民者一样,他拥有傲慢招摇的态度、皮卡车和猪圈。

　　这些灵师是阿维拉日常生活的一部分。文图拉小时候在森林里迷路时,也曾进入他们的领域。在他的狗的陪伴下,他和父亲一起出去打猎。随着日头向西,文图拉越来越落在后面,直到这个男孩和他的狗都迷路了。他最终遇到了一个他认为是他姐姐的女孩,并跟她沿着一条似乎要带他们回家的路走,但实际上这条路却带领他们穿过瀑布到达了灵师们的居所。几天后,在致幻剂死藤水的帮助下,能够进入灵域的阿维拉萨满们设法与

154

走失的文图拉进行了沟通。然而到了这个时候,他和他的狗已经变得野蛮或狂野(基丘亚语的 *quita*)。他们失去了将阿维拉村民视为人的能力。当人们喊狗时,狗却没能吠叫回应,文图拉也没有认出他自己的母亲罗莎,他甚至害怕她。

几十年后,在我驻留在阿维拉的那段时间里,文图拉的母亲年事已高,很容易糊涂,她最终也进入了灵师的领域。有一天,罗莎在照顾她的几个孙子,她在森林里闲逛时走失了。罗莎失踪整整五周之后,一名年轻女子和她弟弟在森林里钓鱼,她首先注意到这条鱼被某种存在物吓跑了,然后在一条小溪旁偶然发现了罗莎。罗莎活了下来——憔悴,她的头皮和脚趾都长满了虫子——但足以告诉大家,她在一个她以为是她十几岁孙子的男孩的带领下,如何来到了她称之为"基多"(Quito)的地下灵师之城。她说,这座地下城市美丽而且富丽堂皇,"就像活生生的基多一样",而基多则是厄瓜多尔坐落在安第斯山脉上的首都。

我从没想到自己会亲身经验到这个灵师领域。但是,根据文图拉的说法,这正是发生在我身上的事情。他解释说,我梦见围栏里的野猪,这表明动物灵师让我在前一天分享跨物种之间相互识别的亲密时刻。那头猪属于森林中的灵师,我看到它所在的那只猪圈,就在那位灵师的牧场上。

我的梦境将某种人类社会性与野蛮社会性并置在了一起,这个梦境很像胡安尼库的儿子阿德尔莫(*Adelmo*)的梦境。一天清晨,阿德尔莫猛地从床上爬起来,他大声宣布:"我做梦了!"然后拿起猎枪冲出房子。几小时后,他肩上扛着一只野猪回来了。我问他是什么促使他这样跑出去的,他回答说他梦到自己买了一双鞋。洛雷托的鞋店里摆满了鞋架和成堆的橡胶靴,是

155

一群野猪在泥坑里留下的大量足迹的一种恰切形象。此外,那些臭哄哄的杂食性的猪是群居动物,但其群居方式并不完全是鲁纳人认为合适的方式。从这方面看,他们就像那些穿着莱卡的殖民店主之一(阿维拉没有人会以这种方式展示他们的身体部位)。他们也像"赤身裸体的"瓦奥拉尼人,是"文明的"(穿着衣服的)鲁纳人长期以来"野蛮的"敌人。[1]

我的梦也与一位有两个孩子的年轻父亲法比安(Fabian)做的梦有着共同点,当时我们都在他的狩猎营地。他是一家储备丰富的杂货店店主,店里装满了大米袋和沙丁鱼罐头之类的东西,由一位年轻牧师看店。后来他解释说,这个梦境预示着我们会杀死绒毛猴。这些绒毛猴在远离鲁纳人定居点的深山中成群结队地游走。一旦被发现,它们就相对容易被猎杀——人们通常可以捕获好几只——而且它因其厚厚的脂肪层而令人垂涎。就像这些绒毛猴经常光顾深林一样,这个储备充足的杂货店距离鲁纳人的定居点还有一段距离。而且,就像大波的绒毛猴部队一样,商店也同样提供丰富的食物。商店和绒毛猴部队都由强大的白人控制。如果有适当的方法,鲁纳人就可以接触到这两者的一些财富。

梦境反映了一种普遍存在的亚马逊人看待人类社会性和非人类社会性的方式,这种方式将这两者视为是彼此连续的,并在人类家庭领域和非人类森林领域之间建立了严格对应的平行关系(参见 Descola 1994)。鲁纳人在森林中遇到的猎鸟,实际上是森林灵师拥有的家鸡,就像美洲豹是这些灵师的猎犬和护卫犬一样。

那么从灵师的主宰视角来看,我们人类视为野味的生物,实际上是家畜(参见第四章)。与我们欧美文化多元主义(它假定了一种均质本性,其中具有多重和可变的文化再现)相反,这种亚马逊人对森林及其存在者的理解,更类似于对维维罗斯·德·卡斯特罗(Viveiros de Castro 1998)所称的"多元自然"(multinatural)的理解(参见第二章)。世界上存在许多不同的自然(natures),它们是寓居宇宙中的不同种类的存在者的产物。但只存在一种文化——一种我的视角看到的所有的自我(无论是人类还是非人类)寓居其中的文化。从这个意义上说,文化是一种我的视角(an I perspective)。也就是说,从他们的"我"的视角来看,所有存在者都把他们寓居的不同自然视为文化:美洲豹——作为一个我——将野猪血视为鲁纳人日常饮食中喝的木薯啤酒,根据同样的逻辑,诸灵则将森林视为一个果园。

为什么会在文化与自然、家庭与野生之间产生这种呼应?我为什么要知道它? 这不是多元自然主义(multinaturalism)可以解决的问题;这种人类学已经超越了人类的能力。有人可能会认为,这种感染我梦境的特殊的双重逻辑,是我持续不断的民族志田野调查的副产品,这是一个热切的人类学家可能会遭遇到的某种文化适应现象。除了,正如我已经暗示的那样,文化可能并不是这些世界地区之中最佳的差异标识。事实上,正如我希望下面的讨论能够阐明的那样(也遵循了第二章的论证),差异可能并不是理解我的梦境所涉及的更广泛问题的正确起点。

此外,我也并不是唯一一个经历过这些共鸣的外人。从那以后,我已经发现了好几位穿越该地区的传教士和探险家,他们明显也自然而然地适应了这种人类领域和森林领域之间的平行对应关系。例如,19世纪英国探险家阿尔弗雷德·西蒙森(Al-

fred Simson)曾经在鲁纳村短暂停留,他在向一个名叫马塞利诺
(Marcelino)的人描述英国时,无意中重建了森林灵师的领域。
通过一系列同构关系,他将英国的城市、富饶、家庭和白人领域,
与亚马逊森林贫困、野蛮和印第安人种相互对照。他解释说,大
城市不像森林中零散分布的村庄,大城市取代了稀缺的"刀、斧
头、珠子……所有这些东西都将在那里大量供应"。他继续说,
在他的国家,只有那些有用的和可食用的野兽,它们取代了荒野
中的野兽(Simson 1880:392—93)。[2]

　　西蒙森和马塞利诺之间的对话,同样也暗示出了试图与这
些领域相通约(commensurate)的萨满式尝试。鲁纳人死后,他
们将永远活在灵师的领域,因此西蒙森将英国称为"天堂"是恰
当的。进入这个领域需要一段艰苦的旅程,根据西蒙森的说法,
这段时间可能会持续约"十个月"——我们后来了解到,马塞利
诺对这段旅程进行了一种萨满式的理解。当他们说话时,西蒙
森给他的一个烟斗装上了"强效烟草",马塞利诺开始吞下"他所
能大量吸入的所有烟雾"(Simson 1880:393)。

　　烟草与致幻剂死藤水一起,是帮助人们进入灵师视角的工
具之一。事实上,阿维拉人称萨满为"有烟草"的人(*tabacuyu*)。
由于梦境提供了获得其他视角的优先性,我也像马塞利诺和拯
救文图拉和他的狗的喝死藤水的阿维拉萨满一样,能够看到森
林的真实面貌。我开始把它看作是一个家庭空间——一个牧
场——因为从拥有猪的森林灵师主宰性的"我"的视角来看,这
就是森林的面貌。

　　为什么森林与驯养(生态和经济)之间的这种平行会出现在
这么多地方,包括出现在我的梦境中? 为什么像基多这样的地

方会位于森林深处？我希望在本章提出的主张是，解决这些看似完全不同的问题，需要理解一些表面上可能并不相关的东西：它需要理解规律、习性或模式的特殊特征。用更抽象的术语来说，我认为要解决这些问题，需要了解某些可能性的限制结构是如何涌现的，以及这些会导致某些模式出现的结构在世界上传播的特殊方式。也就是说，解决这些问题，需要了解我所称的"形式"。

我要充实的一点是：鼓励亚马逊森林生态系统和人类经济在我的梦境和鲁纳人的梦境中保持一致的，是这些系统所共有的模式或形式。我想强调的是，这种形式不是将人类认知图式或文化范畴强加于这些系统的结果。

要想像我在这里所做的那样提出超越人类的形式主题，而不被指责在为一个超越领域的独立存在（例如理想的三角形或正方形）做柏拉图式论证，这是很难的。相反，考虑形式在人类领域扮演的角色，争议却较小。

我们都认同，人类心灵在普遍性、抽象性和范畴之间来回穿行。还有另一种描述方式，形式在人类思维中处于中心地位。让我根据我提出的形式的定义，来重新表述这个陈述：限制可能性并使它伴随我们独特的人类思维方式出现，这导致了一种我在这里称为"形式"的模式。例如，对人类思想和语言至关重要的象征指涉的关联逻辑（在第一章中讨论并在本章后面重新讨论），导致了普遍概念的产生，例如鸟这个词。

这样的普遍概念比实例化它的单词鸟的各种实际话语（utterances）更受限制。因此，话语比它们表达的概念更具可变性、更少受限制和"更混乱"。也就是说，一个词（例如鸟）的任何特定发音,实际上听起来都会有很大的变化。但所有这些特定话语所涉及的普遍概念,却允许将这些可变话语解释为"鸟"的概念的有意义的实例化。这个一般概念(有时称为"类型")比实例化它的话语(在与此种类型的关系中称为"标记"[token])更规则、更冗余、更简单、更抽象,并且最终更模式化。从形式的角度来思考这些概念会得到"种类"所表现出来的这种典型普遍性。

因为语言及其象征属性是属人的独特之处,所以很容易将这种形式化的现象归于人类思想。这鼓励我们采取唯名论的立场。它鼓励我们将形式仅仅视为人类强加给一个没有模式、范畴或普遍性的世界的东西。(如果我们是人类学家,它会鼓励我们在我们所沉浸其中的独特人类历史的偶然性、不断变化的社会和文化背景中寻找这些范畴的起源;参见第一章。)但采取这样的立场就等于允许人类语言殖民我们的思维(参见导言、第一章和第二章)。有鉴于此,正如我在前几章中论证的,人类语言嵌套在一个更广泛的表征领域中,该领域由在非人类生命世界中涌出和流通的符号过程组成,将语言投射到这个非人类的世界,会使我们对这些其他表征模态及其特征视而不见。

那么,人只是形式的来源之一。重要的是我们有必要注意我们手头的论点,也就是这些存在于人类呈现之外的符号模态的一个重要特征,就是它们也具有形式属性。也就是说,与象征表征(symbolic representation)一样,这些符号模态(由相似符号和标引符号组成)也呈现出了对导致某种模式的可能性的限制。

159   我在上一章结尾提到了这一点,我讨论了人们可以尝试在非象征、非语言的语域中"说""不要"的有限方式,以及这种对可能性的形式约束的逻辑是如何同样也体现在非人类的动物交流模式(一种形式)之中的,我们可以在动物间的"游戏"中看到这一点。这种模式在许多不同的物种之间,甚至在跨越物种界线的交流尝试之中,一次又一次地出现,这是超越人类之上的世界中"形式"的涌现和循环的一个例证。

正如我在第一章提到的,指号过程存在于人类心灵之外,而它们所创造的语境是"普遍"的一个指标,也即习性、规律或者用皮尔士的术语来说"第三性"是"真实的"。(这里的"真实"是指这样的普遍可以通过独立于人类的方式来表现自己,并且它们可以在世界上产生最终的影响。)然而——这一点很关键——指号过程存在于超越人类之上的生命世界,在这个世界之中,形式也会从无生命世界涌现,并且是无生命世界的一部分。

也就是说,形式是一种普遍的真实,尽管实际上它既不是活的也不是一种思维。考虑到生命和思维运用形式的方式,及其各处受到的这种逻辑和属性的改造,这一点是很难理解的。因此在本章中,我将人类学推进一步,让人类学超越人类之上,从而探索存在于超越生命的世界中的普遍的特殊显现。

在本书中,尤其是在第一章,我一直在讨论一些普遍。涌现现象就是普遍。习性或规律也是普遍。所有这些在某种程度上都是对可能性的限制(参见 Deacon 2012)。我用形式这个术语来指代我在这里处理的普遍的特殊显现。我这样做是为了强调在亚马逊地区表现普遍的方式所涉及的一些几何模式。其中许多都可以归类到"自我-组织的涌现现象"(self-organizing emergent phenomena)之中,或者借用迪肯(Deacon 2006,2012)的术语就是"形态动力学"(morphodynamic)——也就是,以产生形式的动力机制为特征(参见第一章)。

正如我将要讨论的,亚马逊地区这种非生命的涌现形式的诸多例子,包括河流形态的分布或有时在其中形成的漩涡周期性的圆形形状。这些非生命形式中的每一种都是限制可能性的产物。至于河流,水不仅流向亚马逊的任何地方。相反,河流的分布受到多种因素的制约,这就形成了一种模式。至于漩涡,在适当的条件下,在障碍物周围快速移动的水流会产生自我强化的圆形图案,这是水可能流动的所有可能(更加混乱、更少约束、更多湍流)方式的一个子集。

认识到了物质世界中形式的涌现,本章需要超越生命。然而,我们的目标是要看看生者如何"运用"形式,并且他们运用形式的特定方式是如何受到形式的奇特逻辑和属性所影响的。正如我将展示的,亚马逊地区的人们运用这些形式,其他种类的活生生的存在者也同样如此。

因此,对于人类生命和其他生命而言,形式都是至关重要的。然而在人类学分析中,这种模糊存在物的运作机制,在很大程度上仍然未经理论化。这在很大程度上是由于形式缺乏标准民族志对象所具有的有形性这个事实。然而,形式(就像猪的基本意向性和猪肉的可感质料性一样)是真实的。事实上,形式特殊的有效性模式,将要求我们重新思考我们所说的"真实"是什么意思。作为人类学家,如果我们能找到对那些在亚马逊地区上演的形式的放大和运用过程所作的民族志研究,我们也许就能够更好地适应形式经过我们来运作的奇特方式。反过来,这也可以帮助我们运用形式的逻辑和属性,作为一种甚至可以帮助我们重新思考"思考意味着什么"这种观念的概念工具。

橡胶

　　为了更好地处理形式,我想转向另一种森林/城市的组合,它与罗莎的基多森林或马塞利诺的英国并无不同。曼努埃拉·卡内罗·达·坤哈(Manuela Carneiro da Cunha 1998)描述了亚马逊河流域巴西茹鲁阿河(Juruá)水系的亚米瑙阿族①的见习萨满(Jaminaua shamanic novitiate),如何沿着河流下游很远的地方去到亚马逊港口城市当学徒,以便在回到他家乡的村庄后被公认为一个强大的萨满。要了解这些港口城市为何成为土著萨满获得力量的渠道,我们需要了解亚马逊历史上的一个重要时期:始于19世纪后期并持续到20世纪第二个十年的橡胶热潮,以及最初使这种繁荣成为可能的特定种类的同构对应(isomorphic correspondences)。

　　在许多方面,席卷亚马逊河的橡胶热潮是各种技术-科学、"自然-文化"和帝国结合的产物。也就是说,硫化的发现与汽车和其他机器的发明以及大规模生产相结合,将橡胶推向了国际市场。对于亚马逊上游地区来说,这种繁荣是一种第二次征服,因为外来者在很大程度上依赖于剥削当地人口来开采这种分散在整个森林中的价值日益增长的商品。然而,在英国博物学家从亚马逊盆地移走的橡胶树苗开始在东南亚种植园扎根之后,

　　① Jaminauás 也被称为 Jaminawa,Iaminauá 或 Yaminawá,是居住在除秘鲁和玻利维亚之外的巴西阿克里州的土著群体。Funasa 的数据显示,2010年,该族群共有 1298 人。——译者

这种橡胶繁荣戛然而止（参见 Brockway 1979；Hemming 1987；Dean 1987）。这个故事以这种人与人之间，甚至人类与非人类之间的互动来讲述，是众所周知的。在这里，我想讨论一些不常被注意到的事情：也即是，形式的特殊属性有诸多方式作为所有这些相互作用的中介，并使这种榨取式经济系统成为可能。

　　让我解释一下我的意思。橡胶是一种形式。也就是说，橡胶树的可能分布具有特殊的限制结构。整个亚马逊森林橡胶树的分布——无论是首选的巴西橡胶树（*Hevea brasiliensis*）还是其他一些生产乳胶的橡胶树——都符合一种特殊的模式：单个橡胶树广泛分布在整个森林中，横跨大片景观。广泛分布的植物物种更有可能在物种特异性病原体的攻击中幸存[3]，例如巴西橡胶树，真菌寄生虫橡胶南美叶疫病菌（*Microcyclus ulei*）会导致南美叶枯病的疾病。由于这种寄生虫在整个橡胶的自然范围内都是难以摆脱的，因此在那里的高密度种植园中不容易种植橡胶（Dean 1987:53－86）。与这种寄生虫相互作用，会导致一种橡胶分布的特定模式。在大多数情况下，单颗橡胶树的分布广泛且均匀，不会以单一品种的状态聚集。结果就是橡胶以一种表现出特定模式的方式"探索"或占据景观。任何就地开采橡胶的尝试，都必须认识到这一点。[4]

　　整个亚马逊地区的水系分布，也符合特定的模式或形式。这有多种原因。由于全球气候、地理和生物等许多因素，亚马逊盆地有大量水流。此外，水流只有一个方向：向下。因此，小溪汇入更大的溪流，这些溪流又汇入小河，再汇入更大的河流，这种模式不断重复，直到巨大的亚马逊河流入大西洋（参见图1，第6页）。

　　因此,由于很大程度上不相关的原因,存在两种模式或形式:橡胶在整个景观中的分布和水道的分布。这些规律恰好又以同样的方式探索着景观。因此,只要有橡胶树,附近就很可能有一条小溪通向河流。

　　因为这些模式碰巧以相同的方式探索景观,所以跟随一个模式就可以遇上另一个。亚马逊橡胶经济利用并依赖于这些模式共有的相似之处。通过沿河网航行寻找橡胶,然后将橡胶漂浮到下游,这些模式便联系在一起,使得这些物理领域和生物领域都在一个经济系统中统一起来,由于它们在形式上具有相似性,人们便可以运用它们。

　　人类并不是唯一将植物区系和河流分布模式联系起来的存在者。例如,在阿维拉被称为 *quiruyu*（希氏小脂鲤）[5] 的鱼,会吃掉从 *quiruyu huapa*（达卡香脂树）[6]（这种树恰如其名）上掉到河流中的果实。这种鱼实际上是利用了河流来获取这些资源。在这样做的过程中,鱼还可能传播植物区系和河流分布所共有的模式相似性——形式。如果鱼在吃这些果实时将种子沿着河流传播,那么这种植物的分布模式将与河流的分布模式更加接近。

　　亚马逊河流网络展现出一种额外的规律性,这种规律性对人们经由形式利用橡胶的方式至关重要:跨尺度的自相似性（self-similarity across scale）。就是说,小溪的分叉与溪流的分叉相似,溪流的分叉与河流的分叉相似。因此,它类似于阿维拉人称之为 *chichinda* 的复合蕨类植物,这种复合蕨类植物在范围上也表现出了自相似性。*Chinda* 指的是杂乱无章的一堆,尤其指一团缠结的浮木,例如洪水后可能会在河岸树木底部挂起的那种。通过复制这个词的一部分——*chi-chinda*——这个植物名称捕捉到了何以复合蕨类植物的叶子在一个层次上的分裂模式与下一个更高层次的分裂模式是一样的。*Chichinda* 意指嵌套在另一个缠结体中的缠结体,这个名字捕捉到了这种蕨类植物在范围上的自相似性;一个级别的模式嵌套在同一模式中更高更包容的模式之中。

河网的自相似性同样也是单向的。较小的河流流入较大的河流,随着水文网络向下移动,水开始集中在越来越小的景观中。达·坤哈(Da Cunha 1998:10—11)强调了橡胶繁荣时期茹鲁阿河盆地的一个奇怪现象。一个庞大的债权-债务关系网络涌现而出,它假设了一种与河流网络同构的跨尺度嵌套自相似的重复模式。一个位于河流交汇处的橡胶商人向上游提供信贷,反过来又欠下河流下游一个更大商人的债务。这种嵌套模式将森林最深处的土著社区与亚马逊河口甚至欧洲的橡胶大亨联结了起来。

然而,人类并不是唯一利用单向嵌套河流模式的存在者。亚马逊河豚和商人一样,也聚集在河流交汇处(Emmons 1990;McGuire and Winemiller 1998)。由于河网的这种嵌套特征,它们以聚集在那里的鱼类为食。

存在于形式之内,是毫不费力的。从这个意义上说,它的因果逻辑跟与我们通常做某事所需的物理作用相关联的推-拉逻辑完全不同。下游漂浮的橡胶最终将到达港口。然而,要使橡胶变成这种形式,还需要做大量的工作。找到树木,提取,然后将乳胶制成捆,然后将它们带到最近的溪流,这些都需要很高的技巧和很大的努力。[7] 更重要的是,要让其他人来做这些事情,则需要更大的强制力。在橡胶热潮期间,阿维拉和许多其他亚马逊河流域上游的村庄一样,都遭到了寻找奴工的橡胶老板的突袭(Oberem 1980: 117; Reeve 1988)。

　　像阿维拉这样的村庄引起橡胶老板的注意并不奇怪,因为阿维拉居民已经擅长利用森林的形式来获取资源。就像切割橡胶涉及利用河流的形式去砍树一样,狩猎也涉及利用形式。由于物种的高度多样性、物种的局部稀有性,以及收货季的缺乏,动物食用的水果在空间和时间上都高度分散(Schaik、Terborgh and Wright 1993)。这意味着在任何给定的时间,都会存在一种吸引动物的不同几何形状的水果资源的集合。吃水果的动物放大了这个集合的模式。因为它们不仅被结果的树木所吸引,而且通常还被多物种联合觅食所增加的安全性所吸引。每个成员都"贡献"其特殊的物种能力来发现捕食者——从而提高了整体群体对潜在危险的认识(Terborgh 1990; Heymann and Buchanan-Smith 2000: esp. 181)。反过来,捕食者同样也被这种动物的集中吸引,这进一步放大了整个森林景观中的生命分布模式。这导致了一种特殊的、潜在获得野味的模式:聚集的、移动的、高度转瞬即逝和局部集中的动物散布在相对空旷的大片区域。因此,阿维拉猎人不会直接猎杀动物。相反,他们寻求发现和利用由那些树种的特定空间分布或结构所创造的转瞬即逝的形式,这些树种任何时候都在结出果实,这就是它们吸引动物的原因。[8]

　　那些已经擅长利用森林的形式的猎人,是理想的橡胶挖掘机。但是,要让他们做这些事情,通常意味着要像猎杀动物一样猎杀这些猎人。橡胶老板经常招募敌对的土著群体成员来做这

图 7. 橡胶繁荣时代猎捕猎人的猎人。由剑桥大学考古与人类学博物馆的惠芬收藏（Whiffen Collection）提供。

件事。在迈克尔·陶西格（Michael Taussig 1987：48）复制的一幅哥伦比亚亚马逊的普图马约地区（Putumayo region）的此类猎人照片中，站在前面的人穿戴着美洲豹的犬齿和白色的衣服，这并非巧合（参见图 7）。

　　通过运用捕食者美洲豹和占主宰地位的白人的身体习性（一种经典的多重自然视角的萨满策略；参见第 2 章），他可以将他所猎杀的印第安人视为猎物和下属。迈克尔·陶西格所写的那些猎捕猎人的猎人被人们称为"muchachos"——男孩——提醒人们他们也屈从于他人：白人老板。橡胶经济扩大了现存捕食模式（其中有例如美洲豹这样的食肉动物，它们"高于"它们捕食的例如鹿这样的食草动物）的营养结构等级，在这个过程中，这种经济将这种模式与家长式的殖民模式结合了起来。

165　　　正如我所提到的，阿维拉绝不会免受奴役和袭击。事实上

1992 年我第一次去阿维拉旅行时,亚美利加告诉我的第一个故事就是,当袭击者来到前门,她的祖母(当时她还是个孩子)是如何被毫不客气地推出她家后院的竹墙外才免于成为奴隶的。阿维拉位于安第斯山脚下,远离通航河流和优质橡胶产地。出产最好橡胶的巴西橡胶树,并不在阿维拉附近生长。然而,通过巨大的强制力,许多阿维拉居民被推入了橡胶经济的形式之中。他们被强行迁移到了现在秘鲁纳波河下游很远的地方,甚或更远的地方,那里才有丰富的通航河流和橡胶树。几乎没有人能回来。[9]

繁荣的橡胶经济之所以能够存在和发展,是因为它集合了一系列相互交叠的形式,比如捕食者链条、植物和动物的空间配置,以及水文网络等,将它们共有的相似之处联系了起来。结果就是,所有这些更基本的规律,都变成了一个支配性形式的一部分———一种剥削性的政治-经济结构,其魔爪令人很难逃脱。

事实上,这种形式为涌现出的政治关系创造了可能性条件。那些善于踏入精神性捕食的一种多重自然视角系统中的主宰视角的萨满,会利用它来获得力量。通过在下游做学徒,亚米瑙阿族的萨满便能够采用一种包含并超越上游社会角色的视角(da Cunha 1998:12)。位于下游,意味着居住在河流模式嵌套自相似性的一个更具包容性的水平上——由于殖民经济将其与森林及其土著居民联系了起来,这种形式现在已经变得具有了社会重要性。[10]更重要的是,亚马逊的萨满教却无法在这个某种意义上创造了它并且它也试图回应的殖民等级结构之外得到理解(参见 Gow 1996;Taussig 1987)。然而,萨满教并不仅仅是殖民主义的产物。萨满教和殖民剥削一样,同样都被那些部分超越了它们的形式所赶上，受其限制，并且不得不运用它们所共有的形式。

涌现的形式

　　诸多形式（诸如将橡胶树、河流和经济相互联系起来的模式）正在涌现。我所说的"涌现"不仅仅是指新的、不确定或复杂的意思。相反，关于我在第一章中的讨论，我指的是前所未有的关系属性的出现，这些属性不能还原为任何产生它们的更基本的组成部分。

　　形式，作为一种涌现的属性，在亚马逊自然景观中表现了出来。我们以漩涡（比如亚马逊河流中有时会出现的漩涡，我在本书前面和本章导言中已经讨论过这些漩涡）为例。这种漩涡相对于它们出现的河流具有新的属性；也就是说，它们呈现出一种协调水流循环的模式。这种漩涡中水流动的循环模式，比河流其他部分更自由、更湍急并因此更不具有模式的水流要受到更多限制，因此更为简单。

　　漩涡的循环模式从河水中涌现出来，这种现象不能还原为赋予该水流特定特征的偶然历史。让我解释一下。流经亚马逊河流域的任何给定单位的水流，肯定都具有与之相关的特定历史。也就是说，在某种意义上，它受到了过去的影响。它流经一个特定的景观，因此获得了不同的属性。这样的历史——水从哪里来，在那里发生了什么——当然赋予不同的亚马逊河流以它们特定的特征。例如，如果流入某条河流的水，流经营养贫乏的白沙土壤，那么这条河流的水就会变得富含单宁（参见第二章),因此呈黑色、半透明和酸性。然而,对于目前我们手头的论点来说至关重要的是,这些历史并不能解释或预测漩涡将在这些河流中形成的形式。在适当条件下,无论河流的水来自何处,无论其特定的历史如何,水流都会出现一种循环。

然而重要的是,导致漩涡出现的条件包括水的持续流动。因此,漩涡呈现的新颖形态,永远无法与它所从中涌现的水流完全分离:阻挡河流的流动,形态就会消失。

然而,漩涡是某种别的东西,并不是它所需要的那种连续水流。别的东西也就是少了点什么的东西。而这种"少了点"(something less)就是为什么从形式的角度来考虑诸如漩涡之类的涌现实体是有意义的。正如我提到的,与水流通过河流的所有各种较少受到协调的方式相比,流过漩涡的水流方式的自由较少。这种冗余(redundancy)——这种少了点什么的东西——就是导致我们与漩涡相关的循环水流模式的原因。这就是我们对它的形式的解释。

漩涡既不同于它们产生(和它们所依赖)的源头,又与其连续,因此水流就像其他涌现现象(例如,象征指涉)一样。回想一下第一章中的象征指涉,它是从它所嵌套的其他更基本的符号模态之中涌现而出的。就像漩涡和它与河流中流动的水流的关系一样,象征指涉展示了关于它所依赖和出自的相似符号和标引符号之新涌现的属性。

这种伴随漩涡出现的断裂-但-连续性(disjuncture-despite-continuity)的特征,也适用于橡胶经济中可见的涌现模式。一旦某个经济系统凭借橡胶和河流共有的规律性将这些原因联合起来,导致橡胶和河流分布的分散的原因就会变得无关紧要。

167

然而显然，这样的经济无处不在，它们依赖于橡胶。它还取决于用于获取橡胶的河流。

因此，涌现现象是层层嵌套的。它们享受与产生它们的低阶过程的一定程度的分离。然而它们的存在取决于低阶的条件。这就导向了一个方向：当河床条件发生变化时，漩涡就会消失，但河床的持久性并不依赖于漩涡。同样，亚马逊橡胶经济的存在完全依赖于南美叶枯病等寄生虫限制橡胶分布的方式。一旦远离这些寄生虫的东南亚橡胶种植园开始生产乳胶，导致橡胶树模式分布的关键限制因素就消失了。一种完全不同的经济安排成为了可能，就像一个流动的漩涡一样，联结橡胶、河流、土著和老板的政治-经济体系涌现的形式消失了。

形式的生物社会功效部分在于它超越其组成部分并与其组成部分相连续的方式。从某种意义上说，它之所以连续，是因为涌现的模式总是与较低层次的能量和物质相关联。而物质——比如鱼、肉、水果或橡胶——都是活生生的自我（无论他们是海豚、猎人、吃水果的鱼，还是橡胶老板）在运用形式时试图获取的东西。形式同样也超越了这些，因为当这些模式联系在一起时，它们的相似性会传播到不同种类的领域：利用橡胶的规律性，范围从物理到生物再到人类。

然而，在这个在更高层次上把形式组合在一起的过程中，更高阶的涌现模式同样也获得了先前涌现模式所特有的属性。橡胶繁荣经济像河流一样层层嵌套，其捕食性就像热带食物链的那些捕食者一样。它捕捉到了这些不同-于-人类的形式（other-than-human forms）之中的某些东西。但它也将它们整合成了一种涌现的形式，这种太人性的形式（参见第四章）。让我解释一下。我在这里讨论的非人类形式——例如,那些涉及筑巢和捕食的形式——是等级结构的,与道德无涉。淡化等级结构的形式在非人类世界的重要性,这是没有意义的。这不是我们奠基我们关于道德的思考的基础,因为这些形式并不是以任何道德的方式存在的。等级结构在太人性的世界中呈现出道德的一面,但这只是因为道德是人类特有的象征指号过程的一种涌现的属性(参见第四章)。尽管它们超出了道德并且因此是道德无涉的(amoral)(也即是,非道德),但这种等级结构模式仍然陷入了太人性的涌现属性的系统之中——例如那些基于橡胶提取的高度剥削的经济系统,其道德效价(moral valence)不可还原到它所依赖的更基本的以等级结构模式为准的形式。

森林灵师

但是,回到阿维拉和我的梦境,为什么灵师的领域将森林中的狩猎活动与鲁纳人也沉浸其中的更大的政治经济和殖民历史结合了起来呢? 总而言之,森林的这些灵师也是"白色的"是什么意思?

白性(Whiteness)只是一系列部分重叠的等级结构对应关系中的一个元素,这些对应关系叠加在森林灵师的灵域之上。例如,阿维拉周围的每座山都由不同的灵师拥有和控制。其中最强大的灵师生活在该地区最高峰苏马科火山内的地下"基多"。这座火山还得名于 16 世纪早期的管辖区(jurisdiction),即苏马科省(*provincia de Sumaco*),以表彰在该地区屈服于殖民统治并以西班牙名称阿维拉(Ávila)闻名之前所有地区的副酋长都效忠的最高酋长。[11] 较少森林灵师生活在城市和村庄,这些城市和村庄跟构成厄瓜多尔亚马逊省的教区和省会的较小城镇和城市很像。它们与该地区较小的山脉相应。生活在这些地方的灵师与生活在基多地下的灵师之间的关系,就像前西班牙裔和早期殖民时期的副酋长与苏马科火山相关的最高酋长之间的关系一样。

这种将前西班牙的行政等级结构和当代行政等级结构描绘到同一个地形上,与直到最近一直主导当地采掘资源经济的产业或庄园的网络部分重叠,并将该经济与基多相关联。灵师的领域同样也是一个繁华的生产性产业,就像纳波河沿岸那些橡胶繁荣时代的大庄园一样。[12] 灵师往返于他们的牧场和休憩地,在他们的皮卡车和飞机上运载野生动物。多年前,希拉里奥和一群陆军工程师一起爬上了苏马科火山的顶部,试图在那里架设一个中继天线,他报告说,他看到从其糖锥型顶部呈放射状喷出的沟壑,那是灵师们的高速公路。就像道路起源于基多并从那里延伸到整个厄瓜多尔一样,大阿维拉地区的所有主要河流都起源于这座山顶。

我的观点是,灵师的领域将种族、前西班牙、殖民和后殖民等级结构叠加在景观上,因为所有这些不同的社会政治安排都受到了类似的限制,要视如何能够在空间中调动某些生物资源而定。也就是说,如果亚马逊家庭经济和更广泛的国家经济甚至全球经济试图获取森林所拥有的生命财富的一部分——无论是以野味、橡胶或其他植物产品的形式——那么他们只能通过捕获这种财富的物理和生物模式的结合来实现。正如我提到的,猎人在大多数情况下并不会直接猎捕动物;他们会运用那些

能够吸引动物的形式来捕猎。以类似的方式,庄园主通过债务
劳役(在某些时期甚至是完全奴役),通过鲁纳人来收集森林产
品。这种剥削模式创建了一种集群分布。就像果树吸引动物的
模式一样,庄园成为森林资源和与之相应的城市资源得以集中
的节点。庄园蕴藏着"最多"的"刀、斧头和珠子"(Simson 1880:
392-93),而正是庄园积累了森林产品,鲁纳人反过来又要交换
这些产品。像基多这样的城市同样也表现出了这种财富积累的
聚集模式,因为它们既是贸易商品的来源,也是森林产品的
终点。

低地鲁纳人与基多及其财富有着既亲密又令人担忧的关
系。他们有时负责将白人背到这个城市(Muratorio 1987)。在
阿维拉与市场更加隔绝的日子里,阿维拉居民会直接带着他们
的森林产品前往基多,进行为期八天的跋涉,希望用他们的货物
换取这座城市所拥有的一些财富。

在森林灵师高阶的涌现领域之中,狩猎、庄园和城市由于它
们与周围存在的资源分配模式的关系具有相似性而彼此结盟。
等级结构对于形成跨越这些不同领域的传播而言至关重要。灵
域将这些不同的层层重叠的形式,统一在一个"更高的"涌现层
次上,就像橡胶经济比它所结合的橡胶树和河流的模式处于"更
高的"层次一样。形式是如何在人类领域被放大的,这显然是太
人性的历史的偶然产物。然而等级结构本身同样也是一种形
式,它具有超越了地球上的物体和历史之偶然性的独特属性,即
使它只是在这些地球上的物体和历史之中才能实例化。[14]

符号学等级结构

　　等级结构的逻辑形式的属性与获得道德效价的偶然方式之间的相互作用，在上一章讨论的那些跨物种的混杂语言中显而易见，鲁纳人试图通过这些跨物种的混杂语言来理解和与其他生物交流。跨物种交流所涉及的等级结构显然具有殖民色彩；这就是为什么我称之为混杂语言。例如第四章所讨论的，狗相对于鲁纳人的结构位置，通常与鲁纳人相对于白人的结构位置相当。回想一下，虽然有些鲁纳人死后会变成强大的美洲豹，但作为美洲豹，它们也会成为白色灵师的狗。然而，这些殖民等级结构是对缺乏任何道德效价的、更基本的、非人类等级结构的充满道德的涌现性放大。

　　很多这些更为基本的等级结构，都涉及内在于指号过程的嵌套和单向属性。回顾第一章，并进一步发展我在上面提到的某种象征指涉，这种基于传统符号的独特人类符号模态，在关涉更基本的、我们人类与所有其他生命形式共享的相似式指涉策略和标引式指称策略（也即是，那些分别涉及相似性和连续性的符号）时，都具有涌出的符号学属性。这三种表征模态具有等级结构的层层嵌套并相互连接。构成生物世界交流基础的标引符号是相似符号之间高阶关系的产物，因此它们具有关于相似符号的新颖、涌现的指涉属性。类似地，象征符号是标引符号之间高阶关系的产物，也具有关于标引符号的新的涌出属性。这只是单向的。象征指涉需要标引符号，但标引指涉不需要象征符号。

这些涌现具有等级结构的属性，使人类语言（基于象征指涉）成了一种独特的符号模态，也构成了阿维拉人区分动物领域和人类领域的方式。让我用路易莎、迪莉娅、亚美利加和一只灰腹棕鹛之间的交流来说明这一点。这次交流发生在家犬慧秋从森林里回来后不久，它被一只美洲豹重伤了。这个例子显示了等级结构所起的作用，特别是它构建了不同符号语域中意义层次之间的感知区别。动物的发声，从表面上被看作是"话语"（utterances），处于一种层次的意蕴上，而这些发声也可能出现在另一种更高的意蕴层次上，并属于一种更普遍的"人类信息"。

交流问题发生在这些妇女刚刚从休耕的果园和休憩地收集鱼毒回来之后。她们在家喝着啤酒，剥着木薯，仍然不确定另外两只狗的命运。我们还没有出去寻找它们，也不知道它们已经被美洲豹杀死，尽管此时这就是女人们认为已经发生了的事情，而以下情况为她们正在进行的对话提供了解释框架。

女人们说话时，突然被一只叫着"*shicuá*"飞过房子的灰腹棕鹛打断了。紧接着，路易莎和亚美利加同时插话道：

Luisa：	América：
Shicuá'	"*Shicúhua*，"它说

灰腹棕鹛在阿维拉被称为 *shicúhua*，它有变化多端的叫声。如果你听到它叫"*ti' ti' ti'*"，就像阿维拉的人们模仿的这种发声的话，那么据说它的意思是"说得好"，你此刻的愿望将会实现。然而，如果你听到它发出那天鸟飞过我们头顶时听到的那种叫声——阿维拉人模仿为"*shicuá'*"——那么你认为会发生的事情将不会发生，也就是说这只鸟在"说谎"。我必须指出，其他动物

172

也以类似的方式发出响应。侏儒食蚁兽（它们的名字 *shicúhua indillama* 与灰腹棕鹃的名字有关联性）会发出一种不祥的嘶嘶声，预示着一名亲戚将会死去。

然而重要的是，这种嘶嘶声和灰腹棕鹃的 *shicuá'* 叫声，本身都不是一个预言的符号。相反，虽然这些发声本身当然可以被视为符号，但只有当它们被解释为基丘亚语词语 *Shicúhua* 的表现形式时，它们才具有作为一种预兆的特殊意蕴。*Shicúhua* 这个词语（在基丘亚语中其发音倾向于重读倒数第二个音节），而不是灰腹棕鹃 *shicuá'* 的叫声或侏儒食蚁兽的嘶嘶声，这才是导致这些原本有意义的发声被视为预兆的原因。[15]

灰腹棕鹃 *shicuá'* 的叫声和 *Shicúhua* 之间的差异很重要，据说这只鸟在发出这种声音时就是在"说" *Shicúhua*。当灰腹棕鹃飞过头顶时，路易莎模仿她所听到的它的叫声："*Shicuá'*"。相反，亚美利加说的则是："*Shicúhua*，它说。"在此过程中，亚美利加也以一种不太忠实于鸟实际发出声音的方式发出了呼叫，但这种方式更符合基丘亚语的重音模式。

路易莎则模仿了她所听到的声音，因此将自己限制在话语的实例之中，亚美利加则试图更普遍地了解这只鸟在"说"什么。她实际上是在"人类语言"的范围之内解释着这些信息，我应该指出，这正是 *runa shimi*（也即是鲁纳人所说的基丘亚语的名称）的字面意思。因此，她将这个声音视为动物话语作为一种"类型"时的"标记"。让我用一个英文例子来说明这一点。在英语中，诸如"鸟"之类的任何特定话语都被视为鸟这个词的实例（或标记），"鸟"这个词对鸟的实例（或标记）来说是一个普遍概念（或类型）。我的观点是，这里的例子与之类似。亚美利加将灰腹棕鹛的叫声视为"人类"单词 *Shicúhua* 的一种特定物种标记的实例,"人类"单词 *Shicúhua* 对于这种叫声来说是一个"种类"。正如我们可以通过它与英语中的鸟一词的关系来解释"鸟"的任何话语一样,亚美利加也将这种动物的发声解释成了更为普遍的"人类"单词 *Shicúhua* 的一个实例。因此,这种发声现在被人们理解为携带了某种特定的信息。特定物种的发声(无论是灰腹棕鹛的叫声还是侏儒食蚁兽的嘶嘶声)可以作为"人类"基丘亚语中更普遍术语的个体标记,而"人类"基丘亚语则是这些个体标记的"类型"。

173

　　我想强调的是,尖叫本身并不是毫无意义的;它仍然可以被人类(及其他)解释为一种标引式符号。但是,当它被视为某种更普遍事物的一个实例时,它作为特定占卜系统之中的一种特殊预兆,就获得了额外的含义。

　　为了在这个层面上把这个叫声当作有意义的——把它当作一个预兆——亚美利加把灰腹棕鹛的叫声变成了语言。*Shicuá'* 这个叫声作为 *Shicúhua* 的实例,变得清晰易读。这种叫声被理解为"人类语言"的一种表现形式,这种叫声(否则可能会具有标引式意义)现在在象征语域具有了一种额外的语言信息。

　　妇女们对此采取了行动。到现在为止一直引导谈话的有效假设——狗已经被杀——看来是错误的。因此,亚美利加用灰腹棕鹛的叫声提出的新的假设框架重新解释了狗的困境。由于注意到灰腹棕鹛的信息,她现在想象了另一种可以解释为什么狗还没有回家的情况:"吃了一头浣熊,"她猜想,"它们肚子饱饱的在外面四处游荡。"[16]迪莉娅想知道如何解释流浪回家的狗头上的伤口。"所以发生了什么事?"她问道。[17]短暂停顿后,亚美利加提出，可能是狗在受到攻击时，浣熊咬了狗。多亏灰腹棕鹟发出的那种叫声，以及妇女们解释它的系统，亚美利加、路易莎和迪莉娅开始希望这些狗没有遇到猫科动物，而只是与浣熊搏斗，并且仍然活着。

有人可能会说，我一直在描述的这个特定的预兆系统是人类特有的，或者它是特定文化的特定事件。然而，正如这些女性所做的那样，区分动物标记和它们的人类类型，不仅仅是人类（或文化）强加于"自然"之上的。这是因为它们所做的区别利用了将象征符号与标引符号区分开来的形式等级结构属性。与更普遍地分布在整个生物世界的指号过程相比，这些形式的符号学属性，既不是内在固有的也不是约定俗成的，更不一定只是属人的，它们赋予人类象征指涉一些独特的表征特征。虽然标引符号指向实例，但象征符号具有更普遍的应用，因为它们的标引能力分布在它们所沉浸其中的整个象征系统之中。然而，以某种方式表征的象征符号，以特有的方式利用标引符号进行表征（参见 Peirce CP 2.249）。这从阿维拉人对 *shicuá'* 和 *Shicúhua* 的区分之中就可以看出。*Shicuá'*（一种动物发声的标记）可以简单地以标引式（表示鸟类的存在，危险的出现，等等）方式解释，当它被解释为更普遍的人类词语 *Shicúhua* 的实例时，我们可以把它理解为携带额外信息并将其视为代表某种类的词语。这种类凭借其表现出的标记，在世界之中获得了关注。

简而言之，路易莎和亚美利加对待灰腹棕鹟叫声的不同方式，揭示了生命不必然属人的指号过程（the not-necessarily-human semiosis of life），以及以特殊方式采取非人类指号过程的人类指号过程的形式，这两者之间等级结构（也即是单向的、嵌套的)的区别。这两种指号过程之间的区别,既不是生物学的,也不是文化上的,也不是人类的;而是形式化的。

形式的游戏

定位鲁纳人的类型/标记之区别的表现,以试图理解森林的指号过程之时,我一直在讨论"作为形式的等级结构"(hierarchyas-form)。但我想暂停片刻,反思内在于另一种形式的传播可能性,它也体现在这些跨物种的混杂语言之中,它的等级结构更少、更横向或者"根茎化"(rhizomatic)。那天下午晚些时候,亚美利加解释灰腹棕鹩的叫声改变了谈话方向很久之后——在我们发现尽管发生了这种转变,但这些狗确实被美洲豹杀死了的很久之后——亚美利加和路易莎回忆起了她们是如何收集灌木丛里的鱼毒的,她们每个人都听到了点斑翅蚁鸟(spot winged antbird)的叫声。在受到美洲豹惊吓时,它们会叫"*chiriqui'*",正如阿维拉人模仿这种点斑翅蚁鸟的叫声一样。因此,这个叫声是美洲豹存在的一个众所周知的标示(indicator),它也是 *Chiriquɩhua*(阿维拉人给这种鸟起的名字)这个词的拟声词来源。

回到屋子里,亚美利加和路易莎同时回想起了袭击发生时,她们是如何从各自的灌木丛里听到这种点斑翅蚁鸟的叫声的:

亚美利加:	路易莎:
shina manchararinga	*paririhua paririhua*
它就是这样被吓到了	从一颗赫蕉飞到另一颗赫蕉

175

runata ricusa	shuma' shuma'
即便看到人	从一个到另一个

manchana	
它被吓到了	chíriqui' chíriqui'

"Chiriquíhua Chiriquíhua ," nin	chi uyararca
叫着,"Chiriquíhua Chiriquíhua"	这就是可以听到的声音

"-quíhua"

imachari
这啥意思呢？

　　在她们对这一事件的平行回忆中,亚美利加说出了这只鸟的名字,并试图寻找它的含义。这只鸟在"说着,'Chiriquíhua'"(而不是简单地叫着 chíriqui')。而且因为它的话语现在符合普遍的和泛宇宙的鲁纳话(runa shimi)的系统规范,这只鸟现在所说的肯定具有某种不祥的含义,尽管这究竟意味着什么,亚美利加当时还并不太确定。

　　相比之下,路易莎只是简单模仿了"可以听到"的声音,并让这种声音与其他声音图像产生共鸣:

> pariríhua pariríhua
> shuma' shuma'
> chíriqui' chíriqui'

　　她的图像是一只被美洲豹吓了一跳的蚁鸟,它在灌木丛中从一片蕉叶紧张地飞到另一片蕉叶。在这种自由翻译下,人们得到了这只鸟的图像:

一片叶子到另一片叶子

跳来跳去

chíriqui' chíriqui'

摆脱了将这种叫声的意义固定下来的解释性驱动后,路易莎能够通过一种向声音形式的相似式传播的内在可能性开放的游戏,来追踪鸟类的生态嵌入。暂时忽略"*chíriqui'*"可能会"向上"指代 *Chiriquíhua*——这个词在更广泛、相对更固定的象征系统中"意味着"某物——的方式,让它只与其他图像产生共鸣并追踪这些关系,那么,它才具有其自身的"意蕴"可能性。

我想强调一点,避开某种稳定的意义并不会使路易莎的探索变得非符号化。"*Chíriqui'*"是具有意义的,但并不必然意味着什么。它具有与意蕴不同的分支——相对而言,它在逻辑上更具相似性。相反,亚美利加正试图从蚁鸟的叫声中提取信息。当然,指号过程有助于传达格雷戈里·贝特森所说的"产生差异的差异"(参见第二章),但是正如路易莎对蚁鸟的反应所表明的那样,只关注表征系统如何传达差异,错过了指号过程也依赖于形式毫不费力的传播方式的某些根本性的东西。相似性(iconicity)就是其中的核心。

就此而言,我想回到我在第一章中讨论的那些隐秘伪装的亚马逊昆虫,在英语中它被称为"拐杖"(walking sticks),昆虫学家将其称为"竹节虫"(phasmids)。我想从形式方面来思考这些昆虫。正如我之前提到的,它们的相似性并不基于有人注意到它们看起来像树枝。相反,竹节虫的拟态是因为"其潜在捕食者的祖先并没有注意到竹节虫的祖先与实际树枝之间的差异"这

176

一事实的产物。在进化的时间里，那些最不被注意的竹节虫谱系幸存了下来。就这样，某种形式——树枝和昆虫之间的"契合"——就可以毫不费力地传播到未来。

因此，形式不是从上面强加下来的；形式自己出现了。当然，这是一种对我们的直观而言更为亲熟的解释方式的结果；它源于捕食者"工作"的方式，捕食者的工作方式就是要注意到某些昆虫与其环境之间的差异。有些昆虫，因为不够像树枝，所以被吃掉了。相似性与混淆或无差别之间的关系（参见第二章），正如"像细枝那样的"竹节虫的繁衍所揭示的那样，触及了形式的某些奇怪逻辑及其毫不费力的传播性质。

正如路易莎的言语游戏所表明的那样，相似性从我们限制性的意图之中赢获了一定的自由。它可以跳出象征——但不能跳出指号过程或意蕴。在适当条件下，它可以毫不费力地通过创造意想不到的关联方式来探索世界。

这种探索性的自由，正是我认为克劳德·列维-斯特劳斯（Claude Lévi-Strauss 1966：219）将野性思维（请不要与"野蛮人"的思想混淆）描述为"未经驯化的心智，与寻求回报的文明的心智或驯服的心智不同"时想要企及的东西。我相信，这也是西格蒙德·弗洛伊德在认识到无意识是如何参与到列维-斯特劳斯所暗示的那种自我-组织逻辑时所把握到的东西。这种逻辑在弗洛伊德（Freud 1999）关于梦的著作中得到了很好的例证。这种逻辑在弗洛伊德对口误、不当行为和遗忘名字的处理中同样显而易见。在日常对话的过程中，当意向所指的词语出于某种原因受到压制的时候（Freud 1965），这些情况就会出现，而且它们有时，正如弗洛伊德惊奇地指出的那样，会从一个人传染给

另一个人(Freud 1965:85)。他的这部作品的英文翻译,称这些
"错误"的话语为"动作倒错"(parapraxes),这个词来自于 para-
praxia,指的是某些具有目的的行为的有缺陷的表现。也就是
说,当思维"寻求回报的目的"被移除时,剩下的就是辅助性的东
西或者超越实际的东西:思想自我-组织的脆弱且毫不费力的相
似式传播,会与环境产生共鸣,从而探索它的环境。在动作倒错
的情况下,则可以采取将遗忘的单词与受到压抑的思想联系起
来的自发产生的头韵链(alliterative chains)形式(Freud 1965:
85)。弗洛伊德的洞见,从字面上看是一种"心灵的生态学"(e-
cology of mind),他开发了一些了解这些相似式地联想思维链
条的方法(他甚至找到了鼓励它们增殖的方法),然后通过观察
它们来学习这些思维所探索的内心森林,因为这些思维通过心
灵(psyche)产生共鸣。

　　当然,弗洛伊德想要驯服这类思维。对他来说,这些思维是
达到某种目的的手段。目的是要引出被压抑的潜在思想——这
些思想最终与这一目的相关联——并且通过这种方式治愈他的
病人。正如卡雅·西尔维曼(Kaja Silverman 2009:44)所指出
的,这些关联本身对弗洛伊德来说最终是无关紧要的。但是,跟
随卡雅·西尔维曼(Silverman 2009:65)的研究,还有另一种思
考这种关联链条的方法。[18]我们不能任意地、只指向内在心灵
地去探索,我们或许也可能将这些关联视为世界上的某种思
维——某种指向尘世的思维的典范,它是未经驯化的,目前为
止,它属于一个特定的人类心灵及其特定的目的。

　　这就是路易莎的思维方式提供的样板。它是一种以聆听的
形式出现的创造力(Silverman 2009:62),其逻辑对于一种超越

人类之上的人类学如何能够更好地关注我们的周遭世界而言至关重要。如果说亚美利加是在强迫思维做出回报，那么路易莎则是让森林的思想通过她时能够更自由地产生共鸣。通过将她对蚁鸟叫声的模仿维持在象征层面之下，将其潜在的稳定"意义"暂时搁置，路易莎允许这种发声的声音形式传播开来。通过一连串部分声波同构的链条，"chíriqui'"在其尾声中引发了一系列生态学关系，其效果就是，猫科动物的踪迹，通过茂密的灌木丛，穿越了空间和物种的线团，到达了路易莎采集鱼毒的地方，以及她的狗被袭击的那一刻。

升级

　　尽管这种游戏之中存在着多种可能性，但向上采用一种类型-层级的视角——能够认出杜鹃"shicuá'"的叫声或认出食蚁兽的嘶嘶声，将其作为"Shicúhua"预兆的实例——则是一种赋权（empowering）。这种形式的等级结构逻辑，正是亚米瑞阿族萨满来到河流下游做学徒的原因。通过顺流而下，他能够看到，他所赞叹的某条河流只是一种更广泛、更普遍的模式的一个实例。经由这个"升级"（upframing）的过程，他现在已经能从一个包含个别河流及其村庄的更高阶涌现层次（一种"类型"）的视角去看，而在此我们可以把这些个别河流及其村庄理解为这个体统的低阶组成部分（"标记"）。这些具有逻辑等级结构的属性在一个生态系统之中得到了实例化，它们正是使得这位萨满能够在一个社会政治等级结构之中重新定位自己的东西。

　　那么毫不奇怪，人与灵之间的关系，就像人类与动物之间的关系一样，是由内在于指号过程之中的等级结构的属性构成的。当一个人向着等级结构往上走时，这里也存在一种层层嵌套的、增强的解释能力。让我们回想一下，从上一章开始，尽管鲁纳人已经可以很容易地理解狗发声的含义，但狗只有在被给予致幻剂的情况下，才能理解人类语言。同样，虽然我们人类需要致幻剂来理解森林灵师，但这些灵可以很容易地理解人类语言；鲁纳人只需与他们交谈就可以了，事实上，鲁纳人有时也确实会在森林中这样做。正如我们可以把动物的话语视为需要进一步解释才能作为符合某个类型的标记一样，人类对灵的领域的有限感知，同样也需要被适当地翻译为更普遍的习语，才能真的得到理解。鲁纳人在日常生活中将他们在森林中捕获的猎物视为野生动物。但他们知道，野生动物不是它们真正的表象。从拥有和保护这些生物的灵师更高的视角上看，这些动物确实是家养的。鲁纳人眼中的灰翅喇叭声鹤（gray-winged trumpeter）、稚冠雉（chachalaca）、角冠雉（guan）或是鹬鸪（tinamou），实际上都是灵师豢养的鸡。在这里也存在一个等级结构，它假定了指号过程的某些逻辑属性。所有这些野生鸟类，正如鲁纳人在森林中经验它们那样，都是一种在更高层次上得到解释的更普遍类型——家鸡——的标记实例。而这个更多的东西——这个更高的涌现层次——同样也是更少的东西。所有这些森林鸟类与家鸡有着一些普遍共同点，但若只将它们视为家鸡，在某种意义上，它们就同样也消除了它们特殊的特定物种的个体性。

　　人们同样也可以说，灵师对鸟的感知需要较少的解释工作。按照皮尔士（Peirce CP 2.278）所坚持的那样，符号学解释链总是以图像主义（iconism）结束，而正如特伦斯·迪肯（Deacon

1997：76，77）所强调的那样，只有通过图像主义，需要得到进一步解释的差异才不再需要得到注意（也即是说，图像主义正是心灵活动终结之处），我们可以说，灵师们只需要较少的解释活动，是因为他们以森林鸟类之所是来看待这些森林鸟类——视其为家鸡。相反，我们人类必须吸入大量的"烈性"烟草、服用致幻剂，或者像阿维拉人所说的那样做特别"好"的梦，才能拥有把在森林中遭遇到的不同种类的野生鸟类猎物视为其所是的家鸡的能力。

在内

灵师不需要我们人类所需要的那种解释尝试，因为就像顺流而下的橡胶，或者被果树吸引的动物聚集体，或者上游财富所聚集的港口城市那样，它们已经处在这个涌现的形式之内了。事实上，阿维拉人经常将灵师的领域的现实称为 *ucuta*（内部），它是相对于日常的人类领域，即 *jahuaman*（表面）而言的。因为灵师的领域，顾名思义，总是在形式之内，那里的动物总是很丰富，虽然我们人类不一定能看到它们。一天，我们在狩猎时遇到一支绒毛猴大军，我用我的双筒望远镜仔细估计，最多有 30 只，阿森西奥（*Asencio*）是一位经验丰富的猎人和森林存在者的仔细观察者，他说绒毛猴大军有数百只。那些在阿维拉周围森林中从未见过的动物，例如松鼠猴（squirrel monkey），它们在较低、较温暖的海拔高度上数量丰富，或者当地不再发现的白唇野猪，人们不会说它们存在于森林主人的领域"之内"。不是动物不在那里；只是灵师不让我们看到而已。灵师不允许我们进入承载它们的形式之内。

动物的丰富性并不是灵域之中唯一不变的东西。灵师的领域同样也是一种来生，马塞利诺的天堂。去到那里的鲁纳人永远不会老，也不会死。钓鱼的年轻女子在森林里找到罗莎之后不久，罗莎就回到了灵师的领域——这一次是永远回去了。文图拉后来告诉我，他的母亲去世时，他们"只是掩埋了她的皮"（参见第三章）。也就是说，他们埋葬了她那饱经风霜、饱受时间摧残遭受蛀食的体质——这种衣服以美洲豹犬（jaguar canines）和白色衣服的方式，赋予她特殊的尘世老人的痕迹。文图拉解释说，在灵师的领域，罗莎将永远是个少女，就像她的孙女一样，她的身体从现在起将不受历史的影响（图8）。

罗莎在灵师的领域中永远不会衰老，这也是形式的特殊属性作用的结果。我们通常想象的历史——作为过去事件对现在的影响——不再是形式之内最为相关的因果模式。[19]正如引致河流和植物区系空间模式的原因，在某种意义上跟这些通过高度模式化的涌出的社会经济系统相互关联的方式毫不相关，就像语言中的单词之间相互关联的方式在很大程度上与其起源的个体历史脱钩一样，在灵师的领域之中也是如此，历史的线性被形式打乱。当然，前西班牙酋长国的等级制度、城市、繁华的集镇和20世纪初的庄园，都有其独特的时间背景。但它们现在都陷入了同一种形式之中，并且因此，它们如何以及何时变得无关紧要的那些特定历史，在某种意义上是毫不相关的。于是在某种意义上，形式"冻结"了时间。[20]所有这些位于不同地方的偶然的历史结构，现在"非历史地"（ahistorically）参与到了一种自我强化的模式之中，阿维拉的人们试图利用这种模式来获取

图 8. "孙女们"准备桃椰子啤酒(chunda asua)。作者供图。

野味。

　　作为一种可能超越本体领域和时间实例的规律性,这种形式创造了一个涌现的"总已在"(always already)的领域。关于这个术语我指的是,捕获和维持规律性的某些种类系统的一个结果——无论是利用物理规律和生物规律的社会经济系统,还是结合了其他民间术语(vernaculars)的扩展语言,或者甚至是森林灵师领域的历史分层——就是,它们创造了一个循环因果关系的领域,其中已经发生的事情绝不会从未发生过。以英语为例。我们知道任何给定的句子都可能包含起源于希腊语、拉丁语、法语或德语的词语,但这些词语的历史与这些词语通过语言系统(这些词语现在正是构成语言系统的一部分)的循环闭合赋予彼此意义的"无时间性"的方式毫不相关。我的观点是,正如语言一样,我一直在讨论的这些其他的、不一定是人类的、也不一定是符号系统的事物,也创造出了一个涌出的领域,它们与产生它们的历史——过去对现在的影响——部分地脱钩了。

灵师"总已在"的领域捕捉到了某种形式之内的存在性质。根据阿维拉人的说法,"死者"在进入灵师灵域的 ucuta(也就是内部)时,会变得"自由"。Huañugunaca luhuar,他们说;"死者自由了。"Luhuar,我粗称之为"自由",这个词源自西班牙语 lugar,其原初含义为"地方"。但是 lugar 还有一个时间的含义。短语 tener lugar(虽然今天在厄瓜多尔西班牙语中很少使用)意味着有时间或有机会做某事。在基丘亚语中,luhuar 指的是一个放松世俗时空限制的领域。这是一种因果关系不再直接适用的领域。正如阿维拉人解释的,成为 luhuar 就是从世俗的"劳苦"和"苦难"之中解脱出来[21],从上帝的审判和惩罚中解脱出来[22],并且不受时间的影响。在森林中这片永恒的、灵师"总已在"的领域之中,死者只是继续着——自由。

人类并不只是将形式强加于热带雨林;森林同样也繁衍着形式。人们可以将协同进化(coevolution)看作是相互作用的物种之间规律或习性的相互增殖(参见第一章)。[23]由于多种自我

182

之间相互关联的方式,热带雨林向无数方向放大了形式。随着进化时间的推移,随着其他生物体更详尽地代表其周围环境的方式,随着特定环境的不断增加,生物体逐渐变得更加复杂。在新热带雨林中,这种习性的扩散达到了地球上任何其他非人类系统都无法比拟的程度(参见第二章)。任何利用森林存在者的尝试都完全取决于这些存在者嵌入这些规律的方式。

　　正如我所说,这种无处不在的形式对时间有影响。这种无所不在的形式冻结了时间。因此,列维-斯特劳斯那个饱受诟病的看法还是有道理的,他将亚马逊社会定性为"冷"——也即是,抵抗历史的变化——以便于与那些声称接受变革的西方社会之"热"并置(Lévi-Strauss 1966:234)。[24]除了这里的"冷"不完全是指一个有界限的社会之外。对于赋予亚马逊社会这种"冷"特征的诸多形式而言,它跨越了人类领域内部和外部存在的诸多界限。20世纪初的国际橡胶经济就像阿维拉狩猎一样受到森林形式的限制。就像种类(参见第二章)一样,形式不必源于我们人类强加于世界的结构。这些模式可以在超越人类之外的世界涌现。它们是相对于低阶历史过程而涌现的,那些低阶历史过程涉及过去对现在的影响,后者产生它们并且也使它们有用。

历史碎屑

　　森林的涌现形式与产生它们的历史之间是部分脱钩的,但这并不能将历史从森林灵师的领域驱逐出去。历史的碎片,先前形式排列的碎屑,在森林形式之内冻结并留下了它们的剩余物。例如,*Tetrathylacium macrophyllum*（大风子科[Flacourtiaceae])是一种树,它的圆锥花序有半透明的深红色果实,在基丘亚语中它的名称为"*hualca muyu*",恰切意思是"项上珍珠"。然而,这些果实与流行的、起源于波西米亚的不透明玻璃项链珠(这些珠子在过去一个世纪一直是亚马逊贸易的支柱)不同,它们毋宁说与早期在整个殖民地和新殖民世界广泛流通的深红色半透明威尼斯贸易珠之间有着惊人的相似之处。后者在伊格纳西奥·德·维蒂尼米拉(Ignacio de Veintemilla,1878—82)担任总统期间通行于厄瓜多尔,并且因此一些厄瓜多尔人仍将其称为"维蒂尼米拉"(*veintemilla*)。阿维拉的植物 *hualca muyu* 与这颗 19 世纪的珠子有关,这是形式特殊的冻结时间特性的产物。一种被交易物品的历史痕迹,就像西蒙森的珠子一样,与森林产出之物相称,即使在人们早已忘记它之后,它仍然被困在森林灵师的领域之中。又如:某些森林中游荡的魔灵(supai)被描述为穿着僧侣习装,尽管今天的当地僧侣早已不再穿黑色袍子。

因此,历史并不是简单地渗透到亚马逊景观中,正如批判性文化地理学家和历史生态学家所争辩的那样,他们将其视作与原始野生亚马逊"自然"的浪漫神话相对的东西。[26]相反,被困在森林之中的历史由一种不能完全还原为人类事件或景观的形式所介入和改变。

鲁纳人面临的挑战是,如何进入森林诸多集中财富的形式之中。因为在这个总已在的领域,动物以其不变的丰富性存在着。与巴西茹鲁阿河地区(Juruá-area)的那位萨满一样,鲁纳人这样做的方式涉及一个升级的过程,就是要从灵师的优势(和对象化)视角看待动物——也就是说,不是从作为单一自我、每个人都有自己视角的角度,而是将其视为资源,不是作为转瞬即逝的主体,而是作为由灵师拥有和控制的一个更强大的涌现的自我的稳定对象来看待动物。鲁纳人试图通过调动不同的历史痕迹,与比自己更强大的人进行谈判,来获取森林灵师的财富,这些鲁纳人已经困在——冻结了,就像威尼斯贸易珠子和祭祀习俗——灵师的形式之内。

例如,鲁纳人不得不定期向政府官员和神职人员进贡(Oberem 1980:112)的时期已经过去一个半世纪了,但进贡仍然存在于灵师的领域。当人们杀死一只貘时,他们必须向拥有这头貘的灵师提供交易的珠子,以便这些灵师继续向他们提供肉食。在一次狩猎之旅中,胡安尼库试图利用这种殖民安排所带来的互惠义务。他以几粒玉米的形式供奉灵师,把这些玉米粒塞在树根缝隙中。当灵师没有按照义务为我们提供野味时,鉴于胡安尼库已经尽职尽责地履行了他的承诺,胡安尼库毫不羞耻地训斥了灵师——他在森林中央大喊:"你太小气了!"——就像我曾经听到他斥责一位在选举季拜访阿维拉的政客没有分发香烟和饮料一样。

在其他场合,鲁纳人试图通过与他们16世纪的祖先在与西班牙人谈判和平合同时使用的相同的修辞公式与灵师们交流。这些方式包括唤醒一种数字上的平行结构,试图使在另一种情况下丽莎·罗菲尔(Lisa Rofel, 1999)所称的"不平衡的对话"(uneven dialogues)[27]变得更加平衡:在殖民的例子中,这涉及提出五项要求以换取对西班牙当权者的五项让步,正如我们在16世纪晚期当地土著酋长与西班牙人之间的一份合同中所看到的那样(Ordóñez de Cevallos 1989 [1614]: 426)。在当代的例子中,使用某些狩猎和捕鱼的符咒的例子也显而易见,这些符咒需要特殊的十天禁食期——正如阿维拉人所说的，"给灵师五天，给鲁纳人五天"。[28]

罗莎前往森林中的基多之旅，反映了四个多世纪以来阿维拉地区的人们与居住在那里的强大存在者之间进行谈判，以便获得这些强大存在者的部分财富的尝试。事实上，在16世纪的谈判中，有一部分不成功的尝试，他们试图说服西班牙人在亚马逊河建造一个基多——这项请求在殖民文件（Ramírez Dávalos 1989 [1559]：50，也参见39）和当代神话之中得到了证明，而西班牙人的否决则继续激发了鲁纳人利用森林中蕴藏的财富的欲望。[29]

每种获取强者积累财富的策略，都有独立的因果历史。但这不再重要。它们现在全都是某种普遍事物（也即森林灵师的形式）的一部分。它们每一个都可以作为获取其某些财富的途径。

然而，这种策略所承诺的不仅仅是丰富的野味。它们还提出了某种可能性并以某种方式接触到对这种肉的追求所代表的长期和层层奠基的欲望历史。

形式毫不费力的有效性

我希望到此为止已经足以说明形式的一些特殊性质了，我希望我已经对"为什么人类学应该更加关注形式"有所解释。事实上，形式并没有得到人类学更多的关注，这一点也是形式的一种特殊属性的结果。作为人类学家，我们都有能力去分析那些不同之处。然而，正如安娜丽瑟·瑞勒斯（Annelise Riles 2000）

在她对与斐济参加联合国会议相关的官僚形式的流通所作的研究中指出的那样，我们不太愿意研究那些不可见之物，因为我们在其"之内"。形式在很大程度上缺乏传统民族志对象的显著的他者性——第二性（参见第一章），因为它只是在传播其自我-相似性（self-similarity）的过程中作为形式表现出来。禅师写道："寺院外的人才能感受到它的气氛。修行之人其实什么感觉都没有。"（Suzuki 2001:78）

由于这些原因，理解标引式——注意到差异——的符号学重要性，要比理解相似式要容易得多，后者涉及通过一种特别受限的无差别（indifference）类型来传播规律性（参见第二章）。也许这就是为什么通过无区分（indistinction）传播相似性，有时被错误地认为不是表征的原因。然而，竹节虫的"细长"，以及传播到身体甚至可能跨越物种线的传染性哈欠（仅举两个相似式占主导地位的例子）是符号学现象，尽管它们比起它们所实例化的其他实例的模式，在很大程度上缺乏可以解释为指向某物的标引式成分。有人可能会说，只有当我们的习性被打乱，只有当我们脱离习性时，我们才会注意到它们（参见第一章）。然而，理解未被注意的事物的运作，对于超越人类之上的人类学而言至关重要。形式正是这种不可见的现象。

形式要求我们重新思考我们所说的"真实"是什么意思。普遍之物（Generals）——即习性、规律、潜在的重复和模式——都是真实的（参见第一章）。但是，若将我们与现存对象之现实联系起来的各种品质归于普遍，这是错误的。当我说猎鸟从灵师的视角看就是真正的鸡时，我指的就是这样一种"普遍即是真实"（generals are real）的情况。灵师的家鸡的现实性就是普遍的现实性。然而，它却具有一种可能的最终有效性：作为一个"种类"，它能够标引与不同种类的鸟类（无论是角冠雉[guans]、稚冠雉[chachalacas]还是雉鸟[curassows]）的特定相遇。在这方面，这些遭遇与那个下雨天我在森林里与野猪的遭遇并无不同。

如果没有鲁纳人与猎鸟的日常互动，就不会有灵师领域的家鸡。然而，灵师领域享有一定程度的稳定性，这一部分与森林互动的这些日常时刻脱钩。这就是为什么在灵师的领域里，白唇野猪可以比比皆是，即使它们已经很多年没有在阿维拉周围的森林中被发现了。

虽然稳定，但形式是脆弱的。它只能在特定情况下出现。当我写完这一章，休息期间为我的儿子们准备一壶小麦奶油时，我想起了这一点。在我眼前，被称为贝纳德原胞（Bénard cells）①的自我-组织的六边形结构，在恰到好处的条件下，当液体从底部加热并从顶部冷却的时候形成了，自发地出现在慢煮谷物的表面。这些六边形结构迅速倒塌成黏稠的粥，证明了形式的脆弱性。生命特别善于创造和保持那些鼓励这种脆弱的自我-组织过程以可预见的方式发生的条件（参见 Camazine

① 瑞利-贝纳德对流（Rayleigh-Bénard Convection）是法国物理学家亨利·贝纳德（Henri Bénard）在1900年完成的简单实验观察到的现象，它泛指一类自然对流，这类对流常常发生在从底部加热的一层流体表面上。发生对流的流体在表面形成的、具有规则形状的对流单体（convection cells）叫做贝纳德原胞（Bénard cell）。因为在理论研究和实验上并具可行性，瑞利-贝纳德对流是被研究得最多的对流现象之一，对流形成的图案也成为了在自组织的非线性系统中被测试得最细的一个例子，在物理学以及大气科学中被广泛用于各种环流和对流现象的研究中。——译者

2001)。这在部分程度上正是为什么我在这里关注复杂的多物种联合培养形式的方式的原因，当我们沉浸在它们的"肉身性"(fleshliness)之中时，它们也会通过我们来思考它们自身的方式。[31]

如果不注意普遍与存在物之间的连续性和关联性的种类，就无法理解形式。因此，我在这里关注的不仅仅是形式和使其独特的那些性质——它的不可见性、毫不费力的传播、一种与之相关的似乎冻结历史的因果关系——而且还关注形式涌出的方式和与其他现象关联的方式，以此方式才使得形式之独特属性对活生生的存在者的世界发挥作用。我不仅对"内部"感兴趣，而且还对这样的内部是如何形成的，以及当物质条件（无论是河床、寄生虫还是联合国的薪水）不复存在时形式的消解方式感兴趣。我不仅对形式本身感兴趣，而且还对我们如何"用它做事"感兴趣。然而，以形式做事需要被其因果逻辑所感染，这种因果逻辑与有效性因果关系的那种与推拉相关的逻辑（也就是与过去影响现在的方式）完全不同。以形式做事需要屈服于形式毫不费力的有效性。

这一切都不是要忽视形式的独特属性，正如安娜丽瑟·瑞勒斯指出的那样，人类学可能涌出的可能性在于，通过尝试使不可见的"内部"更加明显的方法来摆脱其再现/表征危机。在玛丽莲·斯特拉森(Strathern 1995，2004〔1991〕)的基础上，安娜丽瑟·瑞勒斯的解决方案是"由内而外"地转变形式。也就是说，她试图通过一种放大形式的人类学方法来使形式变得可见。她没有试图通过表明我们与形式的不连续性，来从外部角度使形式变得明显，而是允许内在于官僚文件传播的模式以及我们学者可能创造的关于形式的模式不断增加，来使得形式的相似性变得明显。

我在这里没有为阐明形式的问题提供这样的美学解决方案。我只想说明形式在我身上起作用的一些方式。那天晚上，当我在文图拉的房子里梦见一只野猪时，也许我也有片刻陷入到了森林灵师的"内部"。我想说的是，若是按照我在这里探索过的形式的特殊属性来理解的话，梦的符号学涉及相似式联想的自发、自我组织的感知和传播，其方式可以消除我们通常所认识到的内部和外部的一些界限。也就是说，当白天有意识的、有目的的辨别差异的工作放松下来时，当我们不再向思想寻求"回报"时，我们只会剩下自我相似的迭代（self-similar iterations）——那种相似性以毫不费力的方式通过我们传播开来。这类似于路易莎的声网，她的声网将蚁鸟与葫芦科植物和杀死狗的美洲豹以及森林中所有拥有这些狗的人类联系起来——一张涌现在可能性空间之中张开的网，因为她没有试图说明她所模仿的鸟叫的含义。（从某种意义上说，路易莎是自由的。）

考虑到这种形式，以及我此前讨论过的各种形式的传播，我开始想知道我的梦有多少真的是属于我自己；或许曾有那么一刻，我的思考与森林的思考融为了一体。也许，就像列维-斯特劳斯的神话一样，这种梦里面确实有些东西，它"在人心中思考，但人却对它一无所知"[32]。因此，做梦很可能是一种脱缰狂野的思想（thought run wild）——一种远远超越人类之上的人类思维形式，因此它是超越人类之上的人类学的核心。做梦是一种"野性的思维"（pensée sauvage）：一种不受其自身意图束缚的思维形式，因此容易受到它所沉浸其中的诸多形式的影响——在我的情况下，以及在阿维拉鲁纳人的情况下，这种形式是一种在亚马逊森林的诸多物种、充满记忆的荒野之中被追赶和放大的形式。

第六章

活的未来（与死者无可估量之重）

太平梯老态龙钟同你一样

——当然现在老对你又何妨？它倒是时时刻刻与我相伴①

——Allen Ginsberg, *Kaddish for Naomi Ginsberg*

刺在脊椎上的一簇毛皮是带领我们找到几小时前奥斯瓦尔多射杀的野猪尸体的最后线索。我们当时正在阿维拉西北部苏马科火山陡峭山脚下的巴萨基乌尔库（Basaqui Urcu），一面拍打着从我们的采石场带下来的一群吸血苍蝇⑴，一面坐下来休息。当我们屏住呼吸时，奥斯瓦尔多开始告诉我，他前一天晚上做了什么梦。"我正在洛雷托拜访我的同伴，"他指的是集镇和殖民扩张的中心，距离阿维拉有半天的步行路程，"突然出现了一个吓人的警察。他的衬衫上覆盖着剪发掉下来的碎渣。"奥斯瓦尔多吓坏了，醒来后对妻子低声说："我做了个很糟糕的梦。"

幸好他错了。当天发生的事件将证明，奥斯瓦尔多实际上做了个很好的梦。原来，警察衬衫上的毛发，预示着他会杀死这只现在正躺在我们身边的野猪（拖走野猪尸体后，鬃毛会像碎发一样粘在猎人的衬衫上）。尽管如此，奥斯瓦尔多的解释困境指

---

① 译文采用：《卡迪什——给娜阿米·金斯伯格，1894—1956》，收入《金斯伯格诗选》，艾伦·金斯伯格著，文楚安译，四川文艺出版社，2000 年，第 181 页。有改动。——译者

出了一种深刻的矛盾心理,这种矛盾渗透在鲁纳人生活的方方面面:男人可以将自己视为强大的捕食者,类似于警察等强大的"白人",但同时他们也会觉得自己是这些贪婪人物的无助猎物。

　　奥斯瓦尔多究竟是警察,还是成了猎物?那天在巴萨基乌尔库发生的事情,说明了奥斯瓦尔多立场的复杂性。那个既熟悉又可怕的身影是谁?一个警察,一个如此具有威胁性和异国情调的人,怎么可能也是他自己呢?这种不可思议的并置,揭示了奥斯瓦尔多不断努力成为和将要成为之人的重要因素,与他在阿维拉周围森林中遇到的许多其他人有关,这使他成为了他自己。[2]

　　在阿维拉周围的森林作为"人"的许多他者,包括鲁纳人猎杀的活人和偶尔猎杀他们的人。但他们的队伍也充满了漫长的前西班牙殖民历史和共和历史的幽灵。这些幽灵包括死者、某些恶灵(他们也可能会以鲁纳人为食)和灵师——所有这些都以不同但仍然真实的方式继续行走在奥斯瓦尔多所穿越的森林之中。

　　奥斯瓦尔多是谁,这一点不能脱离他与这些诸多种类存在者之间的关系。不断变化的诸多自我的生态系统(参见第二章),使得他必须在森林中狩猎以及访问洛雷托时不断调适自身,这种诸多自我的生态系统同样也在他的内心之中:它构成了他的自我"生态系统"。

　　更重要的是,奥斯瓦尔多的困境涉及了一个问题:如何作为一个自我生存,以及这种连续性可能意味着什么。当猎人的位置——处于这个狩猎关系之中的"我"——现在却被比他更强大的外人所占据时,奥斯瓦尔多应该如何避免成为猎物、一个它、死肉？

　　鲁纳人长期以来一直生活在一个白人——欧洲人、后来的厄瓜多尔人以及哥伦比亚和秘鲁国民——对他们明显占主导地位的世界之中，而作为白人的白人一直致力于将证明这一立场的世界观强加于鲁纳人身上。以下是一位橡胶繁荣时代生活在维拉诺河和库拉雷河（Villano and Curaray Rivers）交汇处的房地产老板如何描写另一位老板试图让他的鲁纳人苦工接受这种看法的：

> 　　为了使他们相信白人在我们的习俗和知识上比印第安人优越，并消除他们对西班牙语的仇恨，我在这条河上的一个邻居，一个经营橡胶的、许多工人的雇主，有一天召集了所有印第安人，向他们展示了基督的形象。"这是上帝，"他对他们说。然后他补充说："难道他不是一位留着漂亮胡须的 *viracocha*（白人）吗？"所有印第安人都承认他是个 *viracocha*，并补充说，他是万物之 *amo*（主人）。（引自 Porras 1979：43）

　　这位庄园主对鲁纳人—白人之间关系的看法，概括了亚马逊上游地区一段不容忽视的征服和统治的历史。白人已经成为"万物"的 *los amos*——主人，这是一个历史事实。面对这种作为历史的殖民统治局面，我们可能会期待两种回应。鲁纳人可以简单地默许、接受一种屈从的立场。或者他们可以抵抗。然而，正如奥斯瓦尔多的梦境已经表明的那样，还有另一种方式可以应对这种情况。这另一种方式让我们挑战与质疑我们对过去如何塑造现在的理解，同时它还暗示了一种居住在未来的方式。

193

　　鲁纳人的政治并不简单。虽然统治是一种历史事实,但它是一个以某种形式存在的事实(参见第五章)。正如我在本章探讨的那样,它受到一种在森林灵师领域形成的形式的吸引——这个灵师领域的特殊结构是由像奥斯瓦尔多这样的人们继续参与到森林的诸多自我的生态系统之中的方式(他们在这种诸多自我的生态系统之中维系他们自身)所维持的。

　　森林灵师的这个领域,也在精神上维系着奥斯瓦尔多。并且奥斯瓦尔多没有任何优势可以逃脱或抵抗这种情况。他总是已经身处这个森林灵师领域的形式"内部",无论以什么方式。政治理论家朱迪斯·巴特勒在她的观察中暗示了这样一种动态机制的存在:

> 被外在权力支配是权力采取的一种熟悉而痛苦的形式。然而,要发现"一个人"是什么,这个人作为主体的形成在某种意义上依赖于这种力量,这又是另一回事了。我们习惯于认为权力是从外部施加在主体之上的东西……但如果……我们将权力理解为形成(forming)主体并为其存在提供条件之物……那么,权力不仅是我们反对的东西,而且在强意义上,也是我们生存所依赖的东西,以及我们在我们之为存在的存在中拥有和保存的东西。(Butler 1997:1—2)

　　巴特勒将权力在其冷酷的外部性中的残酷方面,与权力渗透、创造和维持我们存在的精微却同样真实的方式进行了对比。因为,正如巴特勒所暗示的那样,权力不能还原为野蛮行为的总和。权力呈现出一种普遍的形式,即使它也在世界和在我们的身体上同样——明显地、痛苦地——被实例化。[3]

　　《森林如何思考》最后一章,试图在关注奥斯瓦尔多困境的同时追随朱迪斯·巴特勒的问题,我们要追问"形成"可能意味着什么,以及可能成为什么。但当我们反思我们如何理解权力通过形式发挥自身作用的方式,并认识到形式是某种超越于人类之上的现实性种类时,这个问题就变了。

　　在这方面,我将我的讨论建立在前一章对"形式"的讨论之上。正如我在那一章论证的那样,形式既不一定必然是人类的,也不一定必然是活生生的,即使形式被生命捕获和培育,即使形式也在那些密集的诸多自我的生态系统之中(例如存在于阿维拉周围森林中的那些诸多自我的生态系统)传播。在第五章中,我讨论了形式的利用是如何涉及被形式那奇怪的毫不费力的有效性模式所改变的——在这种有效性之中,过去对现在的影响不再是唯一一起作用的因果模式。如果我们在利用形式的奇怪因果逻辑方面被改造了——利用形式的自我并不只是通过推动、拉动或抵抗的方式来做到这一点——那么我们所说的行动性就被改变了。如果行动性变成某种不同的东西,那么政治也要发生改变。

　　但要理解奥斯瓦尔多的困境,我们不仅需要思考经由森林放大的形式的逻辑,还要考虑形式与内在于生命的某些其他逻辑之间的关系。正如奥斯瓦尔多的梦境所体现的那样,奥斯瓦尔多最终面临的风险,就是生存。生存问题是与生者有关的(因为毕竟只有生者会死)。正如我在前一章中讨论的,如果形式有时能够产生冻结时间的效果,以改变我们对因果关系和行动性的理解的方式,那么生命以不同的方式破坏我们对时间流逝的普通理解,这也必须在试图理解奥斯瓦尔多的困境时得到思考。

194

因为在生命的领域里,影响现在的不仅是过去,也不仅是被冻结的时间。相反,除了涉及这些之外,生命还涉及未来影响现在的特殊方式。

让我用森林中的一个简单例子来说明生活领域中未来影响现在的这种方式。为了让美洲豹成功地扑向刺鼠,她必须能够"再-现"(re-present)那只刺鼠将要处在的位置。这种再-现相当于通过符号的中介将未来——对刺鼠未来位置的"猜测"——输入到现在。作为彻头彻尾的符号学生物(参见第二章),"我们"总是已经一只脚(或一只爪)踏入到了未来之中。

在本章中,我思考的是生命与未来之间的这种内在关系,这种关系是通过皮尔士所称的"活的未来"(Peirce CP 8.194)来实现的。正如我在本章论证的那样,如果不进一步思考使生命成为可能的生命与所有死者之间的特殊联系,就无法理解这个活生生的未来。正是在这个意义上,活生生的森林同样也是幽灵般游荡的(haunted)。当我说"灵魂是真实的"时,正是"幽灵般游荡"这个词在某种程度上精准传达了我的意思。

生存——如何孕育未来地生活——这正是奥斯瓦尔多的挑战。他找到的解决方案受到他所穿越的森林中被放大的活生生的未来逻辑(the living-future logic)的影响。但是奥斯瓦尔多在这里的生存,同样也是一个"太人性的"问题(参见第四章),其中权力问题是不可避免的。这使得生存问题也成了一个政治问题;因为它促使我们去思考,如何才能找到其他方法来利用、并以使"我们"能够成长甚至繁荣的方式,最终维持我们存在的力量。

那么这一章,重点就在森林中灵师的领域。本章聚焦于灵师领域是如何使（人类的和非人类的）生命与死亡、连续性与有限性、未来与过去、不在场与在场、超自然与自然，以及有灵性的普遍性（ethereal generality）和可触的单一性（palpable singulari-ty）之间相互联系起来的方式的某些方面变得明显的。最终，所有这些都在某些方面说明了一个自我及其与许多他者之间的形式联系（formative connection）。我在本章的关注点，是看看这些表达方式在灵师领域之中表达出来时，是如何放大并在概念上为我们提供一些关于一个思考着的森林的活生生的未来逻辑的，这种逻辑可以帮助我们使得人类学超越于人类之上。

在森林中的某个时刻，奥斯瓦尔多可以——或许必须——成为一名白人警察，这涉及他的未来自我的某些方面以特殊的、有时脱节的、甚至是痛苦的方式，从这个灵师领域反过来影响着他。在这个过程中，它揭示了我所提到的其中一些表达逻辑。于是这个从森林生命之中涌出的"灵"的领域，作为跨越物种界线和时间时代的一系列关系的产物，就成了一个连续性和可能性的区域：奥斯瓦尔多的生存取决于他进入这个领域的能力。然而，奥斯瓦尔多的生存同样也取决于诸多死者的种类，以及这个"灵"的领域的结构之中所拥有的诸多死者的种类，这些诸多死者的种类使得活生生的未来成为了可能。一个人可能是谁，这与所有那些这个人所不是者密切相关；我们永远要把自己让渡出来，并感激那些使我们成为"我们"的他者（参见 Mauss 1990［1950］）。[4]

鲁纳人参与到了寓居他们世界的许多种类自我的历史之中，尽管灵师的领域从鲁纳人的这种历史参与之中涌出，但灵师的领域却同样是某种不同于这种历史参与的产物。这种灵师的领域是一种来生,这种来生与在其之前的生命密切相关,但却不能还原为在其之前的生命。从这个意义上说,灵师的领域是其自身的涌现的真实(emergent real)的种类——这个种类的涌现的真实,既不是自然的,也不完全是文化的。

我是带着特殊的关切点来探索这个涌出的、有灵性的领域的,我特别关注这个有灵性的领域的特殊属性的某些民族志表现,以及其中可能会蕴含的充满希望的政治。我的目标就是更普遍地反映这个超越生者的领域——这个从森林中寓居的丰富的诸多自我的生态系统之中涌出的领域,并关注这样一个思考着的森林所揭示的生者的逻辑,可以告诉我们一些什么东西。

就像我在这里做的那样,冒险超越生者,对于我正在着手尝试发展的超越人类之上的人类学而言是很重要的,因为只有关注这个森林灵师的领域,我们才能更好地理解连续性可能意味着什么,以及如何更好地面对那些威胁着这个灵师领域的东西。简而言之,关注那些森林之"灵",可以教给我们什么是连续性、成长、甚至"蓬勃发展",可以让我们培养出其他的思维方式,来思考"我们"如何可能找到更好的、生活在活生生的未来的方式。

生而为鲁纳人

代表纳波省鲁纳人社区的纳波土著组织联合会(FOIN)[①]总部多功能厅的墙壁上装饰着一幅奇怪的壁画(图 9),似乎描

[①]　FOIN 全名为"Federación de Organizacions Indígenas de Napo"(纳波土著组织联合会)。——译者

绘了一种从亚马逊的野蛮到欧洲文明的进程。排在五名男子最左边的是一个长发"野蛮"印第安人,他拿着一把吹气枪和一个似乎用来召唤和动员亲友的号角。[5]他就是我们认为的那种"赤身裸体"的人,尽管他戴着一根阴茎绳,面部涂着彩绘,还有项链、臂带、腕带和头带。下一个男人穿着缠腰布,喇叭放在他身后的地上;否则他看起来跟第一个男人几乎一模一样。然后站着一个男人,按照19世纪后期的鲁纳时尚,穿着短裤和一件小束腰外衣或雨披。他只是在脸上涂了一点油漆,并试图将他的气枪藏在背后。进化中的下一个男人全身穿着衣服。他穿着鞋子、长裤和清爽的白色短袖衬衫。他长得英俊,而之前的人物头小,没有脖子,手臂很大,但这个男人的身体比例很好。让前人如此羞耻的吹枪,现在就这样被他抛弃了。他也是唯一一个露出一丝微笑的人。这个人物是1970年代和1980年代受工会影响的FOIN领导层想象中的当代鲁纳人的缩影,这种领导层在国际非政府组织涌入之前就已经成熟,他们尚未形成在文化上或环保上的"意识"。他是一个鲁纳农民,既不是民族的也不是精英的,既不是森林的也不是城市的。从这个背景中出现的最后一个人物,现在完全废弃了永恒的野蛮人的服饰,他戴着眼镜,穿着西装打着领带。他的头发从中间整齐分开,留着铅笔状的小胡子——一缕精心培育的面部毛发,白人似乎可以毫无问题地产生令人反感但也非常丰富的面部毛发。他具有在室内呆了太多时间的人的那种轻微发福身材。他表情严峻。看上去似乎很紧张。他右手抓着一个公文包。戴在他左臂上的手表无情地标出一天之中的每一分钟,这个人现在成了这种现行时间的重要部分。

图 9. "把野兽变成男人，把男人变成基督徒"(Figueroa 1986 [1661]: 249)；这幅壁画在 1980 年代后期保存在纳波土著联合会 FOIN 的总部，模棱两可地说明了这种殖民事业的遗产。作者供图。

在 1980 年代后期，我为联合会做了一些志愿工作，有一段时间我得以住在 FOIN(纳波土著组织联合会)总部。这幅壁画覆盖了其中一堵墙。一天晚上，为了庆祝一个工作坊的结束，参与者们(主要是来自特纳和阿尔奇多纳以及这些城镇周边村庄的鲁纳男女)在总部举办了一个派对，他们比阿维拉地区的人们要更加城市化，更少关注森林。这幅壁画是整个晚上流传的一个笑话的来源。每隔一段时间，总会有人指着某个站在队伍中英俊鲁纳人左边的"野蛮"印第安人，来表明他自己已经陷入了酒醉的阶段。

这幅壁画讲述了指导这个地区的传教士和殖民者的原始叙事：早在欧洲人到来之前，赤身裸体的"野生野蛮人"(wild savages)是亚马逊地区唯一的居民；通过贯穿殖民时期和早期共和时期并一直持续到今天的"驯服"过程，一些野外的野蛮人开始变成了文明、穿着衣服、一夫一妻制、嗜盐如命、没有威胁的鲁纳人；根据殖民术语，他们变成了 *indios mansos* 或曰"驯服的印第安人"(Taylor 1999)。根据这个逻辑，在这种驯服过程之中的幸存者，可以成为原初的野蛮基质（the primordial wild substrate），在某些孤立的地区仍然可以找到这样的幸存者。瓦奥拉尼民族族群中的一些成员（有时在基丘亚语中仍被贬称为 *Auca*［野蛮人］）仍然会被认为是杀人的、一夫多妻和赤身裸体的，他们是当今壁画最左侧所描绘的野蛮行为的模型。[6]17世纪耶稣会神父弗朗西斯科·德·菲格罗亚（Francisco de Figueroa)简洁地描述了这个试图塑造某一种美的人的殖民计划。他写道，传教的目标就是"把"亚马逊的"野兽变成男人，男人变成基督徒"(Figueroa 1986［1661］：249)[7]。那晚的狂欢者们就是在拿这一尝试留下来的遗产开玩笑。（也参见 Rogers 1995)。

阿维拉的许多人不会不同意这种在野蛮人和文明人之间的区别。他们强烈同意以正确的方式作为人之存在，包括吃盐、穿衣服、避免杀人和一夫多妻制（另参见 Muratorio 1987：55)。但他们在如何——甚至是否应该——及时定位这些特征方面存在分歧。传教士将采用这些特征视为逐步"驯服"亚马逊人野蛮基质过程的结果。然而在阿维拉，一夫一妻制和吃盐等"文明"属性，却恰恰是鲁纳人人性的原始方面。鲁纳人总是生而为文明人。

阿维拉的洪水神话说明了这一点。当大洪水席卷这片土地时,许多鲁纳人设法通过攀登到该地区最高峰之一的亚瓦尔乌尔库山(Yahuar Urcu)的山顶来拯救自己。其他鲁纳人试图乘坐独木舟逃跑。船上的妇女们盘起她们的长发,试图将自己系在仍处于水面之上的树梢。当这些绑扎解开后,独木舟顺流而下,停在今天瓦欧拉尼人的领土上。在那里,那些鲁纳人的衣服最终被磨烂了,盐也用完了。于是他们开始杀人,这才成了当今的 Aucas。因此,Aucas 并不是基督教化的鲁纳人进化而来的原始野蛮人。相反,他们是堕落了的鲁纳人。鲁纳人也曾是吃盐、穿衣、和平的基督徒。尽管基丘亚语的术语 Auca 通常被翻译为"野蛮人"或"异教徒",但将 Aucas 视为叛教者可能更加准确。他们是那些放弃了从前鲁纳人生活方式的人们。[8] 鲁纳人总是生而为(always already)鲁纳人。相比之下,"野蛮人"才会变得如此,当他们的独木舟将他们扫入洪水泛滥的河流时,洪水将他们带走,远离他们不变的鲁纳人的家园;他们正是那些失去形式和坠入时间的人。

原始壁画中的"鲁纳"男人——由他的过去所创造,将在未来消失——因此并不与这另一种类的存在者,也即阿维拉的这个"生而为"鲁纳人的人一致。我想说的是,对于阿维拉的鲁纳人来说,这幅壁画与其说描绘出了引领其他地方的一种进步,莫不如说是围绕着一个中心人物——一个鲁纳人的自我——的一曲延绵不断的赋格,这个鲁纳人的自我总是生而为他将所是者,甚至他正在并且开放式地成为着他将所是者。这个不断变化的自我,同样也与他的过去和潜在未来的实例保持连续,它指出了在一个诸多自我的生态系统之中对生命和蓬勃发展而言至关重要的东西。

名字

我们倾向于将 *the Runa* 之类的术语视为一个民族名称，一个用于命名另一个名词的专有名词。这就是我在本书中一直使用它的方式。为了使这样一个术语被人们认为是恰切的，标准的人类学实践会规定，这个词是相关人员为自己使用的名称。这就是为什么我们不使用基丘亚语贬义称呼瓦奥拉尼人的名称 *Auca* 来指代瓦奥拉尼人。而 *Runa* 至少在作为地名的修饰词时，肯定被用作阿维拉的民族名称，指代亚马逊厄瓜多尔说基丘亚语的居民。例如，*San José Runa* 指的就是来自圣何塞德帕亚米诺（San José de Payamino）的人。而来自圣何塞德帕亚米诺的人，则称他们的阿维拉邻居为 *Ávila Runa*。给他者命名是不可避免的。

然而，阿维拉的人们并没有为自己命名。他们不称自己为 *Runa*（或 *Ávila Runa*）。他们也没有使用 *Kichwa* 一词，这是目前在当代地区尤其是国家土著政治运动中使用的民族名称。如果我们把 *Runa* 当作一个标签——只追问它是否是那个正确的标签——那么某些重要的东西就会被掩盖；鲁纳人不为自己使用标签。在某种直截了当的意义上，在基丘亚语中，*Runa* 的意思就是"人"。但它并不仅仅是作为一个实体被选为一个民族名称、一个标签。

回到那幅壁画，站在"野蛮人"和"白人"之间，穿着清爽白衬衫，笑容满面的男人，无论如何都是 *Runa*。从原始主义者的角度来看，*Runa* 在这里将是一个民族名称、一个标签，它是历史转变过程中的一个路点,在这个过程中,一种存在者变成了另一种存在者,并且还处在即将变成新的另一种存在者的过程之中。然而,阿维拉人对此的看法却可能有所不同。穿着清爽白衬衫的男人仍然是 Runa,但这个标签将会指代别的东西,这个东西比某个人所来自的文化群体更不明显,更不容易命名。这个人从来没有成为 Runa;他总是生而为 Runa。

随着本章的推进,我希望提出的这一点将会变得更加明显:Runa 更准确地标志着在一个诸多自我的宇宙生态系统中一个关系主体的位置,在这个诸多自我的宇宙生态系统中所有存在者都将自己视为"人"。Runa 在这里就是自我,它在形式的连续性之中。所有存在者从其自身的视角来看,在某种意义上都是Runa,因为这就是当他们"正在说"我(I)的时候经验自身的方式。

如果我们将 Runa 视为一个实体,那么我们就会错过它实际上更像一个人称代词的这种方式。我们通常认为,代词是代替名词的词语。但是皮尔士建议我们翻转这种关系。代词并不能代替名词;相反,通过指向名词,"代词以最直接的可能方式指示事物"。名词与它们的指称间接相关,因此它们最终依赖于这些指向关系来获得它们的含义。这导致皮尔士得出结论,"名词是代词的不完满替代品",而不是相反(Peirce 1998b:15)。在此我想指出,作为壁画主题的鲁纳男人——在阿维拉视角中——是作为一种特殊的第一人称代词发挥作用的:一个我,或者更准确地说,一个我们,在其所有即将到来的可能性之中。

作为名词,Runa 是"代词的不完满替代品"。在其不完满性之中,它带有与它相关的所有他者的痕迹,与他者一道,Runa 变成了一个处于关系之中的我们。它是什么,它将可能成为什么,这是由它所获得的所有谓词——吃盐、一夫一妻制,诸此等等——塑造的,尽管它同样也不是所有这些谓词的总和。

在某种意义上,我总是不可见的。相比之下,可以被看到和被命名之物乃是他者——对象化的他、她以及它。我应该注意到第三人称——他者——相应于皮尔士的第二性。它是可触知、可见的和实际的,因为它位于我们之外(参见第一章)。这部分解释了为什么在亚马逊的诸多自我的生态系统之中自我命名是如此罕见。正如维维罗斯·德·卡斯特罗所观察到的,命名实际上是为了他者:"民族名称是第三方的名称;他们属于他们的范畴,而不是我们的范畴。"(Peirce 1998:476)因此,这不是使用哪个民族名称的问题,而是任何民族名称是否能够抓住一个自我的视角的问题。命名就是对象化,这就是一个人对他者——对它们(*its*)——所做的事情。*The Runa*——这个我正在试图滑回的对象化地使用的标签——不是历史的它们。它们是我的,部分地属于不断发展的我们,在生命中活着-蓬勃发展着。

作为-我-的鲁纳(Runa-as-I)、作为-我们-的鲁纳(as-us),不是一个事物,不会以"事物之所是"的因果方式受到过去的影响。*The Runa* 不是历史的对象。它们不是历史的产品。在这种因果关系的意义上,它们不是由历史创造的。然而,他们是谁,这是与过去的某种亲密关系的结果。

这种关系也涉及另一种不在场。它涉及与不在场的死者之间的关系。在这方面,*Runa* 就像被称为"拐杖"的神秘的亚马逊竹节虫,它在与树枝的日益混淆中变得越来越不可见,这正是由于它所不是的所有那些其他存在者的缘故。那些其他的存在者，稍微不那么像"树枝"的竹节虫，正是那些变得可见者，这些变得可见者在其可见性之中以这种方式成为捕猎者可触的、实际的对象——他者，它们，而那些仍然保持不可见者才能够在潜在的未来的谱系之中得以继续隐藏，但（由于这种构成性的不在场）仍被那些它们所不是的他者捕猎。

AMO （主人）

奥斯瓦尔多作为一个我，作为鲁纳的连续性，要求他是一只美洲豹——一名捕食者。他必须是猎人，而不是当他遇到站在他朋友家门口的那个披着头发的警察时，担心自己会成为被猎杀的野猪。让我们回想一下，美洲豹（puma）经常被假设为美洲豹人（jaguar）——它的原初范例——尽管它更准确地标记了自我的关系位置，一个我继续作为活生生的我，这要归功于这个自我通过捕食创造的、与其他自我之间的对象化关系。因此，就像 *Runa* 一样，它也可以作为"代词的不完满替代品"。奥斯瓦尔多是——必须是——鲁纳美洲豹人（*runa puma*），一只美洲豹人，才能生存下去。

在阿维拉，鲁纳美洲豹人是一类自我成熟的代名词。很多男人（也有很多女人）会把自己培养"成为-美洲豹"（becoming-puma），这样在死后，在他们的人皮被掩埋之后，他们就能进入一个美洲豹的身体，继续作为一个自我、一个我——这个我对他们自己来说是看不见的，但却能够将他者视为猎物，并且被他者视为捕食者。培养这种美洲豹的本性，不仅关乎一个人死后的未来,而且或许更重要的是,这样未来的美洲豹也可以告知一个人当下继续作为一个自我生活的能力;"成为-美洲豹"是尘世赋权的一种形式(a form of worldly empowerment)。

　　然而,捕食是一种令人担忧的关联形式,其中并非没有其自身的焦虑。杀死野猪几个月后,奥斯瓦尔多梦到了另一次这样的情形。在这次遭遇中,他没有带枪。他只有一个空的可再填充弹药的霰弹枪。不知怎的,他设法通过弹药筒底部的小孔向猎物吹气,就好像吹气枪一样。[10]但令他沮丧的是,他突然意识到他以这种方式射中的"猎物",并不是一头野猪,而是他的一位来自洛雷托的朋友。这位朋友颈部受伤,逃到了他家的安全地带,但不久之后他就全副武装地出现,追赶奥斯瓦尔多。捕食中带有一些难以控制、混乱和超乎道德的东西。这是一种可以如幽灵般来回困扰你的力量。

　　1920年代,来自纳波河的鲁纳人告诉探险家和民族志学家罗伯特·德·瓦夫林侯爵(Marquis Robert de Wavrin),许多世代以前,一些萨满巫师如何通过穿上美洲豹人的皮——"黑色皮毛、斑点皮毛、黄色皮毛"——逃离西班牙的统治,并成为美洲豹。成为捕食者并生活在森林深处之后,他们成功躲避了西班牙人,但他们也开始攻击他们的鲁纳人同伴——首先是猎杀冒险进入森林的不幸猎人,然后是攻击他们自己的鲁纳村庄(Wavrin 1927:328—29)。

　　我们目前尚不完全清楚,为什么捕食已成为亚马逊地区一种如此重要的关联方式。当然,还有许多其他形式的跨物种关联;例如,奥斯瓦尔多的血液和我的血液是通过一种寄生性的——而不是掠夺性的——关系,变成了彼此的血液,而那天森林里野猪的血液，就像一群以吸血为生的苍蝇一样，离开了奥斯瓦尔多的猎物，寻找新的宿主。但捕食显然与狩猎产生了共鸣，就像它与其殖民历史和作为其产物的社会等级制度之间的共鸣一样。作为捕食者，并且必须作为捕食者，这是一个可怕的前景，不能摆脱自身的矛盾心理。

　　如果奥斯瓦尔多想要成为一名成功的猎人，如果他想要继续下去，那么仅仅成为捕食者是不够的；他同样必须是"白人"。也就是说，如果白人是猎人（这显然是正确的），考虑到他们捕食鲁纳人的历史——正是白人在橡胶繁荣时期用猎狗猎杀鲁纳人的祖先并奴役他们，如果奥斯瓦尔多想要将自身视为一个我的话，那么他也必须同样占据这个位置。唯一的其他选择，就是成为一个对象。鲁纳人必须生而为鲁纳人、美洲豹，以及"白人"。

203　　除了作为白人，鲁纳人还必须（更准确地说）生而为主人，*amos*。Amo 在西班牙语中的意思是"主人""领主"或"老板"，这个词传统上是作为庄园主和政府官员的称呼。这个标题标引的力量，与"白"（whiteness）有着不可磨灭的联系。例如在 19 世纪中叶，一位名叫戈约（Goyo）的非洲裔男子被任命为亚马逊行政区域（当时称为东方省）的总督。因为这位新任总督是黑人，鲁纳人拒绝把他当作主人。因此，他不得不要求前任总督曼古埃尔·拉泽尔达（Manuel Lazerda）继续担任代理总督。正如拉泽尔达回忆说：

　　　　印第安人相信黑人是受诅咒的，在地狱的大火中烧焦了。他们永远不会服从戈约。我是他的朋友，我会听他吩咐。收入（主要来自对印第安人的强制销售）将分为两部分：一份给我，一份给他。他一个光杆司令，什么都做不了。接受过教理问答的印第安人，永远不会承认他是他们的 *apu*。

　　——*apu* 是什么意思？

　　——*Amo*（主人），*señor*（先生）。对他们来说，我才会是他们真正的主人和领主。（Avendaño 1985［1861］:152）

在今天的阿维拉，amo——基丘亚语为 *amu*——仍然与白人——那些"真正的"主人和领主，有着千丝万缕的联系。但是，*amu* 同样也开始将另一个我的视角，标记为更具外部优势的视角。与 *Runa* 和 *puma* 一样，它也是"代词的不完满替代品"。也就是说，*amu* 起到代词的作用，但在此过程中，它会将所有与其相关的、与殖民统治历史相关的谓词拉到后面。

　　以下正是我们在第三章讨论过的，纳西莎（Narcisa）是在回忆她和她的家人在森林中遭遇到一群红鹿，还有她此前做过预示吉利的梦境时运用这个词语的。

　　"cunanca huañuchichinga ranita ," yanica amuca
　　"所以，我就能让他杀了它，"我——*amu*——想

多亏了她在早前谈话中称之为"美梦"的那些情形，纳西莎确信她可以很容易地让她的丈夫杀死他们遇到的至少一只鹿。*Amu* 在这里与主题标记后缀-ca 相结合，强调了这样一个事实，即她做的梦（而不是她丈夫的行为，正如她的对话者可能期望的那样）是重要的。[11]将要射杀鹿的她丈夫，只是她的行动性的近似延伸。这就是为什么她——*amu*——才是这句话的主题。*Amuca* 这个词鼓励我们注意到一个没有完全预期到的事实，也

204 即是我们应该将那天森林里的事件理解为是围绕她的行动性展开的。她做梦的自我（她正在叙述的自我，从某种外在的立场看，可以看作 amu），而不是她拿着枪的丈夫，才是原因所在。使用"白人领主"这个原初意义和延续使用意义相同的词来表示这一事实，并非巧合。

因为不仅仅人类是我们（Is），所有自我都是我们，amu 同样也标志着动物的主体性视角。在马克西（Maxi）向路易斯（Luis）描述了他如何从他的狩猎盲区向一只刺鼠开枪之后，路易斯问他：

> *amuca api tucuscachu*
> 那只 *amu*（——也就是，那只刺鼠——），射中他了吗？

马克西回答说："是的……就打在背骨上。""*Tias*，"路易斯插话道，他使用了声音图像（参见第一章）来模拟铅弹巧妙切开不幸的刺鼠的肉和骨头的声音——"直直地切开了。"[12] *Amuca* 这个词在这次交流中是一个转换符，将讨论的话题从马克西的行为，转到了作为-我-的刺鼠（the agouti-as-I）的命运上。

正如曼古埃尔·拉泽尔达观察到的那样，amu 一词指的是一个鲁纳人只会授予白人的头衔，现在这个词也指任何一个鲁纳人的我。但是因为所有存在者（而不仅仅是人类）都将其自身视为我（因此，在某种意义上，也将其自身视为鲁纳人），因此他们也都将自己视为主人。现在，当某个人正在"说"的我不是人类时，"白"也被理解为与一个人的自我意识密不可分。

Amu 与 *Runa* 和 *puma* 一样，都标记了一个主体立场。所有这些名词（否则我们或许只能分别用"白人""土著"或"动物本

质"这样的词语）额外标记出了一个优势性视角——我的位置。
amu 这个词语，在不失去其与具有特定身体特征的特定人群和
在权力等级结构中特定位置的历史联系的情况下（事实上，由于
这些关联的积累），同样也已经成为了任何一个自我的视角的标
志。活生生的我、自我、任何自我——作为自我的自我——在这
个诸多自我的生态系统中，都是 amu。那个自我就其定义而言
就是主人，并且因此在某种意义上就是"白人"。

　　这种特殊的"代词的不完满替代品"具有独特的性质。与
puma（或白人）一道，amu 激发出了等级结构。但这样做的方
式，就是将自我弹射到了一个超越生者之上的层面。而这一事
实对于处于连续性之中的成为我意味着什么而言，具有重要
意义。

　　就像奥斯瓦尔多和他与警察之间的矛盾关系一样，鲁纳人
都既是、而且显然也既不是"万物之主人"。Amu 捕捉到了自我
与其自身关系之间这种既脱节又疏离的本质。灵师们与鲁纳人
一起一直都在那里，不仅存在于生者的领域，而且存在于超越生
命之上的领域。在阿维拉，控制动物并生活在永恒森林深处的
"灵"有很多名字，但其主要的名字只是简单地称作"主人"——
amu-guna。这些森林灵师在鲁纳人的梦境和幻象之中，以白色
橡胶庄园老板或意大利牧师的身份出现。正是以灵师的优势视
角——当鲁纳人设法栖息于其中时——鲁纳人才能够成功地狩
猎。当奥斯瓦尔多意识到自己正是他自己梦到的白人警察时，
他就不仅仅成了那些在特纳或古柯等城镇街道上行走的警察之
一；他同样也正在成为森林灵师，并且在此过程中，以某种方式
寓居于这个灵域。

　　鲁纳人总是生而为鲁纳人，生而处在与这些存在于灵师的永恒领域里的人们具有的如此密切的关系之中。在神话时代，灵师们总是生而在那里，作为一对基督教使徒扮演着"文化英雄"的角色，在地球上行走并引导鲁纳人。[13]受到灵师-使徒的引导，意味着某种混合着分离（separation）和疏离（alienation）的亲密。根据20世纪早期纳波地区的鲁纳人流传的一个大洪水神话（Wavrin 1927：329），亚马逊河流域曾居住着上帝和圣徒。在洪水期间，上帝建造了一艘汽船，用来与这些圣徒一起逃到天堂。当洪水退去，现在这艘已遭上帝废弃的船，被冲到了外国人的土地。通过观察这艘船，外国人学会了如何造船和制造其他机器。现代科技的最初拥有者可能是白人神祇，但他们同样也一直生而为亚马逊人，这是鲁纳人生命中既亲密又疏离的一面。

　　让我解释一下我讲的"亲密"（intimacy）和"疏离"（detachment）之间的关系是什么意思。"说"我的时候，Runa 就是 amu（并且他们也与那些寓居在一个始终已经存在的领域之中的 amu 保持亲密且疏离、有时甚至是屈从性的关系），它分散了自我并标记了将其连续实例分离开来的那些痛苦。

　　关于自我的这种连续实例化，与巴西亚马逊河流域中部哥语（Gê）和图皮-瓜拉尼语（Tupi Guarani）①族人们一起工作的语言人类学家注意到，在某些叙事性运用中使用的第一人称单数——我——有时可以用来指在皮肤界限之内演绎神话或歌曲

① 南美洲和西印度群岛的主要语言群，通常被认为是八个：Chibchan，Caribbean，Gê，Quichua，Aymar aru，Araucanian，Arawakan 和 Tupí-Guaraní。——译者

的自我。在其他时候，"我"这个词可以通过引用，来指代其他皮肤界限之内的自我，而在另一些时候，它可以指代某个分布在包括表演者和表演者祖先谱系之中的自我（Urban 1989；Graham 1995；Oakdale 2002；也参见 Turner 2007）。关于后者，格雷格·乌尔班（Greg Urban 1989：41）描述了一个来自休克林族（Shokleng）①的神话讲述者，他在具显（embodying）他祖先的我时，进入了一种恍惚状态或附身状态。格里格·乌尔班将这种特殊的自我指涉称为"投射的我"（projective I），其中自我同样也是一条谱系。它是投射性的，因为通过具显这些"过去的我们"（past Is），叙述者同样也具显了他自身的自我"连续性"（45）——这个自我现在已经成为了某种更为普遍的"涌出"的诸多自我的谱系之中的一部分（42）。[14]他的我成了一个我们。

我想主张的是，amu 捕捉到了关于这个"投射的我"（projective I）的一些重要内容。它指的是处在连续性之中的自我——一个具有"无限可能性"的"我们"（Peirce CP 5.402；参见第一章）。这种连续性不仅可以追溯到祖先。它还投射进未来。它还捕捉到了某种我与非-我（not-I）之间如何构成的关系——与白人、灵，以及死者，这些活着的鲁纳人既是又不是者。

在未来存在

鲁纳自我总是已经生而为鲁纳、美洲豹，并且尤其总是生而为灵师，或主人。这个自我总是已经至少一只爪踏入了灵域之

---

① 也作"Xokleng"，巴西南部原住民，说 Xokleng 语。——译者

中,灵域既不仅仅存在于当下,也不是其过去累积的简单产物。这里存在一个形式符号逻辑。正如我在本书的前几章中所论证的,符号是活的,所有的自我(无论是人类的还是非人类的)都是符号学的。在最小意义上,"自我是什么"是用于符号阐释的一个场所——无论这个场所多么转瞬即逝。也就是说,它是产生一个新符号(术语称之为"解释项"[interpretant];参见第一章)的场所,它也与之前出现的那些符号保持连续性。自我(无论人类或非人类的,简单或复杂的)都是符号学过程中的路标。它们是指号过程的结果,也是新符号解释的起点,其结果将是未来的自我。自我并不牢牢地存在于当下;由于它们依赖于将要阐释它们的未来的解释场所——未来的符号学自我,它们"处在时间流之中刚刚进入生命"(Peirce CP 5.421)。

因此,所有指号过程都创造了未来。这是自我的独特之处。一个符号学自我的存在——无论是人类的还是非人类的——涉及皮尔士所说的"在未来存在"(being *in futuro*)(Peirce CP 2.86)。也就是说,在诸多自我的领域中,与在无生命的世界相反,影响现在的因素不仅仅只有过去。正如我在本章导言所讨论的那样,未来作为再-现之物,也将影响现在(Peirce CP 1.325;也参见 Peirce CP 6.127 和 6.70)[15],而这正是自我之所是的核心。未来,以及未来如何被带进现在,不能还原为过去影响现在的因果动态机制。符号,作为"猜测"(guesses),再-现了一个可能的未来,并通过这种中介,它们将未来与现在联系起来。未来对现在的影响有其自身的现实性种类(参见 Peirce CP 8.330)。它正是使得诸多自我成为尘世独一无二实体的是其所是者。

皮尔士将过去——因果的产物——称为固定的或"死的"。

相反,在未来存在则是"活生生的"和"弹性的"(plastic)(Peirce CP 8.330)。所有指号过程,随着它的成长和生存,都创造了未来。这个未来是灵体的(virtual)、普遍的,并不必然存在、但却是真实的(Peirce CP 2.92)。所有的自我都参与到了这个"活生生的未来"之中(Peirce CP 8.194)。新热带雨林(Neotropical forests)(例如阿维拉周围的森林)在生物世界,将符号学习性扩散到了前所未有的程度,并且在此过程中它们也传播了未来。这就是当人——鲁纳人和他者——进入森林并开始与其存在建立联系时,人所踏入的地方。

然而,人创造的那种未来,是随着刻画了非象征的符号世界的未来一道涌出的,而这后一种未来是嵌套的。与相似符号或标引符号一样,象征符号必须由一个可能出现的未来符号来解释,这个未来可能出现的符号是为了成全这个象征符号作为一个象征符号的功能。然而,一个象征符号因其特性,还额外取决于这些未来的符号:其"特征……只能通过其[解]释项的帮助来实现"(Peirce CP 2.92)。例如,像狗这样的词语的语音特性是任意的,并且仅通过该词与其他此类词(及其相反的语音特性)广阔的、灵体的、有灵性的、但真实的领域的约定关系,来固定统觉(apperception)和解释的语境(参见 Peirce CP 2.304;另参见Peirce CP 2.292-93)。相反,相似符号和标引符号保留了其自身的性质(但没有保留它们作为符号的能力),独立于它们的解释项。一个相似符号,例如基丘亚语的声音图像 *tsupu*,将保留使其重要的声音性质,即使没有那些投入——*tsupu*——水中的实体的存在,或者无论它是否被解释为听起来就像这样的投掷声的实体。尽管使标引符号具有意义的性质,取决于与其指涉对象的某种相关性，但就像相似符号一样，即使它不被解释为一个符号，它也会保留这些特征。即使周围没有人——甚至连一只胆小的绒毛猴都没有——将这棵树的倒塌作为一个危险的标引符号，一棵棕榈树在森林中倒塌仍然会发出声音（参见第一章）。总之，与相似符号或标引符号不同，象征符号本身之为象征符号的存在（being qua symbol），取决于大量并不必然存在但却真实的符号的整体涌出，这些并不必然存在但却真实的符号将解释它。它双重取决于未来。

灵师的领域放大了这种在未来存在的逻辑，后者是所有符号生命的核心，同时它也被人类象征式的指号过程变成了某些其他的东西。奥斯瓦尔多若要作为一个活生生的符号，他就必须能够被这个灵体的、但却真实的灵师领域所解释——在这个领域，他需要被视为一个我而不是一个它才能生存。简而言之，他必须能够像你一样被主人/灵师称赞。而这只有在未来的灵师领域之中，当他也同样真正成为了一个我时，才有可能。

灵师的这个灵体的领域实际上坐落于森林深处。它随着森林中活生生的诸多自我的生态系统而涌出——这种诸多自我的生态系统本身正在创造增殖的未来网络。这些增多的网络塑造了灵师们的未来领地。因此，这个灵师领域开始以一种不能仅仅用其人类参与者的语言或文化来解释的方式捕捉"活生生的未来"的逻辑。这使得这个领域不仅仅是对一个非象征性的、非人类的世界的象征性注释。

我想主张的是，Amu 是在一个充满了越来越多的、制造未来习性的诸多自我的生态系统（其中的很多都不是人类）中一种特殊的、殖民化的自我存在方式。在这个过程中，amu 揭示了一个活生生的未来如何给生命赋予一些特殊性质，以及这个过程如何关涉到一种暗含（但不能被还原为）过去的动态机制。在这样做的过程中，*amu* 及其获得力量所依赖的灵域，放大了关于生命的某种普遍之物——也即是生命在未来的存在性质。它把这种性质提升了一个档次；在未来，灵师们的灵域要比生命本身"更多"。灵域使这种活生生的未来逻辑得到了放大和普遍化，并将其应用于日常的政治和存在性问题之上：生存。

来生

关于 18 世纪亚马逊河上游一个名为佩巴（*Peba*）的族群对来生的看法，耶稣会传教士胡安·马格宁（Juan Magnin 1988［1740］：477）愤怒地报告说："他们对此事的看法是明确的。他们说……他们都是圣人；他们都不会下地狱，相反，他们都会去天堂，那里有他们的亲戚，都是像他们一样的圣人。"传教士们毫不费力地让鲁纳人和其他亚马逊河上游的人们（例如佩巴人）的祖先理解了天堂。然而始终令他们懊恼的是，他们发现当地人坚持认为，这个来生领域在一片以尘世领域的角度而言非常丰饶的森林之中展开——据一位在鲁纳地区工作的困惑的传教士所说，这里"河流里的鱼比水多"，最重要的是，还有"天文数量"的木薯啤酒（Porras 1955：153）。17 世纪和 18 世纪的叙述与当代叙述产生了共鸣：在这种"来生"中，印第安人"永生不死"（Figueroa 1986［1661］：282），里面有"大量的木薯，肉和饮料想要多少有多少"（Magnin 1988［1740］：477）。[16]这是一个"不乏钢斧和贸易珠子、猴子、酒会、长笛和鼓"的来生（Magnin 1988

［1740］：490；也参见 Maroni 1988［1738］：173）。

地狱是另一种完全不同的事情。从胡安·马格宁神父的时代甚至更早的时候开始，传教士一直担心许多亚马逊上游地区的人不愿意将地狱中的诅咒视为一种对世俗罪愆的个人惩罚形式。正如多年来的许多报道证明的那样，对于鲁纳人来说，根本没有地狱。[17]据他们说，地狱是其他人（尤其是白人和黑人）受苦的地方。[18]

文图拉的母亲罗莎死后，她"进入"了灵师的世界（参见第三章和第五章）。她嫁给了其中一位领主，成为了他们中的一员——一位 amu。她下垂的旧身体——像蛇皮一样脱落——是她仅有的遗留之物，留给孩子们埋葬掉。文图拉的母亲去世时年事已高，但现在，她的儿子解释说，她永远年轻地生活在灵师的领域。"太平梯老态龙钟同你一样，"艾伦·金斯伯格在他不敬的祈祷诗中如此哀悼自己的母亲，"——当然现在老对你又何妨？它倒是时时刻刻与我相伴。"文图拉的母亲现在再也不会老了。她再也不会死，也不会受苦，她再次——现在是永远地——像她青春期的孙女一样年轻。[19]留给她儿子的，只剩她苍老的身体，破旧得像太平梯上的锈。

通过成为一名灵师，罗莎在某种意义上成为了一位圣人。她去了森林深处的基多，永远生活在那个永远富足、充满野味、啤酒和世俗财富的领域。她永远不会下地狱，她永远不会再受苦，她将永远自由。正如我在上一章讨论的，罗莎进入了一种形式——她总是已经是生而处在灵师的领域——在这个灵师的领域之中，时间的影响，过去对现在的影响，变得不那么重要了。但罗莎并不是唯一的圣人："我们都是圣人"，佩巴印第安人就是这么坚持认为的，他们的主张曾经让 18 世纪的耶稣会传教士如此沮丧。

　　我想探明这个关于罗莎是一位圣人的意涵，我甚至想探索我们自己可能都是圣人的可能性。我试图通过研究像罗莎这样的自我与涌出的灵体的、"在未来"的灵师的领域之间的关系来做到这一点。这是一个未来可能性的领域，在这个领域中，作为一个我，一个自我，也是由多种类的死者、他们多种类的身体，以及他们多次死亡的历史所塑造的。罗莎真正继续作为一名灵师，并且也许继续作为一位圣人，并不仅仅是由于这些他者的直接影响。因为她的连续性，只有通过与这些他者之间的否定性关系，才能成为可能。这是一个并不受所有那些他者的明显存在直接影响而产生的结果，而是受到所有那些他者构成性的不在场的直接影响而产生的结果。我希望这一点在接下来的小节中会变得更加清晰。

死者无可估量之重

　　有一天，胡安尼库带着他的狗去森林里收集蠕虫作鱼饵，当时他被一只巨型食蚁兽严重咬伤。伤口几乎要了他的命。众所周知，巨型食蚁兽会把后腿竖起并在受到威胁时用前脚弯曲的大爪子猛砍，它们是真正令人生畏的生物；据说连美洲豹都害怕它们（参见第三章）。胡安尼库时而将自己的不幸归咎于与他一直不和的对手萨满，时而又更平凡地归咎于他的狗，是他的狗们把他带到了这只动物身边（它们本来应该呆在家里）。胡安尼库从不责怪自己，也没有责怪任何人。作为-我-的胡安尼库（Juanicu-as-*I*）永远不会伤害自己。只有别人才可以。

有一位我非常喜欢的阿维拉年轻人在瓦塔拉库库河（Huatar-acu River）上被杀了。他们将他的尸体从一个深水池的底部拉出来。他的胸腔被撕开了。他在用炸药钓鱼时死了。没有人怀疑这一点。但对于他的最终死因，甚至是最切近的死因，人们的共识则要少得多。一些人归咎于巫师和他们有时在攻击敌人时发射的飞镖和蟒蛇。其他人则归咎于那些应该对导致他那天使用炸药钓鱼的情况负责的人：苛刻的姐夫；给他炸药的那个人；或者把他带到河边的人。所有这些都建立在一个人或另一个人的罪责上。在我听到的五六种不同的解释中，没有一个解释把责任归咎于那个死去的年轻人。

预兆（Omens）揭示了类似的逻辑。如果人们发现 *camara-na pishcu*（一种以被移动的蚁群冲来的昆虫为食的蚁鹛）[20] 在房子周围飞来飞去，那么这预示着有人会死；因为这就像是一个孩子发现她的母亲或父亲已经死了时，在她的房子周围转圈并伤心地哭泣的情形。"掘墓者"马蜂[21] 之所以被称为"掘墓者"，正是因为它埋葬了被它麻痹的狼蛛和大型蜘蛛（参见 Hogue 1993:417），在此过程中马蜂会刨出新的红土堆，就像在挖坟墓一样。与蚁鹛一样，若人们在家附近发现这些迹象，就是某个亲戚会死亡的预兆。阿维拉人称这些迹象（而且这样的迹象有很多）为"*tapia*"[22]，不祥之兆。我最初认为这些迹象都是死亡的预兆，但我很快意识到它们指的是某些更具体的东西：它们预言的不是死亡，而是他者的死亡。事实上，它们从不预测发现这些迹象的人们的死亡。

这些例子说明，自我与其所不是者之间，存在某种违反直觉的关系（counterintuitive relation）。为自我而死是不可言喻的，因为自我只是生命的延续。自我是普遍的（参见第一章）。生者对他者死亡的体验是如此难以忍受，因为它是显而易见的。"生命之线是第三性的"，皮尔士写道，而"剪断它命运的"是"第二性的"（Peirce CP 1.337；也参见第一章）。

我一直在讨论的哀悼的预兆（omens of mourning），说明了与成为他者相关的另一重痛苦，他者（第二性的、某个事物）是另一个人，它不再是一个我，不再是一个"成为-关系-之中的-我们"（becoming-*us*-in-relation）的可能部分，或者说至少当下不是。对于活着的哀悼者来说，死亡标志着一种破裂：死者变成了 *shuc tunu* 或 *shican*（不同的、他者）。我在第三章讲述的那个被朱里朱里恶魔（juri juri demons）活生生吃掉的人的神话，探索了将自己体验为这样一个对象的可怕前景——而当我们成为对象时，我们永远不会有这种体验。

但灵魂不会只是死去；它们可以在生者（以及随之而来的死者）创造的那个灵体的未来领域之中继续生活。传统卡迪什（kaddish）——与金斯伯格不敬的版本相反——为纪念死者而背诵的犹太人的祈祷诗，从不提及死亡。[23] 死亡只能从外部体验。只有他者才能剪断生命的主线。对于鲁纳人而言，只有他者、其他种类的人、尤其是黑人和白人（在本质主义的意义上），才会下地狱。

在可见性需要对象化（第二性）的意义上，自我总是对其自身部分不可见，而第二性错过了关于活生生的自我是什么的关键之处。我是一个我，因为它在形式之中——因为它参与了一种超越其自身任何特定实例化的普遍存在模式。罗莎即将成为

灵师(和圣徒)这个事实,使她成为了一个活生生的自我。关注
差异的人类学——一种关注"其所不是者"(nots)和"第二性"
(seconds)(参见第二章)的人类学——无法关注自我的这种不
可见的连续性。

　　再比方说,虽然竹节虫确实是不可见的(这要归功于它们与
所有被注意到的、更明显和不那么像树枝的亲戚之间的特定关
系),但如果仅仅关注那些被对象化的他者,就会错过不可见的
我的持续持久性(continuing persistence),而事后看来,这种形
式给我们留下了某种普遍之物的可见的繁衍,在这种情况下,我
们可以称之为"树枝化"(twigginess)。

　　所有符号都涉及与某种不在场事物之间的关系。相似符号
以一种对其存在至关重要的方式做到这一点。回想一下前面的
章节,虽然我们通常从相似性的角度来考虑它,但相似性实际上
是未被注意之物的产物。(例如,我们一开始并没有注意到竹节
虫和树枝之间的区别。)相比之下,标引符号则指向当前环境的
变化——我们必须注意其他事情(另一种类的不在场)。象征符
号则以一种特殊的方式结合了这些特征:它们的再-现是通过它
们与使它们有意义的其他此类象征符号的不在场系统之间的关
系来表示的。

　　生命(本质上是符号学)与不在场之间具有相关的联系。一
个活生生的"处于-谱系之中的-有机体"(organism-in-lineage)、
"处于-连续性之中的-我"(in-continuity-of-I)——按照亚马逊
人的概念——是其所不是者的产物。它与许多没有幸存下来的
不在场的谱系密切相关,这些谱系被挑选出来,以揭示适合其周
遭世界的形式。从某种意义上说,生者就像我们误认为是树枝

的竹节虫一样，是未被注意到之物。他们是那些具有继续保持
形式和外在于时间的可能性的人，这要归功于他们与其所不是
者之间的关系。请注意逻辑上的转变：重点在于当下并不在场
之物：死者不可估量之"重"（我认为这种矛盾修辞法抓住了其说
法之中的某些违反直觉的东西）。

那么，由于这些构成性的不在场，所有生命都蕴含了在其之
前的所有痕迹——其所不是者的痕迹。遵循着这种违反直觉的
逻辑，灵师不可见的领域使得所有这些都成为可见。正是在灵
师领域之中，那些曾经生活过的人（前西班牙裔酋长、黑袍牧师、
祖父母和父母）和所发生的事情（16世纪反对西班牙人的大起
义、贸易珠子旧的流通渠道、强制进贡）的痕迹得以继续。这就
是未来的领域，这个未来的领域也为（人类）生者提供了可解释
性。灵师的领域蕴含了所有过去的幽灵。正是在这个灵师的领
域之中，由于与这些不在场之间密切的关系，无时间的我才得以
延续。

"我"存在于形式之中、历史之外（参见第五章）。这就是为
什么它不会发生任何事情。天堂就是形式的延续。地狱就是历
史；这是发生在他者身上的事情。天堂是人不受制于时间的境
界。人永远不会变老。人永远不会死在那里。只有它们（*its*）才
能在时间之中。只有它们才会受到影响，受制于二元的因果机
制，脱离于形式，受制于历史——受到惩罚。

自我中的"你"

灵师的领域，是森林创造的诸多未来的产物。但还不止于

此。一个词的意义取决于一个将来解释它的庞大象征系统的涌现。类似的事情也在森林中发生。灵师的领域是随着人类（以其独特的人类方式）试图参与到森林的非人类指号过程之中而涌现出的巨大的灵体系统。那么，灵师的领域就像一种语言。除了它是一种比语言更加"肉身性"（fleshly）的存在之外（Haraway 2003）——就其本身而言，灵师的领域存在于更广泛的非人类的指号过程之中。同时它也更加具有灵性。这个领域既在森林之中，又超越自然和人类领域之上。简而言之，它是"超自然的"。

这个灵师的领域开始了解释，并且因此允许和限制"我可以是谁"和"我可以如何存在"，同时它也为那个我的连续性——生存——提供了容器。在阿维拉，"白"已经可以标记这个我的视角。它标志着跨越宇宙的等级结构体系之中的相对位置——从非人类领域到人类领域，从人类领域到灵师灵域的等级结构体系。奥斯瓦尔多的困境就在于此。一方面，鲁纳人一直都是白的。另一方面，他们承认存在的多样性——警察、牧师和地主，以及动物灵师和恶魔——他们在受历史影响的宇宙等级结构之中的优越地位，是由他们的"白"来指示的。

然而，灵师的领域并不仅仅只是关于我。维维罗斯·德·卡斯特罗写道，"在文化的'反思性的我'"（我认为他所说的"文化"是指自我看待自身的优势地位，也即是自我把自身视为人）"以及自然非人的'它'之间缺少一个第二人称的'你'或作为主体的他者的位置，其视角是对'我'的视角的潜在回声"（Viveiros de Castro 1998：483）。对于卡斯特罗来说，这个你获得了某些关于超自然领域的重要认识——我要补充的是，这个超自然的领域不能仅仅还原为自然，也不能还原为文化。根据形式逻辑的等级结构，它是一个位于"超越"它使之成为可能的人类领域之上的领域。

卡斯特罗继续说，"超自然是他者作为主体的形式"（Viveiros de Castro 1998：483）。我会说，这是一个可以被这个既陌生又熟悉的更高阶的他者自我召唤出来的地方。这是奥斯瓦尔多的惊吓了他的警察所从出的领域。这个领域同样也是所有自我都可能将其自身经验为灵师——amu——的领域。因此，当阿维拉人使用 amu 这个词时，无论是像在纳西莎（Narcisa）的情况下的自我指涉，还是指代一个存在（人类或非人类的），也即或许是他者的一个存在，都正是为了激发这个作为他者的我，作为他者的主体——无论这个他者的声音是多么微弱，都是一个在未来之我的"潜在回声"。

挑战在于如何避免在这个质询过程中成为一个对象。这是真正的危险所在。正是出于对这一点的恐惧，当奥斯瓦尔多梦见肩膀上粘着剪下的头发的警察迎接他时，他最初的结论是他做了一个噩梦。这也正是为什么人们不能看到一个 huaturitu supai 的原因，这个鸟爪恶魔穿着僧侣长袍，手拿《圣经》在森林里游荡。为了成为我之中的你，这个我将永远把你带出生者的领域（Taylor 1993；Viveiros de Castro 1998：483）。但一个不会被它不断面对的它们和你们所破坏的自我，一个不会成长以将这些融入更大我们的自我，不是一个活生生的我，而是一个死壳。

那么鲁纳人面对的问题，就是应该如何创造条件来确保他们能够继续寓居在一个我的视角之中。也就是说，如何进入这个既是我但又不完全属于自己的我的更高阶的你之中？他们用来做这件事的技术，就是萨满教。这些技术将爪子延伸进入未来之中，以便将一些未来带回到生者的领域之中。

我想强调的是，萨满教之可能性的历史条件，正是萨满教试图触及的等级制度。如果没有构建诸多自我的生态系统的殖民主义掠夺性等级结构，自我就没有更高的位置可以进入，以便构建自己的位置。萨满教如何与它所沉浸其中的等级结构的历史相关，其象征性（Emblematic）的术语就是 *miricu* 一词，它是阿维拉人给"萨满"的名字之一。[24]这个词的威力在于，它是一个双语双关语（bilingual pun）。由此，这个词在两个不同的语言容器之中，同时捕获了两个概念；它是西班牙语单词"医生"（*médico*）的基丘亚语化形式，同时它还包含基丘亚语中施动形式的动词"去看"（*ricuna*）；*ricu* 就是看。萨满可以像医生一样看，像那些手持医学科学所有强大武器的现代先锋一样看。但这并不必然意味着鲁纳人希望萨满成为一名西方式的医生。萨满教的"看"，改变了"看"的意义。

一个人如何寓居于你的视角之内？一个人如何使自身成为自己的我？一个人通过穿上我们可以称之为衣服的东西来做到这一点——这些设备、身体装备和属性，允许特定种类的存在寓居于特定种类的世界之中。这些设备包括美洲豹的犬齿和毛皮（参见 Wavrin 1927：328）、白人的裤子（参见 Vilaça 2007, 2010）[25]、牧师的长袍，以及面部的 *Auca* 面漆。而且这样的衣服也可以脱掉。罗莎死时，她年迈的身体脱落了。据报道，在阿维拉，一些男子在森林中遇到美洲豹，若无法将它们吓跑，就会脱光衣服与它们作战。通过这种方式，美洲豹就会被迫认识到，他的力量来自他的衣服，而在这身皮囊之下，他是一个人。[26]这就是为什么亚美利加在她的狗被其中一只美洲豹杀死之后，会怀着复仇的喜悦幻想美洲豹会害怕砍刀在森林植被中切割出的"*tlin tilin*"的声音。因为这会提醒美洲豹，人类切开他们的 *cushma*（紧身衣）[27]是多么不费吹灰之力，这种 *cushma* 就是美洲豹把他们的皮毛当作衣服的那种衣服。[28]

还有另一些萨满式装备的例子。在一次婚礼上，附近鲁纳社区的一个男人走近我，一言不发地开始用他光滑的脸颊摩擦我的胡茬。不久之后，另一个年轻人走近我，要求我通过吹他的头顶来传授给他我所具有的一些"萨满知识"。[29]有几次我们坐在一起喝啤酒时，年长的男人会突然把我的背包背起来，大摇大摆地走来走去，然后让我拍一张他们背着我的背包或者背着其他装备的照片：一把霰弹枪、一把斧头、一桶木薯啤酒。一个男人让我给他的家人拍张照片，每个人都穿着他们自己最好的衣服，而他则背着我的背包。[30]这些都是小小的萨满行为——试图挪用一些被想象为更强大的你的东西。

我想在此明确表示，鲁纳人并不想在任何一种文化融合的意义上变成"白"的。因为这不是获得一种文化的问题。白人的"白"也不是本质上固定的。这与种族无关。西班牙人希梅内兹·德·拉·埃斯帕达（Jiménez de la Espada）1860 年代访问圣何塞德莫特（San José de Mote）的鲁纳人时，也曾了解到这一点，现在这里成了一个已遭废弃的村庄，位于苏马科火山的山脚下，距离阿维拉仅一天的步行路程。

尽管我慷慨地分发了十字架、纪念章和珠子，但当我开

玩笑地告诉一堆女人，我想娶其中一位时，她们回答说，鬼
才会愿意，因为我不是基督徒……我是魔鬼。(Jiménez de
la Espada 1928:473)

　　尽管鲁纳人依赖于各种"白"的装备来生存和继续作为一个
"人"，但他们并不总是将这种人格延伸到他们实际遇到的白人
身上。"白"是一个关系范畴，而不是本质范畴。美洲豹并不总
是具有犬齿，白人并不总是主人。

活的未来

　　奥斯瓦尔多设法杀死了实例化的野猪——把它带到现实之
中——这是迄今为止唯一的灵体现实，它使得这种行为成为可
能。那天，奥斯瓦尔多在森林里当了警察，在这个过程中，他把
那个未来领域的东西——在他的梦中模模糊糊勾勒出来的东
西——带回了现在的世界。灵师的领域是真实的。它是真实
的，因为它可以告知存在，并且作为一种普遍的可能性是真实
的，它不能还原为将要发生的事情。现实性比存在的要多。灵
师的领域不仅仅是人类和文化，但它从一种特殊的人类参与和
联系那个部分地超越人类之上的活生生的世界的方式之中
涌出。

　　"灵"是真实的（也参见 Chakrabarty 2000；de la Cadena
2010；Singh 2012）。我们如何对待这个现实，与我们如何认出它
一样重要；否则，我们冒险将"灵"视为一种真实的种类——一种
社会或文化建构的种类——这种真实的种类"太人性"和太熟

悉。我同意,诸神随着人类实践涌出(Chakrabarty 1997:78),但这并没有使它们可以还原为或受制于此类实践展开的人类语境。

森林灵师的灵域有其自身的普遍现实种类:它是自身与生命的活生生的未来之间关系的涌出的产物,它"提升"了生命所拥有的某些属性。诸如普遍性本身、构成性不在场、断裂连续性,以及因果时间动态机制的破坏等等属性,在灵师的领域之中变得如此放大,以至于在某种意义上,即使在不可见的情况下,它们也变得可见。

理解"灵"是如何成为其自身的真实种类,这一点对能够研究人类与超越人类之上事物关系的人类学而言至关重要。但要做到这一点,人们必须愿意就"什么使灵成为真实的"这个问题说出一些具有普遍性的内容——其中包括但超越了其他人也认为它们是真实的这一事实,我们应该认真对待这一事实,甚至应该对这些现实的种类如何影响我们保持敞开状态(例如参见,Nadasdy 2007)。

通过将居住在阿维拉周围森林深处的灵师领域视为一个涌现的真实,我的愿望就是要重新发现世界的"魔力"(enchant-ment)。世界是"有灵的"(animate),无论我们是否是万物有灵论者。"灵"充满了诸多自我——我斗胆使用"灵"这个词——人类和其他。它不仅存在于此时此地或过去,而且还在未来——一个潜在的活生生的未来——存在。人类和非人类的"灵"的特定融合,在阿维拉周围的森林创造了这个充满魔力的灵师领域——这个领域既不能还原为森林,也不能还原为与之相关的人类的文化和历史,即使这个充满魔力的灵师领域确实由此涌

217

出,并且没有它们就无法维系下去。

活生生的自我创造未来。人类活生生的自我甚至创造更多的未来。灵师领域是人类在超越人类之上的世界中的生命方式涌出的产物。它是许多物种之间相关联的产物,在狩猎中经常聚集在一起。它以一种普遍的、不可见的、所有死者幽灵般游荡(haunted)的方式,来寓居于所有创造未来者之中。或许,这就是未来之未来。

在那个未来——那个超自然之中——存在着一个活生生的未来的可能性。在杀死那只猪而又不被其反杀的过程中,奥斯瓦尔多活了下来。生存就是超越生命之上:超越+生命(super + vivre)。但是,一个人不仅在与生命的关系之中生存,而且在与它的许多不在场有关的关系之中生存。根据《牛津英语词典》,"生存"的意思是:"在另一个人死后,或在某件事结束或某种状态结束或某事件(明示或暗示)发生之后,继续生活。"生命在与其所不是者之间的关系中成长。[31]

世俗的现在和普遍的未来之间断裂但又必然的关系,以特定和痛苦的方式表现出来,丽萨·史蒂文森(Lisa Stevenson 2012;参见 Butler 1997)可能称之为鲁纳人自我的"心理生活"(psychic life),受到它所生活其中的诸多自我的生态系统的殖民的影响,沉浸其中并受其告知。鲁纳人既属于"灵"界的领域,又与之疏离,而生存则需要培育各种方式,来让未来的自我——在森林灵师的领域之中微弱地生活——回顾自己更属于尘世的部分,可能后者有希望做出回应。这种充满连续性和可能性的有灵性的领域,是一系列跨越物种和跨越历史关系之整体的涌出的产物。它是许多死者不可估量之重量的产物,它使一个活生生的未来成为可能。

　　在奥斯瓦尔多的梦境中揭示出来，以及在这种诸多自我的生态系统中展现出来的奥斯瓦尔多作为我之生存的挑战，取决于他如何受到他者的惊吓。这些他者可能是人类或非人类，肉身的或灵体的；它们都在某种程度上使奥斯瓦尔多成为了他之所是。奥斯瓦尔多的生存——就像罗莎将在森林深处的基多持续存在一样——讲述了森林放大的生命之谜；它说明了从使其实例化的那些个体的结构中不断涌出的谱系（参见第五章）。它谈到了一种形式的创造，这种形式在构成性的不在场中，与其所不是的形式相提并论。

　　非特定但真实的"灵"生活在这种形式的连续性之中（参见Peirce CP 7.591；也参见第三章）。"灵"是普遍的。身体（定位的、装备的、犯错的、动物——这里不要与"有灵的"[animate]混淆）则是个性化的（参见 Descola 2005：184－85，引用涂尔干）。这涉及活生生的未来的某种本质。因为生命，以这种或那种方式，总是与这种贯穿"灵"所放大的不连续性之中的连续性有关。

　　而这个特定的未来之未来呢？在阿维拉周围的新热带雨林中发生了什么？一个未来之未来，其实例化和持续的可能性是以杀死一个密集的诸多自我的生态系统之中所孕育的某些存在者为前提的吗？森林灵师之灵域的涌现，是构成这片在思维着的森林之中诸多种自我之间关系的产物。这些关系有些是驯顺的，有些是根茎的；有些是垂直的，有些是横向的；有些是树状的，有些是网状的；有些是寄生的，有些是捕食性的；最后，有些存在者与陌生者在一起，有些存在者则与那些非常亲熟者在一起。

　　这个广阔而脆弱的关联领域,在森林和包含森林许多过去的未来领域上演,只要这些关系没有太多被绞杀,它就是一个充满可能性的世界。正如唐娜·哈拉维(Haraway 2008)指出的,杀戮与绞杀一个关系是不同的。杀戮可能实际上允许某个种类的关系。一旦杀戮结束,很可能会出现更大、更持久的沉默。鲁纳人与森林之间存在着密切的关系,并且鲁纳人具有一种充满魔力(enchanted)的唯灵论(animacy),因为他们杀戮——因为他们以这种方式成为了这个巨大的诸多自我的生态系统的一部分。而杀戮和杀戮关系则是两种不同的东西,就像个体和种类、象征和类型、生命和来生是两种不同的东西一样。在所有这些情况下,前者是特定的,后者是普遍的;所有这些都是真实的。正是通过与寓居于这片思考着的森林之中的许多种类的真实他者——动物、死者、灵——密切接触,这种超越人类之上的人类学才能学会思考使得这种未来成为可能的、与死者相关的活生生的未来。

超越

> 动物越过地平线涌来。他们属于那里和这里。同样,他们既
> 是有死的也是不朽的。动物的血像人的血一样流淌,但它的物种
> 却是不朽的,每头狮子都是狮子,每头牛都是牛。
>
> ——John Berger, *Why Look at Animals?*

地平线上有一只狮子,一只比任何一只狮子都更像狮子的狮子。除了喊"狮子"召唤那只狮子之外,还有另一只狮子可能会回头看。除了这只注视的狮子之外,还有另一只不死的"狮子",我们称之为"狮子",是因为它是一个种类(a kind)。

为什么要求人类学的视野超越人类之上? 为什么要期待动物这样做? 看着动物,动物也回头看我们,和我们一起看,最终也是我们的一部分(即使它们的生命远远超出我们),它们可以告诉我们一些事情。它可以告诉我们"超越"人类的东西如何维系我们,使我们成为我们现在的样子和我们可能成为的样子。

活着的狮子的某些部分可以在其个体死亡之后继续存在于从属的狮子谱系之中。而这个现实,超越了它所维系的一个相关现实:当我们说狮子这个词来召唤一头活狮子时,它既属于狮子,同时从它也得出了一个普遍"狮子"的概念。因此,除了说出的"狮子"(技术上说是个"标记")之外,还有"狮子"这个概念("类型"[type]);在这个概念之外还有一只活的狮子;在任何这样的个体狮子之外,还有一个狮子的种类(或物种或谱系),这两

者都既从许多有生命的狮子之中涌出，也维持这许多狮子的生命。

我想反思这种超越的概念，以及它在超越人类之上的人类学之中所起的作用。我用亚马逊的狮身人面——一只美洲豹——作为这本书的开篇，这只美洲狮也回过头来，它迫使我们思考，如何从人类学上解释某种超越人类"看"的方式的现实。这让我重新思考古代斯芬克斯对俄狄浦斯提出的谜语：什么东西早上四条腿、中午两条腿、晚上三条腿？我用我自己的一个问题来解决这个谜语：斯芬克斯的问题如果从某个（稍微）超越人类之上的地方提出，会有什么不同？《森林如何思考》这本书正是从民族志的角度考查，为什么从斯芬克斯的角度来看事物是重要的。

斯芬克斯召唤我们用图像思考。最终，这就是《森林如何思考》这本书的内容：学会用图像思考。斯芬克斯的问题是一幅图像，是与其答案相似的答案，因此答案就是某种相似符号。谜语就像一个数学方程式。例如我们可以考虑像"$2 + 2 + 2 = 6$"这样简单的事情。等号两边的项彼此互为相似符号，所以如果我们学习将"6"看作三个"2"，这将会告诉我们关于数字"6"的一些新的信息（参见 Peirce CP 2.274—302）。

我们可以审视一下作为相似符号的斯芬克斯问题，看这个问题如何促使我们对俄狄浦斯的答案——"人"——作出新的思考，从而学到一些东西。关于它的问题可以使我们注意到我们与其他活生生的存在者之间共有的动物性（我们的四足遗产），尽管我们在世存在的方式（我们两条腿的人类步态形成的图像）是一种"太人性的"象征式（因此是道德的、语言的和社会文化的)。因此这种做法可以帮助我们注意到超越人类之上的那种生活方式("早上四条腿走路")和那种"太人性的"生活方式("中午两条腿走路")之间的共同点是什么:那种"三足的"-长者-和-他的-拐杖(我们可能会学会将其视为"有死的和不朽的",自我-和-对象)唤起了我们与其他活生生的存在者之间共有的三个关键属性。这些是有限的、符号学的中介(当我们在我们有限生活之中感受自己时,所有我们这样的活生生的存在者都使用"拐杖"),而且它们是——我现在可以补充——一种独特的生命独有的"第三性"。这种"第三性"是在未来存在的一种普遍性质,它抓住了生命连续性的逻辑,以及如何使这种连续性成为可能,这是因为我们每个人的死亡都可以为他人的生命腾出空间。"越过地平线"蹒跚而行的形象,也容纳了这个"活生生的未来"。

用图像思考,就像我在这里对斯芬克斯谜语的处理那样,也像我在本书中所做的那样,使用各种图像——无论是梦幻的、听觉的、轶事的、神话的,甚至是照片图像的(还有其他故事在此未着文字但却得到了"讲述")——并研究这些图像如何放大、从而使超越人类之上的事物中关于人类的事物变得明显的方式,正如我一直主张的那样,这也是一种将我们自身向着森林思维如何通过我们思考其自身独特的相似式逻辑敞开的方式。《森林如何思考》旨在像森林一样思考:在图像中思考。

将我们的注意力转向斯芬克斯,让她(而不是俄狄浦斯)成为我们故事的主角,这就要求我们的眼光从人类学上超越人类。但这并不是一件容易的事。第一章"敞开的整体"试图找到一种将符号识别为超越符号之物的方法(这种独特的人类符号模态[human semiotic modality]使我们所知的语言、文化和社会成为可能）。学会将象征符号视为只是表征模态（representational modality）之中的一种（这种表征模态嵌套在更广阔的符号学领域之中），使我们能够认识到我们生活在社会文化世界——"复杂的整体"——之中的事实，也就是，尽管它们具有整体性，但也向超越它们的事物"敞开"。

但认识到这种敞开只会促使我们发问：超越我们之上的这个世界和我们构建的社会文化世界是什么？因此，第一章第二部分转向反思我们如何将现实视为某种超越了二元论形而上学提供给我们的两种现实的东西：一方面，我们独特的人类社会文化构建的现实，以及另一方面，存在于我们之外的客观的"东西"（stuff）。

我在这里亲手描述这种二元论形而上学所提供的选择，这并非巧合。因为这种二元论深深植根于人类的意义，就像我们人类用左右手思考的倾向一样（参见 Hertz 2007）。我将社会和文化领域放在第一位，因此放在右手，并将事物领域置于另一只手——我们认为这只手是弱者、不合法和罪恶（来自拉丁语的"左"）之手，这也并非巧合。因为我们认为属于人类之物（我们的灵魂、我们的心灵或我们的文化）目前主宰着我们的二元论思维。这将他者的领域，也即非人类的领域（消除了唯灵论、行动性或魔法）委托给左手（尽管如此，这只手仍有其自身颠覆性的可能性；参见 Hertz 2007；Ochoa 2007）。

这种二元论不仅仅是特定时间或地点的社会文化产物；它与人类"携手并进"，因为我们具有的二元论倾向（按照斯芬克斯的术语，我们的"两条腿"）是人类象征思维的独特性质的产物，并且，内在于那种思维中的逻辑方式创造了符号系统，这些符号系统似乎与它们在尘世的指涉完全不同。

　　因此,以"二"为本的思维,在人类的意义之中根深蒂固,超越这种在手性(handedness)需要将人类真正地陌生化(defamiliarizing)。也就是说,它要求我们对我们的思想进行艰巨的去殖民化的过程。它要求我们将语言"行省化"(provincialize),从而为另一种思想———一种为更广阔、更为容纳和维系人类的思想腾出空间。这另一种思考正是是森林之思,这种思考贯穿人们(例如鲁纳人和其他人)的生命,他们以充盈的生命之独特的逻辑方式,密切地与森林之中活生生的存在者接触。

　　那些活生生的存在者为森林赋予了魔力,使其有灵。我的目标就是揭示这种超越人类之上的魔力和万物有灵论的现实性,我试图以一种可以使我们超越人类之上的人类学方法,在概念上生发它、动员它,这就是我的"左撇子"的方式,我用它来对抗我们所以为的"正确的/右撇子的"思考人类的方式。

　　第二章"活的思想"试图展开那些主张生命以及森林会思考的主张。也就是说,它着眼于超越语言之上的表征形式(forms of representation)———思想形式,尤其关注其所存在的超越人类之上的领域。当我们只关注跟象征有关的独特的人类思想方式(这影响了语言、文化和社会关系,以及我们如何思考它)时,我们便错过了一些更广泛的、跟"活的思想"有关的逻辑。非人类的活生生的存在者是构成性地、符号学地使它们自己成为它们自己的。这些非人类的自我在思考,它们的思考是一种同样创造着自我之间关系的联想形式。研究这另一种思想形式,将其视为一种关系,甚至有时感觉它作为其自身的概念对象涌现,将我们自身向这种奇怪的特性(例如内在于混淆或无区分之中的

生成的可能性)敞开,推动我们去想象一种可以超越将差异作为
其关系的原子组成部分之上的人类学。

于是,"活的思想"确立了人类学要超越人类之上来看待生
命为什么是重要的。在第三章"盲的灵魂"中,我开始观察超越
生命之上的死亡是如何同样组成生命核心的。在这里我关注的
重点是,死亡如何成了一个内在于生命本质的问题———种"现
实性困境",以及鲁纳人是如何努力寻找解决这个问题的方
法的。

"跨物种的混杂语言"是关键性的一章。我们已经冒险超越
人类之上,同时也并没有忽视人类所提供的东西,我将这种人类
学转向了一种"太人性的"人类学——我澄清了为什么我提倡的
这种方法是一种人类学方法,而不是一种(比如说)不可知论地
描绘多个物种之间关系的生态学方法。在鲁纳人超越人类之上
的旅程中,在他们奋力与那些"寓居"超越他们之上的、广大诸多
自我的生态系统之中的动物和"灵"的沟通中,他们并不想停止
作为人类的存在。因此,本章从民族志的角度追溯了超越人类
之上的交流模式所必需的各种策略,这些策略同时也确保为独
特的人类存在方式提供了空间。

我们作为人类之存在(源于我们通过象征符号思考的倾向)
的独特方式的核心就是,与其他种类的活生生的存在者相反,我
们人类是有道德的生物。这一点在鲁纳人的身上并未丧失,因
为他们在这种到处充满了"太人性的"殖民历史遗产的诸多自我
的生态系统之中挣扎求生。简而言之,当我们试图超越人类之
上时,我们不能忽视这个"太人性的"领域。也就是,研究存在于
人类之上(以及超乎道德之上)的各种生命,使得超越人类之上

的生命逻辑能够通过我们起作用,这本身就是一种道德实践。

在试图将"太人性的"事物与超越人类之上的事物联系起来时,"跨物种的混杂语言"还揭示了某种作为"分析性的"(analytic)"超越"(beyond)概念。在我运用"超越"这个词时,超越这个词同时已经超越了它的主题并与之相连贯;超越人类之上的人类学仍然是关于人类的,尽管(并且恰恰是因为)它着眼于超越人类之上的东西——这种"超越"同时也维系着人类本身。

如果本书的大部分内容是从人类之上超越出来、进入生命领域的话,那么第五章"形式毫不费力的有效性"则试图超越生命领域,进入维系人类和非人类之生命形式的奇妙过程之中。然后,这一章着眼于模式之生成和传播的特定属性,以及这些特定的属性如何改变我们对因果关系和行动性的理解。本章认为形式就其自身而言是一种真实,它在世界上涌现,并由于人类和非人类运用形式的独特方式而得以放大。

第六章"活的未来(与死者无可估量之重)"转向超越生者领域之上的灵的领域之中的来生。本章的主要任务是了解这个领域关于超越呼吸的活体和生命之上的生命自身延续方式的言说。(我应该注意到"灵"这个词在词源上与呼吸有关,在基丘亚语中"*samai*"[呼吸]这个词是使……有灵之物。)然后,最后一章的冒险超越了生存,进入了"普遍"(genaral)。"普遍"是真实的;"灵"甚至斯芬克斯,都是真实的。狮子也是。那么也可以说,这一章既跟作为种类的狮子的现实性有关,也跟作为类型的狮子的现实性有关。狮子作为"种类"(或物种或谱系)广义上是生命的产物,而狮子作为"类型"则是人类生命的象征形式的产物。本章重点介绍了涌现的真实(the emergent real)的产生,这要归功于这两类"普遍"——超越人类之上的活生生的普遍,还有独特属人的普遍——它们在森林关于诸多自我的生态系统之中结合在了一起。

在阿维拉周围的森林中出现的这种涌现的真实,是灵师们的灵域。它是由概念和种类特殊混合而成的产物。这种真实既以包含了森林之生命的方式超越于森林之上,同时它也将森林之生命,与许多仍在灵师们寓居的森林之中继续如幽灵般游荡的死者们的"太人性的"历史交织在一起。

贯穿本书,我一直在寻找解释差异和新颖性的方式,尽管没有解释连续性。涌现(Emergence)是个技术术语,我用这个术语来追踪不同断裂之间的联系;超越(beyond)则是一个更广泛、更一般的技术术语。超越人类语言之上的指号过程提醒我们,语言与生命世界的指号过程相关,而生命世界的指号过程则超越语言之上。存在超越人类之上的"诸多自我"(selves),这使我们注意到这样一个事实,即我们人类自我的某些属性与他们的自我的诸多属性之间是连续的。因为正是由于所有使我们成为我们的死者不在场,才为我们之为我们敞开了空间,每一个生命之上都存在一个死亡,这意示我们得以延续的方式。超越生命之上的形式使得我们注意到,一种毫不费力的传播模式贯穿我们的生命之中。最后,"灵"是超越生命之上的来生的真实组成部分,它告诉我们一些关于内在于生命本身的连续性和普遍性的东西。

在穿越这片"野蛮森林"(*selva selvaggiai*),这片"繁茂"且"困难"的野生森林的旅途中,我想要在此说出接近于森林如何思考的东西时,总是"凡语再不能交代"。森林的思考在关于繁茂的诸多自我的生态系统和某些历史上偶然发生的鲁纳人处理这种诸多自我的生态系统的方式之中得到了放大。

鲁纳人处理这种森林诸多自我的生态系统的方式（部分地）是某种"太人性地"从国家经济中边缘化了的产物，否则这种国家经济就会把像阿维拉这样的农村社区与厄瓜多尔不断增长的财富更加均等地联系起来。更大程度地融入国家经济网中，肯定会得到国家经济提供的更为安全的生计形式，这将使在森林中寻找食物这种更加繁重且风险更大的方式变得过时且在很大程度上变得无关紧要。而且事情都在朝着这个方向发展。随着全国范围内道路扩建、医疗保健、教育、基础设施等方面的进步，经过了几个世纪之久，基多模式终于来到了森林。

在指出阿维拉的鲁纳人践行的社会经济边缘化、政治边缘化，还有面向森林维持生计之间的关系时，我不希望将文化还原为贫困（某些人可能会这么做）。此外，正如现在应该已经清楚的那样，我并不是在谈论文化。更重要的是，阿维拉的日常生活有一定的丰富性（plentitude），这是居住在阿维拉的人们所珍视的。不管人们可能用经济指标还是健康指标来评估它，这种富足（richness）都是存在的。

我在此描述的受殖民影响的、多物种的诸多自我的生态系统在民族志和本体论意义上都是真实的。但它的存在取决于繁茂的非人类生态系统的持续繁荣，就像它也依赖于利用这些生态系统生活的人类一样。如果这些构成这种诸多自我的生态系统的元素之中的大多数消失掉了，那么一种特定种类的生命（和来生）就会走向终结——永远终结。我们将必须找到哀悼这种特定种类的生命（和来生）之不在场的方式。

但这并不是说，所有生命都会结束。还有另一种鲁纳人之为人的方式——这些方式很可能也与那些可能会召唤出他者之"灵"的非人类方式相关。我们必须找到能够聆听到那种现实性也寓于其中的希冀的方式。

将我的民族志注意力转向某些可能短暂且易逝之物——一种既"太人性"又超越于人类之上的、尤为繁茂的诸多自我的生态体系的现实——我在做的并不是抢救人类学。我正在描绘的图景不只是消失了；随着研究这种特殊关系的民族志不断增多，我们由此变得能够欣赏可以触及生命逻辑的诸多方式，而这种生命逻辑已经成了森林如何通过"我们"来思考其自身的一部分。如果"我们"要幸存于人类世（Anthropocene）——在属于我们的这个超越人类之上的世界正越来越多地被"太人性"之物占据的不确定时代——我们将不得不主动地去培养这些跟森林一道思考、像森林一样思考的方式。

在这方面，我想回到我的标题"森林如何思考"。我选择这个标题，是因为我注意到了它与列维-布留尔（Lévy-Bruhls）的《土著如何思考》（*How Natives Think*）之间的共鸣，《土著如何思考》这本书是对万物有灵论思想的经典处理。同时，我想我们需要引入一个重要的区别：森林在思考；当"土著"（或诸如此类的其他人）想到这一点时，他们就会被"一个正在思考的森林"这样的想法占据。我的标题"森林如何思考"也与列维-斯特劳斯（Lévi-Strauss）的《野性的思维》（*La Pensée sauvage*）一书存在共鸣。列维-斯特劳斯的沉思跟一种既被人类驯化、又不被人类驯化的思想有关。这种方式，就像观赏花卉三色堇（pansy）——思维（pensée）的另一重含义———一样，列维-斯特劳斯的标题开玩笑似的暗示了这一点。尽管三色堇是被驯化的,因此是"驯服的",但它仍是活生生的。因此正如我们一样,也像鲁纳人——那些"驯服的印第安人"(*indios mansos*)——一样,三色堇也是野生的。当然,"野蛮"(Sauvage)这个词在词源上与"森林"(sylvan)相关——它们是那种(野生)的森林,"野蛮森林"(selva selvaggia)。

我自己关于民族志的沉思,试图让我们的思想变得自由。有一段时间,我们试图走出我们的怀疑大厦,把我们自身向着那些超越人类之上的、野性的、活生生的思想敞开——这些活生生的思想同样也造就了"我们"。为此,我们需要离开我们的向导"鲁纳美洲豹人"——我们的维吉尔——我们同样也需要离开那片处于阿维拉周围的"野蛮森林"。不过,我们这么做并不一定能像但丁那样上升天界(这本书并不是那一种道德故事;我也不是在谈论那一种目的[telos])。我们暂时离开这片森林片刻,独自踏入普遍性之中:一个有灵性之地,一个或许超越了我们所遇见的这种特殊民族志之上的领地。

在探寻将我们的思想向着活生生的思想、自我、灵魂、森林诸"灵",以及甚至是作为概念和作为种类的狮子敞开的诸多方式时,我一直试图谈论一些跟普遍事物有关的具体的话。我一直试图说一些跟"普遍"有关的话,这种"普遍"使我们在"这里"感受到它,同时它延伸到我们之外,到了"那里"。以这种方式敞开我们的思维,可能会使我们意识到一个更伟大的我们(Us)——一个不仅可以在我们的生命之中,也可以在超越我们之上的人们的生命之中蓬勃发展的我们。这将是我们馈赠给活的未来的礼物,无论多么微不足道。

注释

导言 鲁纳美洲豹人

〔1〕对于基丘亚语的处理,我采用了基于奥尔和莱斯利(Orr and Wrisley, 1981:154)的西班牙语实用拼写法。此外,我使用撇号("'")表示停止, 使用上标 h("ʰ")表示吸气。除非用重音表示,否则单词应在倒数第二 个音节重读。基丘亚语的复数标记是 -guna。然而为了清楚起见,即使 是我在英语中以复数形式使用该术语的语境中,我通常也不在我对单 个基丘亚语单词的讨论中使用复数标记。连字符("-")表示单词的发 音部分受阻。我用短破折号("–")表示一个单词的元音被拉长出来的 地方。我用长破折号("—")表示元音更大的伸长。

〔2〕研究厄瓜多尔亚马逊河上游地区讲基丘亚语的鲁纳人的民族志专著, 请参阅:Whitten(1976)、Macdonald(1979) 和 Uzendoski(2005)。将鲁 纳的生活方式置于殖民和共和历史以及更广泛的政治经济之中的民族 志专著,请参阅:Muratorio (1987) 和 Oberem (1980)。关于阿维拉的 民族志专著,请参见 Kohn(2002b)。

〔3〕死藤水(Aya huasca)由同名的金虎尾科(Banisteriopsis caapi, Mal- pighiaceae)藤蔓卡披木制成,有时还混有其他成分。

〔4〕诺曼·惠顿(Norman Whitten)的经典专著《萨查鲁纳人》(Sacha Runa, 1976)敏锐地捕捉到了森林与内在于鲁纳人生活方式中的文明之间的 这种紧张关系。

〔5〕文中所有西班牙语和基丘亚语都是我自己翻译的。

〔6〕在早期作品（Kohn 2007）中，我将我的方法称为"生命人类学"（anthro-pology of life）。当前的迭代与该方法密切相关，只是在本书中我对关于某个主题（关于 x 的人类学）的人类学式处理不太感兴趣，而对可以使我们超越我们的主题（"人类"）并且同时并不放弃这个主题的分析更感兴趣。尽管我们能从人类身上学到的很多东西都涉及思考超越人类的生命逻辑，但将人类学超越人类之上，同样也需要（正如我将展示的那样）超越生命之上的眼光。

230 〔7〕我并不否认这样一个事实，即存在于世界之中和理解世界的某些"多元自然/本性的"（multinatural）形式（包括最引人注目的亚马逊地区的形式），可以批判性地阐明那些（与之相反的）我们可以视为我们民俗学术中"多元文化的"（multicultural）习俗（Viveiros de Castro 1998）。然而，自然的繁衍并不是文化繁衍所带来问题的解药。

〔8〕一种富含咖啡因的饮料，由冬青（冬青科）（*Ilex guayusa*［Aquifoliaceae］）制成，这种植物与用于制作马黛茶（Argentinian mate）的植物密切相关。

〔9〕我收集了超过 1100 个植物标本和 24 个真菌标本。这些标本放在基多的厄瓜多尔国家植物标本馆（Herbario Nacional），密苏里植物园（Missouri Botanical Garden）也有复本。我还收集了 400 多个无脊椎动物标本、90 多个爬虫动物标本和将近 60 个哺乳动物标本（全部收藏在基多天主教大学动物学博物馆［the zoological museum of the Universidad Católica, Quito]）。我的 31 条鱼类标本存放在基多国立政治学院的动物博物馆（the zoological museum of the Escuela Politécnica Nacional, Quito）。制作鸟类标本非常困难，需要复杂的皮肤准备工作。因此我决定另辟蹊径，通过拍摄猎杀标本的特写照片、使用带插图的田野手册（field manuals）进行采访和录音，来记录当地的鸟类动物群知识。

〔10〕我所说的"关联项"（relata）是指一个术语、对象或实体，它是由它所在的关系系统中与其他此类术语、对象或实体的关系构成的。

〔11〕这种引用形式，是指《皮尔士文集》（*Collected Papers*, 1931）的卷和段

落,这是皮尔士研究者使用的标准版本。

第一章　敞开的整体

〔1〕在此,我主要遵循人类学语言学家珍妮斯·纳克尔斯(Janis Nuckolls,
1996)解析基丘亚语的惯例。"Live"是词位"*causa-*"的英语注释;"2"表
示为第二人称单数变位;"INTER"表示"*-chu*"是疑问或问号后缀(参见
Cole 1985:14—16)。

〔2〕为了构建我的论点,我请求您,我的读者,来感受 *tsupu*,我请求你们暂
时搁置你们的怀疑态度。不过即便您并没有"感觉到 *tsupu*",这个论点
仍然成立。正如我将要讨论的,*tsupu* 展示了支持我们现成在手的这个
论点(与所有语言中类似的声音图像共有的)的形式属性(也参见 Sapir
1951 [1929];Nuckolls 1999;Kilian-Hatz 2001)。

〔3〕我采用唐娜·哈拉维的术语"变得在世"(becoming worldly)(参见 Don-
na Haraway 2008:3, 35, 41),通过关注那些在很多方面不同于我们并
且超越于我们之上的(人类和非人类)存在者的实践,我希望唤醒寓居
在前所未有且更充满希望的涌出世界的可能性。人类语言既是实现这
个目标的障碍,也是实现它的工具。本章试图探讨这是如何可能的。

〔4〕引自马歇尔·萨林斯(Marshall Sahlins 1976:12)关于文化和象征的
生物学意义之间关系的经典人类学陈述:"在象征事件中,文化与自然
之间出现了根本的不连续性。"这与索绪尔(Saussure 1959:113)坚持
"声音"(参见自然)和"观念"(参见文化)之间"极端的任意性"的观点相
呼应。

〔5〕这种带有大豌豆状果实的树冠突生树,被阿维拉的人们称为 *puca pac-
ai*(拉丁学名因加豆,豆科-含羞草亚科[*Inga alba*,Fabaceae-Mi-
mosoideae])。

〔6〕关于基丘亚语文本,参见 Kohn (2002b:148—49)。

〔7〕为了本书的目的,我将省略指号过程中更复杂的划分,根据皮尔士符号

231

学，它涉及三个方面：(1)一个符号可以根据它本身所具有的特征来理解（无论它是一种性质、一种实际存在，还是一条规律）；(2)可以根据它与它所表征的对象之间的关系来理解；(3)它可以根据它的"解释项"(interpretant)（一个后续符号）表征它的方式，以及它与它的对象之间的关系来理解。通过使用符号载体(sign vehicle)的术语，我在这里关注的是这三个方面中的第一个方面。然而总的来说，正如我将在正文中解释的那样，我只是将符号视为相似符号、标引符号或象征符号。在这个过程中，我有意识地省略掉了上述的三重划分。而符号究竟是相似符号、标引符号还是象征符号，在技术上只是关于符号过程的这三重划分中的第二个方面。（参见 Peirce CP 2.243－52）。

〔8〕参见皮尔士的讨论，抑制某些特征如何能够引起人们注意到皮尔士称之为"图形相似符号"(diagrammatic icons)的其他特征（Cf. Peirce 1998b:13）。

〔9〕当然，相似符号 *pu oh* 也可以作为另一阐释层级的标引符号（这个概念将稍后在本书中定义）。就像与之类似的事件一样，它也可以使听到它的人大吃一惊。

〔10〕参见 Peirce (1998d: 8)。

〔11〕参见 Peirce (CP 1.346，1.339)。

〔12〕参见 Peirce (CP 1.339)。

〔13〕在这方面，请注意皮尔士的实用主义中"手段"和"意义"之间的关联 (Peirce CP 1.343)。

〔14〕参见 Peirce (CP 1.213)。

〔15〕请注意，通过认识到所有符号（语言符号和其他符号）总是在怎样"行事"的，我们不再需要诉诸述行理论(performative theory)来弥补将语言视为缺乏行动参照的观点的缺陷（参见 Austin 1962）。

〔16〕请参阅我在导言中的讨论，即使那些认识到符号不同于象征的人类学方式，也仍然将这些符号视为完全属人的，并且其阐释框架是象征语境的。

〔17〕拉丁学名奎东茄(*Solanum quitoense*)。

〔18〕参见 Kohn（1992）。

〔19〕这个例子改编自特伦斯·迪肯（Deacon 1997：75—76）对图像主义（iconism）和隐蛾（cryptic moth）颜色演变的讨论。

〔20〕关于标引性与相似性之间的逻辑关系，我在这里提出的论点遵循特伦斯·迪肯的观点，并有所改变（Deacon 1997：77—78）。

〔21〕特伦斯·迪肯正在描述并且从符号学重新解释的是苏·萨维奇-朗博（Sue Savage-Rumbaugh）的研究（参见 Savage-Rumbaugh 1986）。

〔22〕也参见 Peirce（CP 2.302）和 Peirce（1998d：10）。

〔23〕我所说的指征性的（inferential）是指有机体的谱系构成的对环境的"猜测"。通过进化选择的动态机制，有机体越来越多地"适应"其环境（参见第二章）。

232

〔24〕这在人类学地研究皮尔士的方式中往往会崩溃。也就是说，第三性往往只被视为一种属人的象征属性（例如参见，Keane 2003：414，415，420），而不是所有指号过程的固有属性，并且实际上是世界上所有规律性的固有属性。

〔25〕"［第一性范畴、第二性范畴和第三性范畴］意指一种思维方式；科学的可能性取决于这样一个事实，即人类思维必然具有散布于整个宇宙的任何特征，并且它的自然模式具有某种成为宇宙行动模式的倾向"（Peirce CP 1.351）。

〔26〕然而，我们也必须承认笛卡尔关于感觉和自我的"第一性"的见解。当"我思故我在"应用于复数或应用于第二人称或第三人称时，就失去了意义（和感觉）——正如只有作为一个我的你——才能感觉到 *tsupu*。

〔27〕关于基丘亚语文本，参见 Kohn（2002b：150—51）。

〔28〕关于基丘亚语文本，参见 Kohn（2002b：45—46）。

〔29〕基丘亚语 *pishcu anga*。

〔30〕关于基丘亚语文本，参见 Kohn（2002b：76）。

〔31〕因此它与 *ticu* 有关，在阿维拉，人们用它来描述笨拙的行走（参见 Kohn 2002b：76）。

〔32〕参见 Bergson（1911：97）。这种机械论逻辑之所以可能，是因为在设

计或建造它的机器之外，就已经存在着一个(整全的)自我。

〔33〕*Huañuchi shami machacui.*

〔34〕基丘亚语 *huaira machacui*；拉丁学名虫蛇属(*Chironius* sp.)。

〔35〕关于这种将蛇的头部与身体分离的做法及其潜在的象征意义，参见 Whitten (1985)。

〔36〕史蒂夫·费尔德(Steve Feld)的《声音与情感》(*Sound and Sentiment* 1990)就是一个实例。这本著作是对象征结构的沉思，卡鲁利人(Ka-luli)(以及最终书写他们的这位人类学家)通过这些象征结构去感受一个图像。

第二章　活的思想

〔1〕西班牙语名 *barbasco*；拉丁学名 *Lonchocarpus nicou*；阿维拉人只是称之为 *ambi*，有毒。

〔2〕关于基丘亚语文本，参见 Kohn (2002b：114—15)。

〔3〕我的这个术语来自皮尔士(Peirce CP 1. 221)，并且我将其应用于更广泛的现象之中。

〔4〕关于人类物种生活的位置"根据意义，必须在一个缺乏内在意义但服从物理法则的世界之中构建"的观点，参见 Roy Rappaport (1999：1)。

〔5〕我坚持将目的之中心性(centrality of telos)作为延伸到人类之上的"充满魔力的"(enchanted)生活世界所固有的一种涌出属性，这让我与简·伯奈特(Jane Bennett 2001)最近对"魔力"(enchantment)的重新运用产生了分歧。

233　〔6〕参见 Bateson (2000c, 2002)；Deacon (1997)；Hoffmeyer (2008)；Kull et al. (2009)。

〔7〕根据皮尔士关于"解释项"及其表征的思想之间关系的观察，作为符号的有机体(organism-as-sign)在其先祖关于世界的表征方面将"相同……尽管更发达"(Peirce CP 5. 316)。

〔8〕关于何时是切叶蚁即将飞翔的季节(或者在某些情况下,更具体而言是繁殖性蚂蚁涌现的确切日期),有一系列生物在向鲁纳人发出信号,请参见 Kohn (2002b:99— 101)。

〔9〕关于我收集的、在有翼生殖蚂蚁出现时发现的、与切叶蚁相关的生物标本的讨论,请参见 Kohn (2002b:97—98)。

〔10〕关于类似的鲁纳人用来描述昆虫的术语,请参见 Kohn (2002b:267)。

〔11〕巴拿马草,巴拿马草科(*Carludovica palmata*, Cyclanthaceae)(参见 Kohn 2002b:457 n. 16)。

〔12〕在蚂蚁被困后,阿维拉的人们继续尝试与蚂蚁及其群落交流(参见 Kohn 2002b:103 的讨论)。

〔13〕实际上,符号自我之间还有另一层相互作用会导致土壤条件之间的差异放大,为了清楚起见,我把它从正文中省略了。草食动物本身会被第二级捕食者捕食。如果没有这种限制,食草动物种群将不受限制地增长,结果是食草动物会无限吃进生活在肥沃土壤中的植物。在无限食草的情况下,不同土壤所提供的差异将变得无关紧要。

〔14〕对于亚马逊土壤及其维持的生态系统的组合相关的环境决定论,有一个雄辩的反还原论批评,参见 Descola (1994)。

〔15〕以下是约翰·劳(John Law)和安妮玛丽·莫尔(Annemarie Mol)如何以将非人类行动性与人类语言的关系性联系起来的方式来描述非人类行动性:

在物质符号学(material semiotics)中,如果一个存在物(entity)产生了可感的差异,它就可以算作一个行动者(actor)。行动的存在物在网络之中彼此相互关联。它们彼此不同:它们使彼此成为存在。语言符号学教导说,词语相互赋予意义。物质符号学将这种洞察力扩展到语言之外,并声称存在物相互赋予存在:它们相互激活(enact)。(Law and Mol 2008:58)

〔16〕在同一段落的后面(Peirce CP 1.314),皮尔士将这种能力与把我们自己想象成另一个能够对动物做同样事情的人类存在者的能力联系了

起来。

〔17〕基丘亚语 *manduru*；拉丁学名 *Bixa orellana*，Bixaceae；英语 *annatto*
（关于阿维拉人对它的运用的讨论，参见 Kohn 2002b：272－73）。

〔18〕*Procyon cancrivorus*.

〔19〕这导致维维罗斯·德·卡斯特罗（Viveiros de Castro 1998：478）得出
如下结论，存在许多自然/本性（natures），每种自然/本性都与特定种
类存在的、身体-特定的（body-specific）阐释世界相关联；只存在一种
文化——在这种情况下，是鲁纳文化。因此，他将这种思维方式称为
"多元自然主义"（multinaturalism），并将其作为对当代西方民俗学术
思想中典型的多元文化逻辑（也即是，多种文化，一种本性）、尤其以文
化相对主义为幌子的那种逻辑的批判（参见 Latour 1993：106；2004：
48）。

234 〔20〕关于阿维拉的日常生活，更详尽的讨论和更多视角主义的例子，参见
Kohn（2002b：108－41）。

〔21〕*Dactylomys dactylinus*.

〔22〕关于这些竹鼠的描述，参见 Descola（1996：157）。

〔23〕*Saqui su*.

〔24〕关于这些叫声的描述，参见 Emmons（1990：225）。

〔25〕这个女人已经是一名祖母了，所以人们并不把这种调情式的玩笑看成
是有威胁的。这样的笑话不会针对年轻的、刚结婚的女性。

〔26〕艳苞姜属，姜科（*Renealmia* sp.，Zingiberaceae）。

〔27〕基丘亚语 *carachama*；拉丁学名 *Chaetostoma dermorynchon*，Loricari-
idae。

第三章　盲的灵魂

〔1〕"*Isma tucus canga*，*puma ismasa isman*."

〔2〕是 *ima shuti* 的缩写。

〔3〕"Cara caralla ichurin."

〔4〕基丘亚语 *yuyaihuan*，具有思维、判断或反作用于环境的能力。

〔5〕基丘亚语 *riparana*，反思、关注，或思考。

〔6〕参见 Peirce（CP 2.654）。

〔7〕基丘亚语文本中，文图拉的美洲豹人跟他父亲的美洲豹人之间的交换，
　　参见 Kohn（2002b：349—54）。

〔8〕关于基丘亚语文本，参见 Kohn（2002b：358—61）。

〔9〕他使用 *chita*（*chai*"那" + *-ta* 直接宾语标记）这个词——也即是 *balar-*
　　cani chita——指代受伤的动物，而不是用 *pai*（用于指代有生命的存在
　　者[无论性别或是否人类]的第三人称代词）。

〔10〕关于笑声作为培养亲密社交的一种方式，奥弗林和帕赛斯（Overing
　　and Passes 2000）称之为"欢乐"（conviviality），参见 Overing（2000）。

〔11〕"*Shican tucun.*"

〔12〕"*Runata mana llaquin.*" *llaquina* 这个动词在阿维拉既表示悲伤也表
　　示爱。尽管在安第斯厄瓜多尔的基丘亚语（*juyana*）中有"爱"这个
　　词，但在阿维拉的基丘亚语中并没有具体的词语表示"爱"。在我熟悉
　　的安第斯方言中，*llaquina* 只意味着悲伤。

〔13〕同样也作：*aya buda or aya tulana*。

〔14〕"Cai mishqui yacuta upingu."

〔15〕"Shinaca yayarucu tiarangui, astalla shamunchi."

〔16〕埋葬胎衣的地方被称为 *pupu huasi*，即胎衣之家。

〔17〕*Urera baccifera, Urticaceae.* 这与刺荨麻密切相关，荨麻跟其他事物
　　一样都用于使生物远离（通过阻挡狗和幼儿的路径）。使用一种不刺
　　痛的荨麻来挡住它，这与 aya 的幻象本性相称（参见 Kohn 2002b：
　　275）。

〔18〕"Huaglin, singa taparin."

〔19〕纳西莎叙述的基丘亚语文本，参见 Kohn（2002b：214—15）。　235

〔20〕卡维尔还追问，这个术语是否可以延伸到我们与非人类动物之间的
　　关系。

〔21〕基丘亚语 *casariana alma*。

〔22〕基丘亚语 *curuna*。

〔23〕"Catina curunashtumandami ta' canisca."

〔24〕参见 Bateson (2000b：486—87)；Haraway (2003：50)。

〔25〕关于亚马逊地区这种困境的民族学含义，更详尽的讨论参见 Fausto (2007)。

〔26〕卡洛斯·福斯称之为"捕食方向"(direction of predation)的东西是可以改变的。

〔27〕"Mana tacana masharucu puñun."

〔28〕也被称为 *gainari*；毒隐翅虫亚科，隐翅虫科(Paedarinae, Staphylinidae)。

〔29〕"Yumai pasapi chimbarin alma." 也参见 Uzendoski (2005：133)。

〔30〕关于阿维拉狩猎符咒和爱情符咒的来源动物的名录，参见 Kohn (2002b：469 n. 95)。

〔31〕也被称为 *buhya panga*，可能是天南星科花烛属(*Anthurium* sect. *Pteromischum* sp. nov.)（参见 Kohn 1992）。

〔32〕这可能是由于异常高的血管压力造成的。

〔33〕关于基丘亚语文本，参见 Kohn (2002b：130—31)。

〔34〕关于基丘亚语文本，参见 Kohn (2002b：132)。

〔35〕链状亚马逊豆，豆科-含羞草亚科(*Cedrelinga cateniformis*，Fabaceae-Mimosoideae)。

〔36〕关于这个神话的基丘亚语文本，参见 Kohn (2002b：136—39)。

第四章　跨物种的混杂语言

〔1〕这是 *aya* 的变体——我在第二章讨论过。

〔2〕"太人性"这个词隐约受到尼采和韦伯的启发(Nietzsche and Hollingdale 1986)，Weber(1948b：132, 348)。在接下来的段落中，我有我自

己运用这个术语的方式。

〔3〕价值一直是人类学热烈讨论的主题。在很大程度上,这集中在如何调和价值在人类领域所采取的各种形式(尤其参见 Graeber 2001;也参见 Pederson 2008 和 Kockelman 2011,他们试图将人类学和经济价值理论与皮尔士的价值理论相融贯)。我对这篇文献的贡献是强调人类的价值形式与伴随生命出现的基本价值形式之间存在着一种新兴的连续性关系。

〔4〕在此方面,参见雷蒙德·科平杰和罗纳·科平杰(Coppinger 2002)对犬类自我驯化的讨论。

〔5〕也参见 Ellen (1999:66);Haraway (2003:41)。

〔6〕主要成分是下层林木 *tsita*(普约狗牙花,夹竹桃科[*Tabernaemontana sananho*,Apocynaceae])的内部树皮碎片。其他成分包括烟草和 *lumu cuchi huandu*(木曼陀罗属,茄科[*Brugmansia* sp.,Solanaceae]),这是一种非常强大的颠茄相关的麻醉剂,有时被鲁纳萨满用在特殊犬种身上。

〔7〕犬类也具有如下人类性质:

1. 与动物不同,它们应该吃熟食。　　　　　　　　　　　　　236

2. 根据一些人的说法,它们具有能够升入基督教天堂的灵魂。

3. 它们具有跟主人一样的性情;卑鄙小气的主人拥有卑鄙小气的狗。

4. 在森林里迷路的狗和孩子会变"野"(基丘亚语 *quita*)并因此而怕人。

〔8〕参见 Oberem (1980:66);也参见 Schwartz (1997:162-63);Ariel de Vidas (2002:538)。

〔9〕事实上,据说传说中食人的美洲豹也会把人类称为"棕榈心"(palm hearts)。

〔10〕参见 Fausto (2007);Conklin (2001)。

〔11〕在阿维拉,人们称之为"森林主人"(*sacha amuguna*)或"森林主"(*sacha curagaguna*)。

〔12〕历史上用来描述鲁纳人的殖民范畴,例如基督徒、*manso*(驯服;基丘亚语 *mansu*),而不是异教徒(*auca*)和野蛮(*quita*),尽管成问题(参见

Uzendoski 2005：165)，但不容忽视，因为至少在阿维拉，它们目前已经构成了某种惯用语，通过这些惯用语，可以表达某种行动性（agency），尽管这种行动性并不那么明显可见（参见第六章）。

〔13〕我感谢曼努埃拉·卡内罗·达·坤哈（Manuela Carneiro da Cunha）提醒我这个事实，我收集的一些阿维拉口述史证实了这一点。也参见鲁夫·布隆伯格（Blomberg 1957）关于目击者的记录和此类探险的照片。

〔14〕在厄瓜多尔的西班牙语中，人们也使用 *runa* 一词来描述品种不可识别的牛。*runa* 这个词也用于描述任何被贬为具有所谓"印第安"性质的东西（例如，被认为破旧或肮脏的物品）。

〔15〕也参见 Haraway（2003：41，45）。

〔16〕讨论阿秋尔族（Achuar，亦译阿库瓦族，亚马逊流域的原始部落，亦称"棕榈树氏族"，因为在该族的语言中，achuar 的意思是棕榈树。——译者）时，菲利普·德斯科拉将这种形式的孤立称为"自然习语的唯我论"（solipsism of natural idioms）（Descola 1989：443）。考虑到我们本章的主题，菲利普·德斯科拉对这种隐含其中的沟通失败的强调是适当的。

〔17〕拉内·韦尔斯莱夫（Willerslev 2007）对西伯利亚尤卡吉尔人的狩猎（Siberian Yukaghir hunting）的讨论，非常详细地论述了与动物之间的关系会对人类身份构成威胁。尤卡吉尔人找到的解决方案不同；但普遍的问题——在一个诸多类型的自我寓居其中的世界之中，社会生活带来的挑战——是相同的。

〔18〕基丘亚语 *duiñu*，来自西班牙语 *dueño*。

〔19〕这种犬类词典的一系列例子，参见 Kohn（2007：21 n. 30）。

〔20〕与第一章一样，我在本章也遵循珍妮斯·纳克尔斯（Nuckolls 1996）用于解析基丘亚语的语言规定。其中包括以下内容：ACC ＝ 宾格；COR ＝ 指代；FUT ＝ 将来时；NEG IMP ＝ 否定命令式；SUB ＝虚拟语气；2 ＝ 第二人称；3 ＝ 第三人称。

〔21〕*Ucucha* 指小型啮齿动物的类别，包括小鼠（mice）、大鼠（rats）、刺毛鼠

(spiny rats)和鼠负鼠(*mouse opossums*)。这是 *sicu* 的委婉说法,*sicu* 是指一类大型可食用啮齿动物,包括刺豚鼠、驼鼠和刺鼠。

〔22〕这里我们再给出本章正文没有论及的另一个例子,在使用 *tsita* 管理 犬类时阿维拉人是如何通过"犬之命令"向犬类提供建议的:

2.1　*tiutiu-nga ni-sa*

chase-3FUT say-COR(追-第三人称将来时 说-指代)

想/要它会追逐

2.2　*ama runa-ta capari-nga ni-sa*

NEG IMP person-ACC bark-3-FUT say-COR(否定命令式 人-宾格 吠 -第三人称-将来时 说-指代)

想/要它不要对人吠叫

〔23〕在此我要感谢比尔·汉克斯(Bill Hanks)建议我采用这个术语。

〔24〕关于第 1.2 行中否定命令式结合第三人将来时标记的异常使用(参 见正文第 1.5 和 5.3 行以及脚注 22 中的 2.2),以下是在阿维拉的基 丘亚语的日常语法中,可能会被人们认为是正确的类似句法结构:

如果以第二人称称呼狗:

3 *atalpa-ta ama cani-y-chu*

chicken-ACC NEG IMP bite-2-IMP-NEG(鸡-宾格 否定命令式 咬-第 二人称-命令式-否定)

不要咬鸡

如果跟另一个人提到一只狗:

4a *atalpa-ta mana cani-nga-chu*

chicken-ACC NEG bite-3FUT-NEG(鸡-宾格 否定 咬-第三人称将来 时-否定)

它将不会咬鸡

或

4b *atalpa-ta ama cani-chun*

237

chicken-ACC NEG bite-SUB(鸡-宾格 否定 咬-虚拟语气)
所以它不咬鸡

〔25〕关于人类如何通过否认动物的身体来激发动物的人类主体性，我们可以比较鲁纳男人在森林中遇到美洲豹时在战斗前脱去衣服的报道和传说。通过这样做，他们提醒美洲豹，在猫科动物的身体习性(这些身体习性可以像衣服一样"剥离"掉)之下，它们同样也是人(参见第六章)。

〔26〕根据珍妮斯·纳克尔斯(Janis Nuckolls)的说法，来自厄瓜多尔亚马逊河流域帕斯塔萨地区(Pastaza)使用基丘亚语的人们，在歌曲中用第三人称将来时的结构(pers. com.)提及或表达这些"灵"。这是我怀疑在阿维拉地区人们使用"女士(señora)"来称呼"灵爱者"(spirit lovers)的用法与使用"犬之命令"有关的另一重原因。

〔27〕在阿维拉，叠词经常用来模仿鸟叫和拟声的鸟类名称(也参见 Berlin and O'Neill 1981；Berlin 1992)。

〔28〕也参见 Taylor (1996)；Viveiros de Castro (1998)。

〔29〕关于分散式自我(distributed selfhood)的讨论，参见 Peirce (CP 3. 613；5. 421；7. 572)。也参见 Strathern (1988：162)；而那些相对不同的立场，参见 Gell (1998)。

〔30〕关于外星语法(extraterrestrial grammars)的符号学限制，参见 Deacon (2003)。

第五章　形式毫不费力的有效性

238　〔1〕关于瓦奥拉尼人(Huaorani)如何将野猪视为社会的他者，参见 Rival (1993)。

〔2〕还有一些明显自发地承认野生/家养动物相似之处的其他例子，包括：

1) 阿尔弗雷德·西蒙森(Simson 1878：509)在其他著作中的思考，他在伊基托斯(Iquitos)(伊基托斯是秘鲁亚马逊丛林地区的最大城市。——译者)讲萨帕罗语的(Záparo)向导,将欧洲马和貘(tapir)进行比较。在阿维拉,貘是马的远亲,也是新大陆唯一现存的本土奇蹄有蹄动物,人们认为它是森林某些灵师的马。

2)白人的家畜与印第安森林的捕食之间的对应关系,正如 17 世纪耶稣会牧师菲格罗亚(Figueroa)所指出的那样,菲格罗亚惊叹于"大自然就像果园一样提供"亚马逊人的坚果和水果,他还提到了"野猪群"和森林中的其他动物,称它们为亚马逊"不需要照顾"的"牲畜"("*crías*")(Figueroa 1986 [1661]:263)。

3)19 世纪的耶稣会牧师波齐(Pozzi)在洛雷托的一场布道中,将鲁纳人的狩猎比作文明的畜牧业(收入 Jouanen 1977:90)。

〔3〕参见 Janzen (1970);Wills et al. (1997)。

〔4〕我关于橡胶经济受到形式约束的各种方式的论点,与史蒂文·邦克(Steven Bunker)所写的内容不一致,但最终并不矛盾。史蒂文·邦克(Bunker 1985:68—69)认为,真菌寄生虫不足以毁掉亚马逊地区的橡胶种植。亚马逊地区发展出了成功的嫁接和密植技术,但这些都是劳动密集型的,而该地区缺乏劳动力。根据史蒂文·邦克的说法,劳动力短缺而不是寄生虫,阻碍了种植园的种植。当然,橡胶繁荣所揭示的形式传播的趋势是一种弱趋势,如果有足够的劳动力,它们很可能会受到抑制,甚至变得无关紧要。但此时劳动力的短缺使得某些形式属性得以放大并传播到各个领域,从而在橡胶经济中发挥核心作用。

〔5〕希氏小脂鲤(*Salminus hilarii*).

〔6〕达卡香脂树,肉豆蔻科(*Virola duckei*, Myristicaceae).

〔7〕有关橡胶割胶、初始加工以及将乳胶输送到河流所需的技能和工作的描述,请参见 Cordova (1995)。

〔8〕参见多米尼克·欧文(Irvine 1987)关于圣何塞的鲁纳人的偏好的讨论,鲁纳人偏好通过果树竖立狩猎的藩篱,而不是在森林中寻找猎物。这也是阿维拉通行的技艺。在一棵果树旁边耐心等待的猎人,实际上利用了植物区系的形式。

〔9〕参见 See Oberem (1980:117);Muratorio (1987:107)。橡胶热潮期

间,阿维拉的鲁纳人后裔的社区被强行重新安置在秘鲁纳波地区的相关信息,请参阅 Mercier (1979)。

〔10〕关于亚马逊河流域网络运用萨满教的另一例子,参见 Descola (1996：323)。了解耶稣会传教士如何将亚马逊河流域网络想象为侍奉和皈依的渠道的另一例子,参见 Kohn (2002a：571—73)。

239 〔11〕参见 Martín (1989 [1563]：119)；Ordóñez de Cevallos (1989 [1614]：429)；Oberem (1980：225)。

〔12〕参见 Oberem (1980：117)；Muratorio (1987)；Gianotti (1997)。

〔13〕与矿物或石油等其他采掘产品相比,某些生命形式(例如野生亚马逊橡胶)(或野生松茸；参见 Tsing [2012])成为商品的方式其中存在某些独特之处。即使在最无情的资本主义制度下,提取这些物产也需要进入、并在一定程度上屈服于支持这种活生生财富的关系逻辑。我在这里关心的是那个逻辑涉及其模态性质的方面。

〔14〕关于这种等级结构的逻辑性质,参见 Bateson (2000e)。

〔15〕鸟名和鸟叫之间的这种关系,在阿维拉地区非常普遍(另一例子,参见 Kohn 2002b：146)。

〔16〕 *mashuta micusa sacsa rinu-*

〔17〕 *-napi imata cara*

〔18〕按照菲利普·德斯科拉的术语(Descola 2005),卡雅·西尔维曼(Silverman)的研究计划就是在西方思想中追踪隐藏的"类比"思维模式是如何被"自然主义"思维的主宰所取代的。

〔19〕这里的"历史"是指我们关于过去事件对现在影响的体验。皮尔士将此称为我们关于"第二性"的体验,包括我们对变化、差异、抵抗、他者和时间的体验(Peirce CP 1. 336；1. 419)；参见第一章。这并不是否认表征过去的特定且高度可变的社会历史定位模式(参见 Turner 1988)或关于因果关系的观念(Keane 2003)的存在。在此我提出的是一套更为广泛、更为普遍的主张,也即是:(1)关于第二性的体验并不必然在文化上具有界限；并且 (2) 存在某些瞬间,在这些时刻过去对现在的二元效应(我们将其与历史相关联)作为一种因果模式,变得不那么

相关了。

〔20〕"时间"是指从过去到现在再到可能未来的定向过程。我并没有绝对地主张时间具有本体论地位。然而,我也不想说时间完全是一种文化甚至是人类的建构(参见 Peirce CP 8.318)。我的论点跟乔治·贝特森所说的"受造物"(creatura)(Bateson 2000a:462)处于同一层面。也就是说,在生命领域,过去和现在都可能具有特定的属性,这些属性与符号自我表征周遭世界的方式密切相关。因为正是在生命领域之中,借助指号过程,未来才能通过表征这个载体影响现在(参见 Peirce CP 1.325)。也参见第六章。

〔21〕两者在基丘亚语中都被称为 turmintu(来自西班牙语 tormento)。

〔22〕在灵师的灵域,他们免受审判日(juiciu punja)的审判。

〔23〕参见 Peirce (CP 6.101)。

〔24〕乔纳森·希尔(Jonathan Hill 1988)和其他几位为他主编的书供稿的学者,对列维-斯特劳斯主张的冷/热区别提出了批评。乔纳森·希尔认为,这种区别抹除了亚马逊人作为历史的产物、历史的创造者以及历史的意识的诸多方式。彼得·高则主张,这样的批评错失了列维-斯特劳斯的观点:神话是对历史的回应,正如彼得·高所说,历史中的神话是"消除时间的工具"(Peter Gow 2001,27)。神话具有这个特点是显而易见的。但为什么如此,彼得·高的分析并没有提供清楚的答案。我的论点是,无时间性(timelessness)是形式的特殊性质的结果。

〔25〕参见列维-斯特劳斯"从心理过程或历史过程遗留下来的零零散散的〔观念〕,……只是从产生了它们的历史的角度,而并非从运用着它们的逻辑的角度来看"(Lévi-Strauss 1966:35)(中译采用:《野性的思维》,列维-斯特劳斯著,李幼蒸译,商务印书馆,1997年,第43页——译者)。

〔26〕关于亚马逊景观和自然历史在某些方面总是具有社会性的立场,请参见 Raffles (2002)。关于"原始神话"(pristine myth),以及跟人为森林(anthropogenic forests)相关文献的回顾,参见 Denevan (1992);Cleary (2001)。在不否认"自然历史"之历史化的重要性的前提下,我采取的

立场有些不同。"所有自然总是已经是历史的",这种观念与我们在我们的领域面临的表征问题相关——也就是,我们不知道如何在不把人类还原为物质的前提下,谈论那些在人类特定的象征指涉(symbolic reference)约定俗成的逻辑之外的东西(参见第一章)。

〔27〕亚马逊河上游的人和欧洲人之间可能具有对称关系,这是安妮-克里斯汀·泰勒(Anne-Christine Taylor)希望讨论的观点,参见 Taylor(1999:218)。

〔28〕更详尽的阐释,参见 Kohn(2002b:363—64)。

〔29〕今天的阿维拉人会讲述这样一个神话来解释,为什么某个国王(有时被称为某个印加人)会放弃他在阿维拉附近建造基多的尝试,并最终在安第斯山脉建造了基多。有些人甚至想要在这片地景之中辨别出丛林中这个失败基多的遗迹。这种完全放弃在该地区建造基多的观念,也出现在附近的社区欧亚查奇(Oyacachi)(参见 Kohn 2000b:249—50;Kohn 2002a)。

〔30〕形式的传播还有一些"太人性的"语境。苏联社会主义晚期就有这样一个例子(参见 Yurchak 2006,2008;以及我对后者的评论〔Kohn 2008〕)。在此,官方的话语形式与任何标引实例(这种形式仍然由苏联这个国家的全部力量维持)是分离的,这就使得某种不可见的自我-组织的政治同时且自发地在苏联各地出现。阿列克谢·尤尔查克恰切地称之为"无区分的政治"(politics of indistinction),暗指它利用官方话语形式并使官方话语形式传播开来,而不是默许或抵制官方话语形式的方式(这种对官方话语形式的利用和传播是出于某种目的,无论多么未经定义)。

〔31〕参见 Peirce(1998d:4);参见 Bateson(2000d:135)。

〔32〕转引自 Colapietro(1989:38)。感谢弗兰克·所罗门(Frank Salomon),他是第一位提醒我注意到这个段落的人。

第六章　活的未来（与死者无可估量之重）

〔1〕基丘亚语 *sahinu chuspi*（野猪苍蝇）；拉丁学名 Diptera。

〔2〕通过借鉴弗洛伊德对离奇事物作为"可以追溯到曾经广为人知和长期
　熟悉的那种令人恐惧的物种"的理解（Freud 2003：124），我希望明确引
　用玛丽·维斯曼特尔（Mary Weismantel，2001）处理 *pishtaco* 的方式，
　pishtaco 是安第斯山脉的白色怪物，吃印第安人的脂肪。*Pishtaco* 就
　像奥斯瓦尔多的警察一样，以不可思议的方式牢牢地根植于安第斯山
　脉——既可怕，又亲密和熟悉。

241

〔3〕然而，如果没有其具体表现的实例，这种普遍化的力量就不可能存在。
　统治结构最终通过皮尔士所称的"第二性"（参见第一章）被赋予了"残
　酷"（brutal）的有效性，根据皮尔士给出的一个例子，比如在你肩上的
　"治安官的手"（Peirce CP 1.24），或在奥斯瓦尔多的例子中那个突然出
　现在朋友家门口的警察（参见 Peirce CP 1.213）。然而，正如朱迪思·
　巴特勒强调的那样，权力不仅仅只是一种如此容易外化的暴行。

〔4〕我们与死者、灵和我们可能会成为的未来的诸多自我，一道生活在一种
　礼物经济（gift economy）之中，没有它们，我们将什么都不是。马塞
　尔·莫斯（Marcel Mauss）关于使我们成为我们自己的"债"的概念，适
　用于我们与所有这些他者之间的关系："在给与别人礼物的同时，也就
　是把自己给了别人；之所以把自己也给出去，是因为所欠于别人的正是
　他自己——他本身与他的财务"（Mauss 1990［1950］：46）。（中译采
　用：《礼物》，马塞尔·莫斯著，汲喆译，商务印书馆，2017 年，第 109
　页。——译者）

〔5〕用于长途通信的木制狭缝鼓，是西班牙人在亚马逊河上游地区首先禁
　止的东西之一（Oberem 1980）。

〔6〕这并不是说他们会认为自己没穿衣服。阴茎线（Penis strings）和面漆
　作为服装在重要的方面发挥着作用。

〔7〕"hacerlos de brutos, hombres, y de hombres, cristianos."

〔8〕这种总是寓居某物之上，否则可能会被理解为历史的累积效应的形式，
　在欧亚查奇（Oyacachi）得到了体现，欧亚查奇是阿维拉西部的一个云
　雾森林村庄（cloud forest village），在早期殖民时期是这同一个基霍斯
　酋长地区（Quijos chiefdom）的一部分。正如那里的人所理解的那样，

他们从来没有不是基督徒的时候。事实上,据一个神话所称(参见 Kohn 2002a),白人欧洲牧师,而不是当地人,才是需要皈依的异教徒。

〔9〕当然,有时,自我对象化(self-objectification)是实现政治知名度的重要策略。

〔10〕可再填充金属霰弹枪弹药筒的底部有一个小孔,用于安装发射帽。我需要指出的是,奥斯瓦尔多的梦中形象,具有萨满教色彩。吹散霰弹枪子弹就像吹一支吹气枪一样,巫师通过将手放在嘴上并向受害者发射无形的吹箭飞镖(*sagra tullu*)来攻击受害者。

〔11〕这里的"主题"是指句子的主题,即句子提供信息的主题,而不是其语法主题,它可能是主题,也可能不是主题。基丘亚语使用者经常标记主题(可能是句子的主语、宾语、副词或动词),其原因有很多,正如我们在此讨论的示例对主题的标记那样,其原因包括在文本给定的情况下要强调一个主题,否则这个主题可能就不会被提及。对主题的讨论(我对这个问题的处理基于该主题),以及关于厄瓜多尔基丘亚语中使用主题标记后缀的进一步解释,请参见 Chuquín and Salomon(1992:70—73)和 Cole(1985:95—96)。

〔12〕关于基丘亚语文本,参见 Kohn(2002b:292)。

242 〔13〕在一系列其他方面相同的神话中,这些使徒取代了其他亚马逊河上游鲁纳社区中的著名文化主人公——圭鲁尔(Cuillur)和多切罗(Duciru)兄弟(例如,Orr and Hudelson 1971)。

〔14〕格雷格·乌尔班(Greg Urban)对此的描述是根据"文化"的连续性而不是自我的连续性。

〔15〕"在心灵的时间流之中,过去似乎直接作用于未来,其结果被称为记忆,未来仅通过第三性的媒介作用于过去"(Peirce CP 1. 325)。

〔16〕此处参照图皮语系的奥马瓜语(Tupian Omagua)。

〔17〕参见 See Gianotti(1997:128);Oberem(1980:290);Wavrin(1927:335)。

〔18〕参见 Wavrin(1927:335);也参见 Gianotti(1997:128);Avendaño(1985[1861]:152);Orton(1876:193);Colini(1883:296);cf.

Maroni (1988 [1738]：172，378)；Kohn (2002b：238)。

〔19〕在解释灵师领域之前，*Chuchuyu*——"有乳房"，这是文图拉提到罗莎时使用的形容词，罗莎将会"永生，再不会死亡，不会受苦，像个孩子"（*Huiñai huiñai causangapa*，*mana mas huañungapa*，*mana tormento*，*huahuacuintallata*）。

〔20〕这可能是指受阻的蚁群。

〔21〕基丘亚语：*runa pamba*（字面义"人墙"）；英语：沙漠蛛蜂（tarantula hawk）；拉丁学名：*Pepsis* sp.，Pompilidae。

〔22〕更多此类例子，参见 Kohn (2002b：242—43，462 n. 54)。

〔23〕金斯伯格的卡迪什(kaddish)确实提及到了死亡。

〔24〕关于萨满和萨满教命名的讨论，参见 Kohn (2002b：336—38)。

〔25〕关于特纳的鲁纳人用长裤取代短裤的讨论，参见 Gianotti (1997：253)。

〔26〕罗伯特·德·瓦夫林侯爵也记录了类似的事情，遭遇到美洲豹的人并不害怕美洲豹，并且还可以与它们战斗，"平等地一对一战斗"，就好像这些美洲豹是男人一样，因为他们知道这些美洲豹曾经也是男人（Wavrin 1927：335；也参见 Kohn 2002b：270)。

〔27〕*Cushma* 指的是阿依人(Cofán)以及西部图卡诺安的斯奥纳人(Tukanoan Siona)和塞克亚人(Secoya)的男性传统礼服。

〔28〕关于早期殖民时期阿维拉地区使用服装来赋予权力的例子，参见 Kohn (2002b：271—72)。

〔29〕*Pucuhuai*，*camba yachaita japingapa*.

〔30〕关于 18 世纪亚马逊地区将白色服装用作武器装备的策略，参见 Kohn (2002b：281)。

〔31〕我关于生存的思考很大程度上受到丽萨·史蒂文森(Lisa Stevenson)著作的影响。

参考文献

Agamben, Giorgio

    2004   The Open: Man and Animal. Stanford, CA: Stanford University Press.

Ariel de Vidas, Anath

    2002   A Dog's Life among the Teenek Indians (Mexico): Animals' Participation in the Classification of Self and Other. Journal of the Royal Anthropological Institute, n. s. , 8: 531—50.

Austin, J. L.

    1962   How to Do Things with Words. Oxford: Clarendon Press.

Avendaño, Joaquín de

    1985 [1861]   Imagen del Ecuador: Economía y sociedad vistas por un viajero del siglo XIX. Quito, Ecuador: Corporación Editora Nacional.

Bateson, Gregory

    2000a   Form, Substance, and Difference. In Steps to an Ecology of Mind. Pp. 454—71. Chicago: University of Chicago Press.

    2000b   Pathologies of Epistemology. In Steps to an Ecology of Mind. G. Bateson, ed. Pp. 486—95. Chicago: University of Chicago Press.

    2000c   Steps to an Ecology of Mind. Chicago: University of Chicago Press.

    2000d   Style, Grace, and Information in Primitive Art. In Steps to an Ecology of Mind. G. Bateson, ed. Pp. 128—52. Chicago: University of Chicago Press.

2000e   A Theory of Play and Fantasy. *In* Steps to an Ecology of
Mind. G. Bateson, ed. Pp. 177—93. Chicago: University of
Chicago Press.

2002   Mind and Nature: A Necessary Unity. Creskill, NJ: Hampton
Press.

Bennett, Jane

2001   The Enchantment of Modern Life: Attachments, Crossings,
and Ethics. Princeton, NJ: Princeton University Press.

2010   Vibrant Matter: A Political Ecology of Things. Durham, NC:
Duke University Press.

244   Benveniste, Émile

1984   The Nature of Pronouns. *In* Problems in General Linguistics.
E. Benveniste, ed. Pp. 217—22. Coral Gables, FL: University
of Miami Press.

Berger, John

2009   Why Look at Animals? London: Penguin.

Bergson, Henri

1911   Creative Evolution. New York: H. Holt and Co.

Berlin, Brent

1992   Ethnobiological Classification: Principles of Categorization of
Plants and Animals in Traditional Societies. Princeton, NJ:
Princeton University Press.

Berlin, Brent, and John P. O'Neill

1981   The Pervasiveness of Onomatopoeia in Aguaruna and Huambisa
Bird Names. Journal of Ethnobiology 1 (2): 238—61.

Blomberg, Rolf

1957   The Naked Aucas: An Account of the Indians of Ecuador. F.
H. Lyon, trans. Fair Lawn, NJ: Essential Books.

Borges, Luis

1998   Funes, the Memorious. *In* Fictions. A. Kerrigan, ed. Pp.

97—105. London: Calder Publications.

Brockway, Lucile

1979　Science and Colonial Expansion: The Role of the British Royal Botanic Gardens. New York: Academic Press.

Buber, Martin

2000　I and Thou. New York: Scribner.

Bunker, Stephen G.

1985　Underdeveloping the Amazon: Extraction, Unequal Exchange, and the Failure of the Modern State. Urbana: University of Illinois Press.

Butler, Judith

1997　The Psychic Life of Power: Theories in Subjection. Stanford, CA: Stanford University Press.

Camazine, Scott

2001　Self-Organization in Biological Systems. Princeton, NJ: Princeton University Press.

Campbell, Alan Tormaid

1989　To Square with Genesis: Causal Statements and Shamanic Ideas in Wayãpí. Iowa City: University of Iowa Press.

Candea, Matei

2010　Debate: Ontology Is Just Another Word for Culture. Critique of Anthropology 30 (2): 172—79.

Capps, Lisa, and Elinor Ochs

1995　Constructing Panic: The Discourse of Agoraphobia. Cambridge, MA: Harvard University Press.

Carrithers, Michael

2010　Debate: Ontology Is Just Another Word for Culture. Critique of Anthropology 30 (2): 156—68.

Cavell, Stanley

2005　Philosophy the Day after Tomorrow. Cambridge, MA: Belknap Press.

2008　Philosophy and Animal Life. New York: Columbia University Press.

Chakrabarty, Dipesh

1997　The Time of History and the Times of Gods. *In* The Politics of Culture in the Shadow of Capital. L. Lowe and D. Lloyd, eds. Pp. 35—60. Durham, NC: Duke University Press.

2000　Provincializing Europe: Postcolonial Thought and Historical Difference. Princeton, NJ: Princeton University Press.

Choy, Timothy K., et al.

2009　A New Form of Collaboration in Cultural Anthropology: Matsutake Worlds. American Ethnologist 36 (2): 380—403.

Chuquín, Carmen, and Frank Salomon

1992　Runa Shimi: A Pedagogical Grammar of Imbabura Quichua. Madison: Latin American and Iberian Studies Program, University of Wisconsin-Madison.

Cleary, David

2001　Toward an Environmental History of the Amazon: From Prehistory to the Nineteenth Century. Latin American Research Review 36 (2): 64—96.

Colapietro, Vincent M.

1989　Peirce's Approach to the Self: A Semiotic Perspective on Human Subjectivity. Albany: State University of New York Press.

Cole, Peter

1985　Imbabura Quechua. London: Croom Helm.

Colini, G. A.

1883　Collezione Etnologica degli Indigeni dell' Alto Amazzoni Acquistata dal Museo Preistorico-Etnografico di Roma. Bollettino della Società Geografica Italiana, anno XVII, vol. XX, ser. II; vol. VIII: 287—310, 353—83.

Conklin, Beth A.

   2001   Consuming Grief: Compassionate Cannibalism in an Amazonian
          Society. Austin: University of Texas Press.

Conklin, Beth A., and Laura R. Graham

   1995   The Shifting Middle Ground: Amazonian Indians and Eco-Poli-
          tics. American Anthropologist 97 (4): 695—710.

Coppinger, Raymond, and Lorna Coppinger

   2002   Dogs: A New Understanding of Canine Origin, Behavior, and
          Evolution. Chicago: University of Chicago Press.

Cordova, Manuel

   1995   Amazonian Indians and the Rubber Boom. In The Peru Reader:
          History, Culture, Politics. O. Starn, C. I. Degregori, and R.
          Kirk, eds. Pp. 203 — 14. Durham, NC: Duke University
          Press.

Csordas, Thomas J.   246

   1999   The Body's Career in Anthropology. In Anthropological Theory
          Today. H. L. Moore, ed. Pp. 172—205. Cambridge: Polity
          Press.

Cunha, Manuela Carneiro da

   1998   Pontos de vista sobre a floresta amazônica: Xamanismo e
          tradução. Mana 4(1): 7—22.

Daniel, E. Valentine

   1996   Charred Lullabies: Chapters in an Anthropology of Violence.
          Princeton, NJ: Princeton University Press.

de la Cadena, Marisol

   2010   Indigenous Cosmopolitics in the Andes: Conceptual Reflections
          beyond "Politics." Cultural Anthropology 25 (2): 334—70.

de Ortiguera, Toribio

   1989[1581—85]   Jornada del río Marañon, con todo lo acaecido en ella
                   y otras cosas notables dignas de ser sabidas, acaeci-
                   das en las Indias occidentales. ... In La Gobernación

de los Quijos (1559 — 1621). C. Landázuri, ed. Pp. 357—80. Iquitos, Peru: IIAP-CETA.

Deacon, Terrence W.

1997　The Symbolic Species: The Co-evolution of Language and the Brain. New York: Norton.

2003　The Hierarchic Logic of Emergence: Untangling the Interdependence of Evolution and Self-Organization. *In* Evolution and Learning: The Baldwin Effect Reconsidered. B. Weber and D. Depew, eds. Pp. 273—308. Cambridge, MA: MIT Press.

2006　Emergence: The Hole at the Wheel's Hub. *In* The Re-Emergence of Emergence: The Emergentist Hypothesis from Science to Religion. P. Clayton and P. Davies, eds. Pp. 111—50. Oxford: Oxford University Press.

2012　Incomplete Nature: How Mind Emerged from Matter. New York: Norton.

Dean, Warren

1987　Brazil and the Struggle for Rubber: A Study in Environmental History. Cambridge: Cambridge University Press.

Deleuze, Gilles, and Félix Guattari

1987　A Thousand Plateaus: Capitalism and Schizophrenia. Minneapolis: University of Minnesota Press.

Denevan, William M.

1992　The Pristine Myth: The Landscape of the Americas in 1492. Annals of the Association of American Geographers 82 (3): 369—85.

Dennett, Daniel Clement

1996　Kinds of Minds: Toward an Understanding of Consciousness. New York: Basic Books.

Derrida, Jacques

2008　The Animal That Therefore I Am. New York: Fordham University Press.

Descola, Philippe   247

 1989 Head-Shrinkers versus Shrinks: Jivaroan Dream Analysis.
       Man, n. s., 24: 439—50.

 1994 In the Society of Nature: A Native Ecology in Amazonia. Cam-
       bridge: Cambridge University Press.

 1996 The Spears of Twilight: Life and Death in the Amazon Jungle.
       New York: New Press.

 2005 Par-delà nature et culture. Paris: Gallimard.

Diamond, Cora

 2008 The Difficulty of Reality and the Difficulty of Philosophy. *In*
       Philosophy and Animal Life. Stanley Cavell et al., eds. Pp.
       43—89. New York: Columbia University Press.

Duranti, Alessandro, and Charles Goodwin

 1992 Rethinking Context: Language as an Interactive Phenomenon.
       Cambridge: Cambridge University Press.

Durkheim, Émile

 1972 Selected Writings. Cambridge: Cambridge University Press.

Ellen, Roy

 1999 Categories of Animality and Canine Abuse: Exploring Contra-
       dictions in Nuaulu Social Relationships with Dogs. Anthropos
       94: 57—68.

Emerson, Ralph Waldo

 1847 The Sphinx. *In* Poems. Boston: James Munroe and Co.

Emmons, Louise H.

 1990 Neotropical Rainforest Mammals: A Field Guide. Chicago: U-
       niversity of Chicago Press.

Evans-Pritchard, E. E.

 1969 The Nuer: A Description of the Modes of Livelihood and Politi-
       cal Institutions of a Nilotic People. Oxford: Oxford University
       Press.

Fausto, Carlos

　　2007　Feasting on People: Eating Animals and Humans in Amazonia. Current Anthropology 48 (4): 497—530.

Feld, Steven

　　1990　Sound and Sentiment: Birds, Weeping, Poetics, and Song in Kaluli Expression. Philadelphia: University of Pennsylvania Press.

Figueroa, Francisco de

　　1986［1661］　Informes de Jesuitas en el Amazonas. Iquitos, Peru: IIAPCETA.

Fine, Paul

　　2004　Herbivory and Evolution of Habitat Specialization by Trees in Amazonian Forests. PhD dissertation, University of Utah.

Fine, Paul, Italo Mesones, and Phyllis D. Coley

　　2004　Herbivores Promote Habitat Specialization in Trees in Amazonian Forests. Science 305: 663—65.

Foucault, Michel

　　1970　The Order of Things: An Archaeology of the Human Sciences. London: Tavistock.

Freud, Sigmund

　　1965　The Psychopathology of Everyday Life. J. Strachey, trans. New York: Norton.

　　1999　The Interpretation of Dreams. Oxford: Oxford University Press.

　　2003　The Uncanny. H. Haughton, trans. London: Penguin.

Gell, Alfred

　　1998　Art and Agency: An Anthropological Theory. Oxford: Clarendon Press.

Gianotti, Emilio

　　1997　Viajes por el Napo: Cartas de un misionero (1924—1930). M. Victoria de Vela, trans. Quito, Ecuador: Ediciones Abya-Yala.

248

Ginsberg, Allen

    1961   Kaddish, and Other Poems, 1958—1960. San Francisco: City Lights Books.

Gow, Peter

    1996   River People: Shamanism and History in Western Amazonia. *In* Shamanism, History, and the State. C. Humphrey and N. Thomas, eds. Pp. 90—113. Ann Arbor: University of Michigan Press.

    2001   An Amazonian Myth and Its History. Oxford: Oxford University Press.

Graeber, David

    2001   Toward an Anthropological Th eory of Value: The False Coin of Our Own Dreams. New York: Palgrave.

Hage, Ghassan

    2012   Critical Anthropological Thought and the Radical Political Imaginary Today. Critique of Anthropology 32 (3): 285—308.

Haraway, Donna

    1999   Situated Knowledges: The Science Question in Feminism and the Privilege of Partial Perspective. *In* The Science Studies Reader. M. Biagioli, ed. Pp. 172 — 201. New York: Routledge.

    2003   The Companion Species Manifesto: Dogs, People, and Significant Otherness. Chicago: Prickly Paradigm Press.

    2008   When Species Meet. Minneapolis: University of Minnesota Press.

Hare, Brian, et al.

    2002   The Domestication of Social Cognition in Dogs. Science 298: 1634—36.

Hemming, John

    1987   Amazon Frontier: The Defeat of the Brazilian Indians. London: Macmillan.

Hertz, Robert

　　2007　The Pre-eminence of the Right Hand: A Study in Religious Po-
　　　　　larity. *In* Beyond the Body Proper. M. Lock and J. Farquhar,
　　　　　eds. Pp. 30—40. Durham, NC: Duke University Press.

Heymann, Eckhard W., and Hannah M. Buchanan-Smith

　　2000　The Behavioural Ecology of Mixed Species of Callitrichine Pri-
　　　　　mates. Biological Review 75: 169—90.

249　Hill, Jonathan D.

　　1988　Introduction: Myth and History. *In* Rethinking History and
　　　　　Myth: Indigenous South American Perspectives on the Past. J.
　　　　　D. Hill, ed. Pp. 1—18. Urbana: University of Illinois Press.

Hilty, Steven L., and William L. Brown

　　1986　A Guide to the Birds of Colombia. Princeton, NJ: Princeton U-
　　　　　niversity Press.

Hoffmeyer, Jesper

　　1996　Signs of Meaning in the Universe. Bloomington: Indiana Uni-
　　　　　versity Press.

　　2008　Biosemiotics: An Examination into the Signs of Life and the
　　　　　Life of Signs. Scranton, PA: University of Scranton Press.

Hogue, Charles L.

　　1993　Latin American Insects and Entomology. Berkeley: University
　　　　　of California Press.

Holbraad, Martin

　　2010　Debate: Ontology Is Just Another Word for Culture. Critique of
　　　　　Anthropology 30 (2): 179—85.

Hudelson, John Edwin

　　1987　La cultura quichua de transición: Su expansión y desarrollo en el
　　　　　Alto Amazonas. Quito: Museo Antropológico del Banco Central
　　　　　del Ecuador (Guayaquil), Ediciones Abya-Yala.

Ingold, Tim

　　2000　The Perception of the Environment: Essays in Livelihood,

Dwelling and Skill. London: Routledge.

Irvine, Dominique

1987　Resource Management by the Runa Indians of the Ecuadorian Amazon. Ph. D. dissertation, Stanford University.

Janzen, Daniel H.

1970　Herbivores and the Number of Tree Species in Tropical Forests. American Naturalist 104 (904): 501—28.

1974　Tropical Blackwater Rivers, Animals, and Mast Fruiting by the Dipterocarpaceae. Biotropica 6 (2): 69—103.

Jiménez de la Espada, D. Marcos

1928　Diario de la expedición al Pacífico. Boletín de la Real Sociedad Geográfica 68 (1—4): 72—103, 142—93.

Jouanen, José

1977　Los Jesuítas y el Oriente ecuatoriano (Monografía Histórica), 1868—1898. Guayaquil, Ecuador: Editorial Arquidiocesana.

Keane, Webb

2003　Semiotics and the Social Analysis of Material Things. Language and Communication 23: 409—25.

Kilian-Hatz, Christa

2001　Universality and Diversity: Ideophones from Baka and Kxoe. In Ideophones. F. K. E. Voeltz and C. Kilian-Hatz, eds. Pp. 155—63. Amsterdam: John Benjamin.

Kirksey, S. Eben, and Stefan Helmreich

2010　The Emergence of Multispecies Ethnography. Cultural Anthropology 25(4): 545—75.

Kockelman, Paul

2011　Biosemiosis, Technocognition, and Sociogenesis: Selection and Significance in a Multiverse of Sieving and Serendipity. Current Anthropology 52 (5): 711—39.

Kohn, Eduardo

1992　La cultura médica de los Runas de la región amazónica ecuatori-

250

ana. Quito: Ediciones Abya-Yala.

2002a Infidels, Virgins, and the Black-Robed Priest: A Backwoods History of Ecuador's Montaña Region. Ethnohistory 49 (3): 545—82.

2002b Natural Engagements and Ecological Aesthetics among the Ávila Runa of Amazonian Ecuador. Ph.D. dissertation, University of Wisconsin.

2005 Runa Realism: Upper Amazonian Attitudes to Nature Knowing. Ethnos 70(2): 179—96.

2007 How Dogs Dream: Amazonian Natures and the Politics of Transspecies Engagement. American Ethnologist 34 (1): 3—24.

2008 Comment on Alexei Yurchak's "Necro-Utopia." Current Anthropology 49(2): 216—17.

Kull, Kalevi, et al.

2009 Theses on Biosemiotics: Prolegomena to a Theoretical Biology. Biological Theory 4 (2): 167—73.

Latour, Bruno

1987 Science in Action. Cambridge, MA: Harvard University Press.

1993 We Have Never Been Modern. New York: Harvester Wheatsheaf.

2004 Politics of Nature: How to Bring the Sciences into Democracy. Cambridge, MA: Harvard University Press.

2005 Reassembling the Social: An Introduction to Actor-Network-Theory. Oxford: Oxford University Press.

Law, John, and Annemarie Mol

2008 The Actor-Enacted: Cumbrian Sheep in 2001. *In* Material Agency. C. Knappett and M. Lambros, eds. Pp. 57—77. Berlin: Springer.

Lévi-Strauss, Claude

1966 The Savage Mind. Chicago: University of Chicago Press.

1969 The Raw and the Cooked: Introduction to a Science of Mytholo-
gy. Vol. 1. Chicago: University of Chicago Press.

Lévy-Bruhl, Lucien

1926 How Natives Think. London: Allen & Unwin.

Macdonald, Theodore, Jr.   251

1979 Processes of Change in Amazonian Ecuador: Quijos Quichua Be-
come Cattlemen. Ph. D. dissertation, University of Illinois,
Urbana.

Magnin, Juan

1988[1740] Breve descripción de la provincia de Quito, en la América
meridional, y de sus misiones. . . In Noticias auténticas
del famoso río Marañon. J. P. Chaumeil, ed. Pp. 463—
92. Iquitos, Peru: IIAP-CETA.

Mandelbaum, Allen

1982 The Divine Comedy of Dante Alighieri: Inferno. New York:
Bantam Books.

Mannheim, Bruce

1991 The Language of the Inka since the European Invasion. Austin:
University of Texas Press.

Margulis, Lynn, and Dorion Sagan

2002 Acquiring Genomes: A Theory of the Origins of Species. New
York: Basic Books.

Maroni, Pablo

1988[1738] Noticias auténticas del famoso rı´o Marañon. J. P.
Chaumeil, ed. Iquitos, Peru: IIAP-CETA.

Marquis, Robert J.

2004 Herbivores Rule. Science 305: 619—21.

Martín, Bartolomé

1989[1563] Provanza del Capitan Bartolomé Martı´n. In La
Gobernación de los Quijos. C. Landázuri, ed. Pp. 105—
38. Iquitos, Peru: IIAP-CETA.

Mauss, Marcel

　　1990[1950]　The Gift: The Form and Reason for Exchange in Archaic Societies. W. D. Halls, trans. New York: Norton.

McFall-Ngai, Margaret, and et al.

　　2013　Animals in a Bacterial World: A New Imperative for the Life Sciences. Proceedings of the National Academy of Science 110 (9): 3229−36.

McGuire, Tamara L., and Kirk O. Winemiller

　　1998　Occurrence Patterns, Habitat Associations, and Potential Prey of the River Dolphin, *Inia geoffrensis*, in the Cinaruco River, Venezuela. Biotropica 30 (4): 625−38.

Mercier, Juan Marcos

　　1979　Nosotros los Napu-Runas: Napu Runapa Rimay, mitos e historia. Iquitos, Peru: Publicaciones Ceta.

Moran, Emilio F.

　　1993　Through Amazonian Eyes: The Human Ecology of Amazonian Populations. Iowa City: University of Iowa Press.

Mullin, Molly, and Rebecca Cassidy

　　2007　Where the Wild Things Are Now: Domestication Reconsidered. Oxford: Berg.

252　Muratorio, Blanca

　　1987　Rucuyaya Alonso y la historia social y económica del Alto Napo, 1850−1950. Quito: Ediciones Abya-Yala.

Nadasdy, Paul

　　2007　The Gift in the Animal: The Ontology of Hunting and Human-Animal Sociality. American Ethnologist 34 (1): 25−43.

Nagel, Thomas

　　1974　What Is It Like to Be a Bat? Philosophical Review 83 (4): 435−50.

Nietzsche, Friedrich Wilhelm, and R. J. Hollingdale

　　1986　Human, All Too Human: A Book for Free Spirits. Cambridge:

Cambridge University Press.

Nuckolls, Janis B.

1996　Sounds Like Life: Sound-Symbolic Grammar, Performance, and Cognition in Pastaza Quechua. New York: Oxford University Press.

1999　The Case for Sound Symbolism. Annual Review of Anthropology 28: 225—52.

Oakdale, Suzanne

2002　Creating a Continuity between Self and Other: First-Person Narration in an Amazonian Ritual Context. Ethos 30 (1—2): 158—75.

Oberem, Udo

1980　Los Quijos: Historia de la transculturación de un grupo indígena en el Oriente ecuatoriano. Otavalo: Instituto Otavaleño de Antropología.

Ochoa, Todd Ramón

2007　Versions of the Dead: Kalunga, Cuban-Kongo Materiality, and Ethnography. Cultural Anthropology 22 (4): 473—500.

Ordóñez de Cevallos, Pedro

1989[1614]　Historia y viaje del mundo. *In* La Gobernación de los Quijos (1559—1621). Iquitos, Peru: IIAP-CETA.

Orr, Carolyn, and John E. Hudelson

1971　Cuillurguna: Cuentos de los Quichuas del Oriente ecuatoriano. Quito: Houser.

Orr, Carolyn, and Betsy Wrisley

1981　Vocabulario quichua del Oriente. Quito: Instituto Lingüístico de Verano. Orton, James

1876　The Andes and the Amazon; Or, Across the Continent of South America. New York: Harper and Brothers.

Osculati, Gaetano

1990　Esplorazione delle regioni equatoriali lungo il Napo ed il Fiume

delle Amazzoni: Frammento di un viaggio fatto nell due Amer-
iche negli anni 1846—47—48. Turin, Italy: Il Segnalibro.

Overing, Joanna

2000   The Efficacy of Laughter: The Ludic Side of Magic within Ama-
zonian Sociality. *In* The Anthropology of Love and Anger: The
Aesthetics of Con-viviality in Native Amazonia. J. Overing and
A. Passes, eds. Pp. 64—81. London: Routledge.

Overing, Joanna, and Alan Passes, eds.

2000   The Anthropology of Love and Anger: The Aesthetics of Con-
viviality in Native Amazonia.

Parmentier, Richard J.

1994   Signs in Society: Studies in Semiotic Anthropology. Blooming-
ton: Indiana University Press.

Pedersen, David

2008   Brief Event: The Value of Getting to Value in the Era of "Glo-
balization." Anthropological Theory 8 (1): 57—77.

Peirce, Charles S.

1931   Collected Papers of Charles Sanders Peirce. Cambridge, MA:
Harvard University Press.

1992a   The Essential Peirce: Selected Philosophical Writings. Vol. 1.
Bloomington: Indiana University Press.

1992b   A Guess at the Riddle. *In* The Essential Peirce: Selected Philo-
sophical Writings. Vol. 1 (1867—1893). N. Houser and C.
Kloesel, eds. Pp. 245—79. Bloomington: Indiana University
Press.

1992c   The Law of Mind. *In* The Essential Peirce: Selected Philosoph-
ical Writings. Vol. 1 (1867—1893). N. Houser and C. Kloe-
sel, eds. Pp. 312 — 33. Bloomington: Indiana University
Press.

1992d   Questions Concerning Certain Faculties Claimed for Man. *In*
The Essential Peirce: Selected Philosophical Writings. Vol. 1

(1967—1893). N. Houser and C. Kloesel, eds. Pp. 11—27. Bloomington: Indiana University Press.

1998a   The Essential Peirce: Selected Philosophical Writings. Vol. 2 (1893—1913). Peirce Edition Project, ed. Bloomington: Indiana University Press.

1998b   Of Reasoning in General. *In* The Essential Peirce: Selected Philosophical Writings. Vol. 2 (1893—1913). Peirce Edition Project, ed. Pp. 11 — 26. Bloomington: Indiana University Press.

1998c   A Sketch of Logical Critics. *In* The Essential Peirce: Selected Philosophical Writings. Vol. 2 (1893—1913). Peirce Edition Project, ed. Pp. 451 — 62. Bloomington: Indiana University Press.

1998d   What Is a Sign? *In* The Essential Peirce: Selected Philosophical Writings. Vol. 2 (1893—1913). Peirce Edition Project, ed. Pp. 4—10. Bloomington: Indiana University Press.

Pickering, Andrew

1999   The Mangle of Practice: Agency and Emergence in the Sociology of Science. *In* The Science Studies Reader. M. Biagioli, ed. Pp. 372—93. New York: Routledge.

Porras, Pedro I.

1955   Recuerdos y anécdotas del Obispo Josefino Mons. Jorge Rossi segundo vicario apostólico del Napo. Quito: Editorial Santo Domingo.

1979   The Discovery in Rome of an Anonymous Document on the Quijo Indians of the Upper Napo, Eastern Ecuador. *In* Peasants, Primitives, and Proletariats: The Struggle for Identity in South America. D. L. Browman and R. A. Schwartz, eds. Pp. 13— 47. The Hague: Mouton.

Raffles, Hugh

2002   In Amazonia: A Natural History. Princeton, NJ: Princeton U-

254

niversity Press.

2010   Insectopedia. New York: Pantheon Books.

Ramírez Dávalos, Gil

1989[1559]   Información hecha a pedimiento del procurador de la
               ciudad de Baeça... *In* La Gobernación de los Quijos.
               C. Landázuri, ed. Pp. 33—78. Iquitos, Peru: IIAP-
               CETA.

Rappaport, Roy A.

1999   Ritual and Religion in the Making of Humanity. Cambridge:
        Cambridge University Press.

Reeve, Mary-Elizabeth

1988   Cauchu Uras: Lowland Quichua Histories of the Amazon Rub-
        ber Boom. *In* Rethinking History and Myth: Indigenous South
        American Perspectives on the Past. J. D. Hill, ed. Pp. 20—
        34. Urbana: University of Illinois Press.

Requena, Francisco

1903[1779]   Mapa que comprende todo el distrito de la Audiencia de
               Quito. Quito: Emilia Ribadeneira.

Riles, Annelise

2000   The Network Inside Out. Ann Arbor: University of Michigan
        Press.

Rival, Laura

1993   The Growth of Family Trees: Understanding Huaorani Percep-
        tions of the Forest. Man, n.s., 28: 635—52.

Rofel, Lisa

1999   Other Modernities: Gendered Yearnings in China after Social-
        ism. Berkeley: University of California Press.

Rogers, Mark

1995   Images of Power and the Power of Images. Ph.D. dissertation,
        University of Chicago.

Sahlins, Marshall

    1976   The Use and Abuse of Biology: An Anthropological Critique of Sociobiology. Ann Arbor: University of Michigan Press.

    1995   How "Natives" Think: About Captain Cook, for Example. Chicago: University of Chicago Press.

Salomon, Frank

    2004   The Cord Keepers: Khipus and Cultural Life in a Peruvian Village. Durham, NC: Duke University Press.

Sapir, Edward

    1951[1929]   A Study in Phonetic Symbolism. *In* Selected Writings of Edward Sapir in Language, Culture, and Personality. D. G. Mandelbaum, ed. Pp. 61—72. Berkeley: University of California Press.

Saussure, Ferdinand de

    1959   Course in General Linguistics. New York: Philosophical Library.

Savage-Rumbaugh, E. Sue

    1986   Ape Language: From Conditioned Response to Symbol. New York: Columbia University Press.

Savolainen, Peter, et al.

    2002   Genetic Evidence for an East Asian Origin of Domestic Dogs. Science 298: 1610—13.

Schaik, Carel P. van, John W. Terborgh, and S. Joseph Wright

    1993   The Phenology of Tropical Forests: Adaptive Significance and Consequences for Primary Consumers. Annual Review of Ecology and Systematics 24: 353—77.

Schwartz, Marion

    1997   A History of Dogs in the Early Americas. New Haven, CT: Yale University Press.

Silverman, Kaja

    2009   Flesh of My Flesh. Stanford, CA: Stanford University Press.

255

Silverstein, Michael

　　1995　Shifters, Linguistic Categories, and Cultural Description. *In* Language, Culture, and Society. B. G. Blount, ed. Pp. 187– 221. Prospect Heights, IL: Waveland Press.

Simson, Alfred

　　1878　Notes on the Záparos. Journal of the Anthropological Institute of Great Britain and Ireland 7: 502–10.

　　1880　Notes on the Jívaros and Canelos Indians. Journal of the Anthropological Institute of Great Britain and Ireland 9: 385–94.

Singh, Bhrigupati

　　2012　The Headless Horseman of Central India: Sovereignty at Varying Thresholds of Life. Cultural Anthropology 27 (2): 383–407.

Slater, Candace

　　2002　Entangled Edens: Visions of the Amazon. Berkeley: University of California Press.

Smuts, Barbara

　　2001　Encounters with Animal Minds. Journal of Consciousness Studies 8 (5–7): 293–309.

Stevenson, Lisa

　　2012　The Psychic Life of Biopolitics: Survival, Cooperation, and Inuit Community. American Ethnologist 39 (3): 592–613.

256　Stoller, Paul

　　1997　Sensuous Scholarship. Philadelphia: University of Pennsylvania Press.

Strathern, Marilyn

　　1980　No Nature: No Culture: The Hagen Case. *In* Nature, Culture, and Gender. C. MacCormack and M. Strathern, eds. Pp. 174–222. Cambridge: University of Cambridge Press.

　　1988　The Gender of the Gift: Problems with Women and Problems with Society in Melanesia. Berkeley: University of California

Press.

　　1995　The Relation: Issues in Complexity and Scale. Vol. 6. Cambridge: Prickly Pear Press.

　　2004［1991］　Partial Connections. Walnut Creek, CA: AltaMira Press.

Suzuki, Shunryu

　　2001　Zen Mind, Beginner's Mind. New York: Weatherhill.

Taussig, Michael

　　1987　Shamanism, Colonialism, and the Wild Man: A Study in Terror and Healing. Chicago: University of Chicago Press.

Taylor, Anne Christine

　　1993　Remembering to Forget: Identity, Mourning and Memory among the Jivaro. Man, n.s., 28: 653—78.

　　1996　The Soul's Body and Its States: An Amazonian Perspective on the Nature of Being Human. Journal of the Royal Anthropological Institute, n.s., 2: 201—15.

　　1999　The Western Margins of AmazoniaFrom the Early Sixteenth to the Early Nineteenth Century. In The Cambridge History of the Native Peoples of the Americas. F. Salomon and S. B. Schwartz, eds. Pp. 188 — 256. Cambridge: Cambridge University Press.

Tedlock, Barbara

　　1992　Dreaming and Dream Research. In Dreaming: Anthropological and Psychological Interpretations. B. Tedlock, ed. Pp. 1—30. Santa Fe, NM: School of American Research Press.

Terborgh, John

　　1990　Mixed Flocks and Polyspecific Associations: Costs and Benefits of Mixed Groups to Birds and Monkeys. American Journal of Primatology 21 (2): 87—100.

Tsing, Anna Lowenhaupt

　　2012　On Nonscalability: The Living World Is Not Amenable to Precision-Nested Scales. Common Knowledge 18 (3): 505—24.

Turner, Terence

　　1988　Ethno-Ethnohistory: Myth and History in Native South American Representations of Contact with Western Society. *In* Rethinking History and Myth: Indigenous South American Perspectives on the Past. J. D. Hill, ed. Pp. 235—81. Urbana: University of Illinois Press.

　　2007　The Social Skin. *In* Beyond the Body Proper. M. Lock and J. Farquhar, eds. Pp. 83—103. Durham, NC: Duke University Press.

257　Tylor, Edward B.

　　1871　Primitive Culture: Researches into the Development of Mythology, Philosophy, Religion, Art, and Custom. London: J. Murray.

Urban, Greg

　　1991　A Discourse-Centered Approach to Culture: Native South American Myths and Rituals. Austin: University of Texas Press.

Uzendoski, Michael

　　2005　The Napo Runa of Amazonian Ecuador. Urbana: University of Illinois Press.

Venkatesan, Soumhya, et al.

　　2010　Debate: Ontology Is Just Another Word for Culture. Critique of Anthropology 30 (2): 152—200.

Vilaça, Aparecida

　　2007　Cultural Change as Body Metamorphosis. *In* Time and Memory in Indigenous Amazonia: Anthropological Perspectives. C. Fausto and M. Heckenberger, eds. Pp. 169—93. Gainesville: University Press of Florida.

　　2010　Strange Enemies: Indigenous Agency and Scenes of Encounters in Amazonia. Durham, NC: Duke University Press.

Viveiros de Castro, Eduardo

　　1998　Cosmological Deixis and Amerindian Perspectivism. Journal of the Royal Anthropological Institute, n. s., 4: 469—88.

　　2009　Métaphysiques cannibales: Lignes d'anthropologie post-structurale. Paris: Presses universitaires de France.

von Uexküll, Jakob

　　1982　The Theory of Meaning. Semiotica 42 (1): 25—82.

Wavrin, Marquis Robert de

　　1927　nvestigaciones etnográficas: Leyendas tradicionales de los Indios del Oriente ecuatoriano. Boletín de la Biblioteca Nacional, n. s., 12: 325—37.

Weber, Max

　　1948a　Religious Rejections of the World and Their Directions. In From Max Weber: Essays in Sociology. H. H. Gerth and C. W. Mills, eds. Pp. 323—59. Oxon: Routledge.

　　1948b　Science as a Vocation. In From Max Weber: Essays in Sociology. H. H. Gerth and C. W. Mills, eds. Pp. 129—56. Oxon: Routledge.

Weismantel, Mary J.

　　2001　Cholas and Pishtacos: Stories of Race and Sex in the Andes. Chicago: University of Chicago Press.

White, Richard

　　1991　The Middle Ground: Indians, Empires, and Republics in the Great Lakes Region, 1650—1815. Cambridge: Cambridge University Press.

Whitten, Norman E.

　　1976　Sacha Runa: Ethnicity and Adaptation of Ecuadorian Jungle Quichua. Urbana: University of Illinois Press.

　　1985　Sicuanga Runa: The Other Side of Development in Amazonian Ecuador. Urbana: University of Illinois Press.

Willerslev, Rane

 2007 Soul Hunters: Hunting, Animism, and Personhood among the
    Siberian Yukaghirs. Berkeley: University of California Press.

Wills, Christopher, et al.

 1997 Strong Density and Diversity-Related Effects Help to Maintain
    Tree Species Diversity in a Neotropical Forest. Proceedings of
    the National Academy of Science, no. 94: 1252—57.

Yurchak, Alexei

 2006 Everything Was Forever, Until It Was No More: The Last So-
    viet Generation. Princeton, NJ: Princeton University Press.

 2008 Necro-Utopia. Current Anthropology 49 (2): 199—224.

索引

A

aboutness（为之故），16，41，73—74，77

absence（不在场），23—24，35—38，212—13；constitutive（构成性不在场），37，216，218；memory and（记忆与不在场），75—77

achiote（胭脂树）(annatto，*manduru*，*Bixa orellana*)，89，114

actant（行动者），15，83

actor-networks（行动者-网络），15，83

afterlife（来生），24，110，180，195，208—10，219，225—227

agency（行动性），21，23，116，124，194，223；beyond the human（超越人类之上的行动性），42，233n15；dreaming as（做梦作为行动性），203—4；form and（形式与行动性），225；representation and（表征与行动性），91—92；self as locus of（自我作为行动性的场所），76；of things（事物的行动性），40

agoutis（刺豚鼠），4，106—7，108，109，119，194；dogs used in hunting of（用来狩猎刺豚鼠的狗），136；as *ucucha*（刺豚鼠作为 *ucucha*［小型啮齿动物］），236n21

aicha（猎物、肉、野味），106；as kinds（作为种类的 *aicha*），93；as objects or its（作为对象或其 *aicha*），1，92，104，120，123—124

alienation（疏离），17，21，46，205，218

all too human（"太人性"），5，14，18，23，41，72，133—135，138，168，194，216，222—227，235n2

260

Brown，William L.（威廉·L·布朗），64

Buber，Martin（马丁·布伯），131

buhyu panga vine（天南星科半附生小藤蔓）（花烛属），124

Bunker，Steven（史蒂文·邦克），238n4

Butler，Judith（朱迪思·巴特勒），193

C

cachihua cane liquor（甘蔗酒），5

cannibalism（同类相食），119

capitalism（资本主义），239n13

Capps，Lisa（丽莎·卡普斯），48，60

capuchin monkeys（卷尾猴），125

Catholic Church（天主教堂），3

cause and effect（原因和结果），21，34，42，213，216

Cavell，Stanley（斯坦利·卡维尔），18，104，117，235n20

chachalacas（稚冠雉），179，186

Chakrabarty，Dipesh（狄普希·查克拉巴蒂），38

charms（符咒）（*pusanga*），122，123，124

chichinda 蕨类，162

chunchu tree（牧豆木）（链状亚马逊豆），127

coatis（浣熊），123，173

Coca，town of（古柯，古柯镇），45

coevolution（共同进化），182

collared anteater（小食蚁兽）（*susu*），120

collared peccary（有领野猪），27，125，153

colonialism/colonial history（殖民主义/殖民历史），132，135，164，184—85，225；legacies of（殖民主义/殖民历史的遗产），18；predation and（捕食与殖民主义/殖民历史），202；tribute payments and（强制进贡和殖民主义/殖民历史），212

261

I

M

Q

Quichua language（*runa shimi*）(基丘亚语)，1，2，53，215，230n1，
241n11；Andean and Ávila dialects of(安第斯和阿维拉基丘亚语方
言)，234n12；animal vocalizations rendered in(动物叫声成为基丘亚
语)，171—76；"Auca" as pejorative term for Huaorani("Auca"成为对
瓦奥拉尼人的贬称)，198—99，215；canine imperative (犬之命令)(语
法构成)，142—43，237n24；feel for meaning of words(基丘亚语词语
意义的语感)，27—29，42；iconicity in(基丘亚语的相似符号)，67；
orthography of(基丘亚语拼字法)，229n1；pronouns in(基丘亚语代
词)，112，139；trans-species pidgin and(跨越物种的混杂语言和基丘
亚语)，145；words as likeness icons(基丘亚语词语作为相似符号)，31

Quijos River valley(基霍斯河谷)，44

quiruyu fish（*Salminus hilarii*）(希氏小脂鲤)，162

quiruyu huapa tree（*Virola duckei*）(达卡香脂树)，162

Quito，city of(基多,基多城)，43，154，157，169—170，226

R

Raffles，Hugh(休·拉弗勒斯)，85

Rappaport，Roy(罗伊·拉帕波特)，232n4

real，the (emergent reals) (真实,[涌现的真实])，57—62，186，226

relata(关联项)，15，230n10

relationality(关系性)，83—86，100

relativism，cultural(相对主义,文化相对主义)，233n19

representation(再现/表征)，7，10，22，62，92；of absence(不在场的再
现)，23—24；beyond human systems of meaning(超越人类意义系统
之上的表征)，31；beyond language(超越语言之上的表征)，38；con-
tradictory nature of(再现的矛盾本性)，6；crisis of(再现/表征危机)，

267

"形式毫不费力的有效性"（代译后）
——评爱德华多·科恩《森林如何思考》

1878年，尼采出版了《人性的，太人性的》（*Menschliches，Allzumenschliches*）。这是一部被尼采寄予厚望的著作，一如作品副标题冠名"一本献给自由精神的书"（Ein Buch für freie Geister），一切以人类为中心的"太人性的"视角，只会令生命本身变得孱弱无力，只有超越于"太人性"的视角和道德束缚之上，才有可能敞开真正超越善恶、与道德无涉的权力意志的领域，扭转和克服整个西方文明乃至西方形而上学的危机。

在我看来，理解贯穿于《森林如何思考》中的"太人性的"（all too human）一词，才是正确打开《森林如何思考》隐藏语境的方式。爱德华多·科恩（Eduardo Kohn，1968—）是加拿大麦吉尔大学（McGill University）的人类学副教授（Associate Professor），曾获得2014年人类学领域重要学术奖项——格雷戈里·贝特森奖（Gregory Bateson Prize）。2013年出版的《森林如何思考》是他的成名之作，作品副标题"超越人类的人类学"开宗明义地指出，传统人类学研究进路本身已经无法承载全书庞大的问题意识，人类学亟需赢获超越人类学之上的视角和眼光。

这正是为什么在《森林如何思考》这部以经典人类学研究对象——南美厄瓜多尔亚马逊地区鲁纳人的生存、仪式、思维与世界——为切入点的"人类学"著作，会反复闪现诸如尼采的"视角主义""太人性的"、韦伯的"世界的祛魅"、海德格尔的"现成在手"（always ready）、"再现"（representation）、"周遭世界"（umwelt）、"焦虑"（Angst）、"敞开"（open）、福柯的"谱系学"、现象学的"可见与不可见""交互主体性"，以及笛卡尔式"形而上学二元论""怀疑论"等诸多经典术语和哲学主题的原因。

我认出了它们，一如它们在作品中承载的重要意义。正是这些观念支撑着这部非主流人类学作品的立论，以至于这部作品出版后，很多读者和评论者会认为"这是一部奇书"——通常人类学著作不曾注意和采用的哲学言说方式，正是视角转换和敞开全新可能性的关键所在。

按照爱德华多·科恩的构想，人类中心论的视角主义恰恰是使人类学这门理论化的学科无法恰切企及对西方文明而言异质性的诸多"他者"的原因之一，南美亚马逊森林的鲁纳人只是揭示这种失格现象的其中一个样本。大多数人类学研究从未设想诸如"狗如何做梦""森林如何思考"甚或"成为一只蝙蝠是什么样的"之类关涉"他心"的问题，正如大多数民族志研究并未把各种不曾进入西方文明视野的"野生"小民族视为存在于等级秩序之中的同等者而予以感同身受的同情理解和阐释一样。

为了实现"超越"（beyond）人类学之上的人类学可能性，爱德华多·科恩进行了漫长的学术探索。本书出版之前，爱德华多·科恩发表的文章《狗如何做梦：亚马逊自然和跨物种纠缠的政治》（"How Dogs Dream: Amazonian Natures and the Politics of Transspecies Engagement", 2007）及其他作品，已经呈现出了不同于传统人类学研究进路的学术视野。关注南美厄瓜多尔亚马逊地区的诸多雨林民族如何理解自身与世界，这种问题意识既来自爱德华多·科恩对于"我是谁"这个经典哲学问题的自我理解(他的祖父母是定居厄瓜多尔首都基多的意大利犹太移民),同时也是以严格符合正统西方人类学训练的著述为非西方正统的他异性民族的思维与世界正名的以彼之道还治彼身的恰切方式。

尽管作者不时表达出了对那些理论化的"x学"('versity)的厌弃与反讽,但这部著作的表现形式及其被授予奖项、饱受赞誉的样态,却恰恰是非常正统、学院化,而且"x学"的,这不能不说是当今学术研究思维定式及其生产机制本身的一种悖谬处境。正如作者敏锐发现的那样,生物进化过程中会形成各种自我-组织的形式,这些"形式"(forms)对于维系生物的自我保存和繁荣相当重要,一旦适应自我-组织的形式,生物种类便会得到"蓬勃发展"(flourish);而且一种生物体越是适应这样的自我-组织的形式,便越是能够更容易地获得处于这种自我-组织的形式之中的一切便利,这就是"形式毫不费力的有效性"。

正是在这种学术生产机制的形式之中,我们遗忘和遗失了我们本来植根其中的那个万物有灵的活生生的生命世界。在那个森林也会思考的世界,我们把周遭世界中的其他存在者视为存在等级秩序中与我们同等的存在者,狗也会跟人一般做梦,美洲豹也是身披白色兽皮的人,竹鼠会跟圆木讲淫荡的笑话,死者仍然游荡在跟生者共处的空间,他们能够进入美洲豹的身体,也能够通过梦境与生者共在森林灵师主宰的领域,万物都是与我们同等的自我。万物有灵,世界是充满魔力(enchanted)并且有灵性的(ethereal),这并不仅仅只是饱受现代文明鄙弃的"原始""野人""土著"或者"萨满主义"的眼光,而且也是我们和诸多文化和民族曾经共有的属于前现代世界的信念和视角。

爱德华多·科恩试图以《森林如何思考》之名，还原出这些前现代的信念及其内在理性，语言是承载这些信念的"符号载体"，这座繁茂而难解的亚马逊森林并不是一座西方文明眼光对象化审视之下的野蛮森林，换言之，研究者只有转换看待他异性文明的视角，摒弃西方文明优先性地位的执念，才能真正还原出这个他异性文明诸多现象背后的充足理由。这就是爱德华多·科恩以近乎现象学的方式拯救鲁纳人的诸多生命现象的内在语境，也是"超越人类的人类学"应有的题中要义。

当然，培养无需灵魂的专家的学术技术和失去灵性的机械化世界图景，只是现代世界之祛魅的诸多表象之一。无论我们是否认同爱德华多·科恩关于打破形而上学二元论和主体性视角的疾呼，在超越于本书的结论之上的视角中，我们读者应该还可以保留一些更进一步的合理推论。

按照爱德华多·科恩对鲁纳人的描述，鲁纳人本是一个文明且自信的民族，尽管历经殖民和传教的双重洗礼，他们仍然持有相当肯定自身之文明的信念。例如，鲁纳人的大洪水神话笃定地说，制造坚船利炮的科学技术是来自鲁纳人的上帝古已有之的技术，上帝曾经带领鲁纳人和圣徒乘坐一艘大船，避开了大洪水的灭世劫难。只不过大洪水退去之后，鲁纳人的上帝建造的大船冲刷到了外国人的土地，造船技术流转到了白人手里；而大洪水泛滥之后，本来穿着衣服、吃着盐、践行一夫一妻制的文明的鲁纳人，堕落成了衣不蔽体、一夫多妻的 *Auca*（野人），那些 *Auca* 根本不配称为 *runa*（在基丘亚语中 *runa* 的意思是人）。换言之，鲁纳人认为他们自己才是应当上升天堂的圣徒，鲁纳人生而为"白"人,生而为基督徒,地狱是属于其他人(尤其是白人和黑人)受苦的地方。

这只是穿插在《森林如何思考》一书中关于鲁纳人的大量案例之中的一则故事,并且爱德华多·科恩小心地没有把这段关于大洪水的神话一次性完整地呈现出来——鲁纳人的自我肯定及其结论太过于挑衅,以至于这部著作的大多数潜在读者都有可能感受到冒犯。但这则神话却无比真实地揭示出了鲁纳人的民族理性,它恰恰是保存和维系鲁纳人作为一个饱受侵略和奴役的弱小民族的自身存在和生命信念的核心观念。

只有从这个视角上看,我们才能恰切把捉到爱德华多·科恩反复论及尼采"视角主义"的良苦用心——鲁纳人世世代代以对其民族生命的保存和延续最为有利的方式流传这样一则大洪水神话,这个事实恰恰印证了尼采关于权力意志的经典判断,越是热爱命运,便越是有利于自我保存,每一个存在者都莫不奋力保存其自身的存在,奋力肯定其自身的存在,因此万物莫不奋力寻求使其力量最大化的方式,避开使其力量削弱和减小的一切事物和观念,这便是权力意志颠扑不破的真理,也是鲁纳人在亚马逊热带雨林的诸多自我的生态系统之中孕育出的无比符合权力意志的生存论视角和"形式毫不费力的有效性"。

本书中的某些术语和相应译名,可能会让读者产生困惑,我对此稍作如下说明。

(1)本书副标题中的"beyond human"翻译成"超越人类",全书行文有时也会出现"超越人类之上"的表达。若在人类学语境中,这个词语字面上通常大家会将其理解为"超出人类的范围"之意,比如全书讨论的森林、美洲豹、家畜、灵等等范畴,这些都是属于非人类的领域。不过本书具有很强烈的哲学倾向,正如作者反复提到尼采的"all too human"的表述一样,这不得不让我们想起尼采的另一个经典主题"beyond good and evil"(超善恶)。因此,我倾向于把"beyond human"放置在尼采"beyond good and evil"的语境中,这也是作者在文中反复暗示的。

作者认为,以往人类学只聚焦在人类事物之内,但这种范畴将"人类"与"非人类"截然二分,犯下了当代哲学中饱受批评的笛卡尔式"二元论"和海德格尔式"现成在手""对象化、客体化"的错误,并且这种二元论的阐释方式并不适用于内在地阐释亚马逊河流域的土著民族。传统西方人类学将亚马逊土著作为对象,而不是试图进入其内部,以其自身阐释其自身的内在逻辑,因此他们的研究大多带着"视角主义"和"太人类"的褊狭,因此作者才主张,有必要召唤出一种"超越人类之上的人类学"。

可见作者在此引出的意义类似于尼采主张的"超善恶"。尼采认为应该废除"善恶"这样完全出于人类视角的思维方式,这是"超善恶"比较简化的含义;作者爱德华多·科恩同样认为,人类并不是自然之中的例外,人类的视角也不能作为看待整个诸多自我的生态系统的优先性视角,"超越人类之上的人类学"意味着要超越于以往人类学的思维方式和考察语境。尤其是作者倾向于认为鲁纳人的世界是一个类似于海德格尔说的"天、地、神、人"四方域"共在"(Mitsein)的充沛的世界,世界本身并不只是单纯处于人类视角中的世界,鲁纳人的世界中,除了人,还有美洲豹,还有各种非生命的形式、白人和殖民、灵师、家畜、橡胶树、鬼魂,诸如此类,这些"beings"不完全都是生物,世界也不仅仅只属于人类,人类应该摒除或者超越人类本身的"视角主义",

朝向海德格尔意义上"真理–无蔽"(Wahrheit-Aletheia)的可能性整体敞开(Offenbar)。这就是我把这个词翻译成"超越人类之上的人类学"的考虑。

但这个译名字数比较长,在本书副标题和其他提到副标题的地方,简化成"超越人类的人类学",其他地方大多采用"超越人类之上的人类学"的表述。

(2)作者用词非常小心,在涉及生命、生物、存在、存在者和存在物的时候,都采用了不同的英文词语对应。我的翻译如下:生命是"lives"(作者还用了很多非生命"non-living"这样的表达),生物"creatures",存在"being",存在者"beings",存在物"entity"。需要解释的可能是,作者很少使用生物学的"生物"这个概念,文中该词出现的频率较少,这种生物(creatures)就是我们通常意义上有生命的生物学意义上的生物。但在全书各处,作者注重的是存在(being)和存在者(beings)的区分,存在和存在者的区分是海德格尔意义上本体论的;存在物(entity)一词主要出现在第二章,泛指生命和非生命之物。所以我用不同译名对应这些词语。

翻译本书期间,本人受到国家社会科学基金青年项目"斯宾诺莎《梵蒂冈抄本》编译研究"(批准号:19CZX044)的资助,在此表示感谢。尽管爱德华多·科恩的作品并不是一部传统意义上纯粹哲学的研究著作,甚至它以"超越人类的人类学"形式出现,但我认为海德格尔和尼采对现代性的批判,始终暗含在整部著作的语境之中。阅读这部作品,也让我看到汇通不同领域和知识可能性的"形式毫不费力的有效性"。

感谢新行思的邀请,我得有机会翻译这部有意思的作品。

感谢编辑唐珺老师工作的细致和敏锐的指正，让我的译文更加准确和流畅。

感谢 ZZ、DD 和 XBZ 博士对本书翻译过程中碰到的各种问题的大力帮助，感谢生态学外审专家玛不配博士对本书稿专业术语的修正和建议，译者囿于专业限制，某些涉及动植物名称、符号学、殖民、生态学和人类学方面的术语和译名，尽管反复查询推敲，但深知仍然可能存在不可避免的错误，恳请专家和读者不吝指正，以期后续更正。

小时候的人生理想是做动物饲养员，高考热血地以第一志愿考上了一个叫做环境科学的天坑专业，学了一堆量子力学之类对通常生命而言毫无用处的计算公式，又花了很长时间逃离那个我不喜欢的行业和人事，我从没想到会以这种方式回到"老本行"。《森林如何思考》的问题意识和学术方式，很接近我曾经想要研习和表达的东西，不过我的本科从来没有教授过这么有意思的内容，也丝毫看不到类似的可能性，否则或许我就不需要转行了。动物相较人类可爱之处甚多，如果我能像爱德华多·科恩一样，明晃晃地往学术著作里面夹带自己喜欢的博尔赫斯、但丁、金斯伯格甚至禅宗之类有损于学术形式之自我增长和繁衍的私货，或许我以后也不需要考虑转行了。回想曾经耗费和彷徨的青春时光，拉拉杂杂写出这篇译后记，大抵只是"临表涕零，不知所言"罢了。

毛竹

中国社会科学院大学

中国社会科学院哲学研究所

2022 年 6 月